市政工程最新数据手册

郝凤山　主编

化学工业出版社

·北京·

本手册根据最新和现行的国家及行业标准、规范、规程编写，共分为9章，主要内容包括：市政工程材料、道路工程、桥梁工程、给水排水管道工程、污水处理工程、绿化工程、燃气输配工程、供热管网工程、防洪工程。

本书可作为市政工程设计与施工人员、管理人员、造价人员的常备用书。

图书在版编目（CIP）数据

市政工程最新数据手册/郝凤山主编．—北京：化学工业出版社，2013.1

ISBN 978-7-122-15953-3

Ⅰ.①市…　Ⅱ.①郝…　Ⅲ.①市政工程-数据-技术手册　Ⅳ.①TU99-62

中国版本图书馆CIP数据核字（2012）第288641号

责任编辑：徐　娟　　　　文字编辑：徐雪华
责任校对：吴　静　　　　装帧设计：韩　飞

出版发行：化学工业出版社
（北京市东城区青年湖南街13号　邮政编码100011）
印　　刷：北京市振南印刷有限责任公司
装　　订：三河市宇新装订厂
850mm×1168mm　1/32　印张14¼　字数385千字
2013年7月北京第1版第1次印刷

购书咨询：010-64518888（传真：010-64519686）　售后服务：010-64518899
网　　址：http：//www.cip.com.cn
凡购买本书，如有缺损质量问题，本社销售中心负责调换。

定　　价：45.00元

编写人员名单

主　编： 郝凤山

参　编（按姓氏笔画排列）：

于海利　王　慧　刘文明　刘海生

齐丽娜　李　松　李　娜　宋巧琳

姜立娜　徐海涛　程　慧　蒋　彤

前　言

随着我国改革开放和现代化建设的发展，城市基础设施的投资规模也逐年扩大。市政工程中的城市道路、桥梁、防洪工程，不论是建设规模、投资水平和科技运用都取得了很大的成就，对于建筑理念、技术知识、人才的需求也持续攀升。国家根据行业发展的需要对工程材料、工程设计施工质量验收等一系列标准规范进行了大规模的修订。同时，各种建筑施工新技术、新材料、新设备、新工艺在建筑施工过程中的应用也越来越广泛。在新形势下，提高建筑行业工程师的专业知识、管理能力、实际操作技能和技术水平，是建筑施工企业保持持续繁荣发展的一项必要任务。在市政工程施工操作过程中，工程的一系列技术数据应力求准确。鉴于此，我们根据最新和现行的国家及行业标准、规范、规程编写了本书，系统地介绍了建筑工程师经常查阅使用的各种数据。

本书在编写中力求做到资料丰富、技术先进、实用可靠、查阅方便。本书可作为市政工程设计与施工人员、管理人员、造价人员的常备用书。

由于编者水平有限，书中不妥之处在所难免，恳请广大读者和同行给予批评指正。

编者

2013 年 3 月

目 录

第1章　市政工程材料

1.1　钢材

1.1.1　热轧钢筋

1.1.1.1　热轧光圆钢筋

（1）公称横截面面积与理论质量

钢筋的公称横截面面积与理论质量见表1-1。

表1-1　钢筋的公称横截面面积与理论质量

公称直径/mm	公称横截面面积/mm²	理论质量/(kg/m)
6(6.5)	28.27(33.18)	0.222(0.260)
8	50.27	0.395
10	78.54	0.617
12	113.1	0.888
14	153.9	1.21
16	201.1	1.58
18	254.5	2.00
20	314.2	2.47
22	380.1	2.98

注：表中理论质量按密度为7.85g/cm³计算。公称直径6.5mm的产品为过渡性产品。

（2）允许偏差和不圆度

光圆钢筋的直径允许偏差和不圆度应符合表1-2的规定。

直条钢筋实际质量与理论质量的允许偏差应符合表1-3的规定。

（3）钢筋牌号及化学成分

钢筋牌号及化学成分（熔炼分析）应符合表1-4的规定。

表 1-2 光圆钢筋的直径允许偏差和不圆度

公称直径/mm	允许偏差/mm	不圆度/mm
6(6.5)	±0.3	≤0.4
8		
10		
12		
14	±0.4	≤0.4
16		
18		
20		
22		

表 1-3 直条钢筋实际质量与理论质量的允许偏差

公称直径/mm	实际质量与理论质量的偏差/%
6～12	±7
14～22	±5

表 1-4 钢筋牌号及化学成分（熔炼分析）

牌号	化学成分(质量分数)/% ≤				
	C	Si	Mn	P	S
HPB235	0.22	0.30	0.55	0.045	0.050
HPB300	0.25	0.55	1.50		

（4）力学性能，工艺性能

钢筋的屈服强度 R_{eL}、抗拉强度 R_m、断后伸长率 A、最大力总伸长率 A_{gt} 等力学性能特征值应符合表 1-5 的规定。表 1-5 所列各力学性能特征值，可作为交货检验的最小保证值。

表 1-5 光圆钢筋的力学性能特征值

牌号	R_{eL}/MPa	R_m/MPa	A/%	A_{gt}/%	冷弯试验 180° d—弯芯直径 a—钢筋公称直径
	≥				
HPB235	235	370	25.0	10.0	$d=a$
HPB300	300	420			

注：1. 根据供需双方协议，伸长率类型可从 A 或 A_{gt} 中选定。如伸长率类型未经协议确定，则伸长率采用 A，仲裁检验时采用 A_{gt}。

2. 弯曲性能按表 1-11 规定的弯芯直径弯曲 180°后，钢筋受弯曲部位表面不得产生裂纹。

1.1.1.2　热轧带肋钢筋

（1）公称横截面面积与理论质量

钢筋的公称横截面面积与理论质量见表1-6。

表1-6　钢筋的公称横截面面积与理论质量

公称直径/mm	公称横截面面积/mm^2	理论质量/(kg/m)
6	28.27	0.222
8	50.27	0.395
10	78.54	0.617
12	113.1	0.888
14	153.9	1.21
16	201.1	1.58
18	254.5	2.00
20	314.2	2.47
22	380.1	2.98
25	490.9	3.85
28	615.8	4.83
32	804.2	6.31
36	1018	7.99
40	1257	9.87
50	1964	15.42

注：表中理论质量按密度为7.85g/cm^3计算。

（2）带肋钢筋的表面形状及尺寸允许偏差

带有纵肋的月牙肋钢筋，其外形如图1-1所示，尺寸及允许偏差应符合表1-7的规定。

（3）质量级允许偏差

钢筋实际质量与理论质量的允许偏差应符合表1-8的规定。

（4）钢筋牌号及化学成分和碳当量（熔炼分析）

钢筋牌号及化学成分和碳当量（熔炼分析）应符合表1-9的规定。根据需要，钢中还可加入V、Nb、Ti等元素。

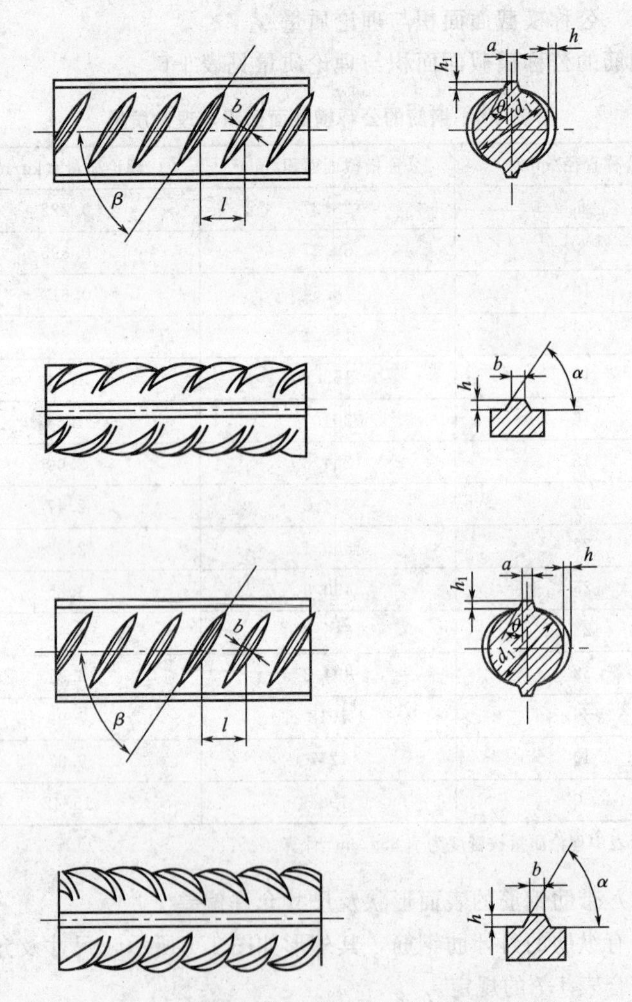

图 1-1　月牙肋钢筋（带纵肋）表面及截面形状

d_1—钢筋内径；α—横肋斜角；h—横肋高度；

β—横肋与轴线夹角；h_1—纵肋高度；θ—纵肋斜角；

a—纵肋顶宽；l—横肋间距；b—横肋顶宽

表 1-7　带肋钢筋的尺寸及允许偏差　　　单位：mm

公称直径 d	内径 d 公称尺寸	内径 d 允许偏差	横肋高 h 公称尺寸	横肋高 h 允许偏差	纵肋高 h_1 ≤	横肋宽 b	纵肋宽 a	间距 l 公称尺寸	间距 l 允许偏差	横肋末端最大间隙(公称周长的10%弦长)
6	5.8	±0.3	0.6	±0.3	0.8	0.4	1.0	4.0		1.8
8	7.7		0.8	+0.4 −0.3	1.1	0.5	1.5	5.5		2.5
10	9.6		1.0	±0.4	1.3	0.6	1.5	7.0	±0.5	3.1
12	11.5	±0.4	1.2		1.6	0.7	1.5	8.0		3.7
14	13.4		1.4	+0.4 −0.5	1.8	0.8	1.8	9.0		4.3
16	15.4		1.5		1.9	0.9	1.8	10.0		5.0
18	17.3		1.6	±0.5	2.0	1.0	2.0	10.0		5.6
20	19.3		1.7		2.1	1.2	2.0	10.0		6.2
22	21.3	±0.5	1.9		2.4	1.3	2.5	10.5	±0.8	6.8
25	24.2		2.1	±0.6	2.6	1.5	2.5	12.5		7.7
28	27.2		2.2		2.7	1.7	3.0	12.5		8.6
32	31.0	±0.6	2.4	+0.8 −0.7	3.0	1.9	3.0	14.0		9.9
36	35.0		2.6	+1.0 −0.8	3.2	2.1	3.5	15.0	±1.0	11.1
40	38.7	±0.7	2.9	±1.1	3.5	2.2	3.5	15.0		12.4
50	48.5	±0.8	3.2	±1.2	3.8	2.5	4.0	16.0	—	15.5

注：1. 纵肋斜角 θ 为 0°～30°。

2. 尺寸 a、b 为参考数据。

表 1-8　钢筋实际质量与理论质量的允许偏差

公称直径/mm	实际质量与理论质量的偏差/%
6～12	±7
14～20	±5
22～50	±4

表 1-9　钢筋牌号及化学成分和碳当量（熔炼分析）

牌号	化学成分(质量分数)/% ≤ C	Si	Mn	P	S	Ceq
HRB335 HRBF335						0.52
HRB400 HRBF400	0.25	0.80	1.60	0.045	0.045	0.54
HRB500 HRBF500						0.55

(5) 力学性能

钢筋的屈服强度 R_{eL}、抗拉强度 R_m、断后伸长率 A、最大力总伸长率 A_{gt} 等力学性能特征值应符合表 1-10 的规定。表 1-10 所列各力学性能特征值，可作为交货检验的最小保证值。

表 1-10 热轧带肋钢筋的力学性能特征值

牌号	R_{eL}/MPa	R_m/MPa	A/%	A_{gt}/%
	≥			
HRB335 HRBF335	335	455	17	7.5
HRB400 HRBF400	400	540	16	
HRB500 HRBF500	500	630	15	

(6) 弯曲性能

按表 1-11 规定的弯芯直径弯曲 180°后，钢筋受弯曲部位表面不得产生裂纹。

表 1-11 弯曲性能 单位：mm

牌号	公称直径 d	弯芯直径
HRB335 HRBF335	6～25	$3d$
	28～40	$4d$
	>40～50	$5d$
HRB400 HRBF400	6～25	$4d$
	28～40	$5d$
	>40～50	$6d$
HRB500 HRBF500	6～25	$6d$
	28～40	$7d$
	>40～50	$8d$

1.1.2 冷轧钢筋

1.1.2.1 冷轧带肋钢筋

钢筋的力学性能和工艺性能应符合表1-12的规定。

表1-12 钢筋的力学性能和工艺性能

牌号	$R_{p0.2}$/MPa ≥	R_m/MPa ≥	伸长率/% ≥		弯曲试验180°	反复弯曲次数	应力松弛初始应力应相当于公称抗拉强度的70%
			$A_{11.3}$	A_{100}			1000h松弛率/% ≤
CRB550	500	550	8.0	—	$D=3d$	—	—
CRB650	585	650	—	4.0	—	3	8
CRB800	720	800	—	4.0	—	3	8
CRB970	875	970	—	4.0	—	3	8

注：表中D为弯芯直径，d为钢筋公称直径。

冷压带肋钢筋用盘条的参考牌号和化学成分。CRB550、CRB650、CRB800、CRB970钢筋用盘条的参考牌号及化学成分（熔炼分析）见表1-13，60钢的Ni、Cr、Cu含量（质量分数）各不大于0.25%。

表1-13 冷压带肋钢筋用盘条的参考牌号和化学成分

钢筋牌号	盘条牌号	化学成分(质量分数)/%					
		C	Si	Mn	V、Ti	S	P
CRB550 CRB650	Q215	0.09～0.15	≤0.30	0.25～0.55	—	≤0.050	≤0.045
	Q235	0.14～0.22	≤0.30	0.30～0.65	—	≤0.050	≤0.045
CRB800	24MnTi	0.19～0.27	0.17～0.37	1.20～1.60	Ti:0.01～0.05	≤0.045	≤0.045
	20MnSi	0.17～0.25	0.40～0.80	1.20～1.60		≤0.045	≤0.045
CRB970	41MnSiV	0.37～0.45	0.60～1.10	1.00～1.40	V:0.05～0.12	≤0.045	≤0.045
	60	0.57～0.65	0.17～0.37	0.50～0.80	—	≤0.035	≤0.035

三面肋和二面肋钢筋的尺寸、质量及允许偏差应符合表1-14的规定。

表 1-14 三面肋和二面肋钢筋的尺寸、质量及允许偏差

公称直径 d/mm	公称横截面积 /mm²	质量		横肋中点高		横肋 1/4 处高 $h_{1/4}$ /mm	横肋顶宽 b/mm	横肋间隙		相对肋面积 $f_r \geqslant$
		理论质量/(kg/m)	允许偏差 /%	h /mm	允许偏差 /mm			l /mm	允许偏差 /%	
4	12.6	0.099		0.30		0.24		4.0		0.036
4.5	15.9	0.125		0.32		0.26		4.0		0.039
5	19.6	0.154		0.32		0.26		4.0		0.039
5.5	23.7	0.186		0.40		0.32		5.0		0.039
6	28.3	0.222		0.40	+0.10 −0.05	0.32		5.0		0.039
5.5	33.2	0.261		0.46		0.37		5.0		0.045
7	38.5	0.302		0.46		0.37		5.0		0.045
7.5	44.2	0.347		0.55		0.44		6.0		0.045
8	50.3	0.395	±4	0.55		0.44	~0.2d	6.0	±15	0.045
8.5	56.7	0.445		0.55		0.44		7.0		0.045
9	63.6	0.499		0.75		0.60		7.0		0.052
9.5	70.8	0.556		0.75		0.60		7.0		0.052
10	78.5	0.617		0.75		0.60		7.0		0.052
10.5	86.5	0.679		0.75	±0.10	0.60		7.4		0.052
11	95.0	0.746		0.85		0.68		7.4		0.056
11.5	103.8	0.815		0.95		0.76		8.4		0.056
12	113.1	0.888		0.95		0.76		8.4		0.056

注：1. 横肋 1/4 处高、横肋顶宽供孔型设计用。

2. 二面肋钢筋允许有高度不大于 0.5h 的纵肋。

1.1.2.2 冷轧扭钢筋

冷轧扭钢筋的截面控制尺寸、节距应符合图 1-2、表 1-15 的

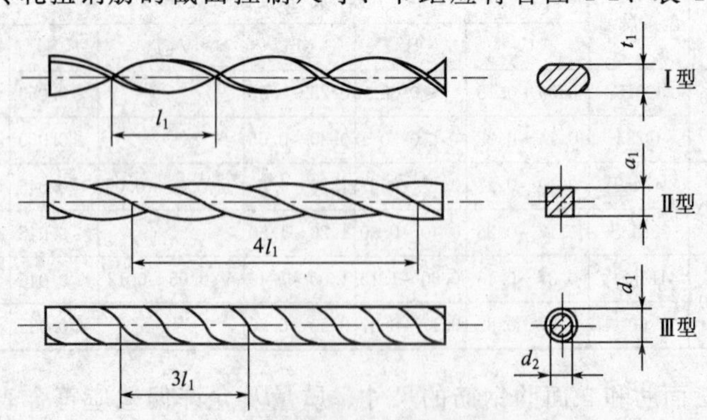

图 1-2 冷轧扭钢筋形状及截面控制尺寸

规定。

表 1-15　截面控制尺寸、节距

强度级别	型号	标志直径 d/mm	截面控制尺寸/mm ≥				节距 l_1/mm ≤
			轧扁厚度 (t_1)	正方形边长 (a_1)	外圆直径 (d_1)	内圆直径 (d_2)	
CTB550	Ⅰ	6.5	3.7	—	—	—	75
		8	4.2	—	—	—	95
		10	5.3	—	—	—	110
		12	6.2	—	—	—	150
	Ⅱ	6.5	—	5.40	—	—	30
		8	—	6.50	—	—	40
		10	—	8.10	—	—	50
		12	—	9.60	—	—	80
	Ⅲ	6.5	—	—	6.17	5.67	40
		8	—	—	7.59	7.09	60
		10	—	—	9.49	8.89	70
CTB650	Ⅲ	6.5	—	—	6.00	5.50	30
		8	—	—	7.38	6.88	50
		10	—	—	9.22	8.67	70

公称横截面面积和理论质量应符合表 1-16 规定。

表 1-16　公称横截面面积和理论质量

强度级别	型号	标志直径 d/mm	公称横截面面积 A_s/mm²	理论质量/(kg/m)
CTB550	Ⅰ	6.5	29.50	0.232
		8	45.30	0.356
		10	68.30	0.536
		12	96.14	0.755
	Ⅱ	6.5	29.20	0.229
		8	42.30	0.332
		10	66.10	0.519
		12	92.74	0.728
	Ⅲ	6.5	29.86	0.234
		8	45.24	0.355
		10	70.69	0.555
CTB650	Ⅲ	6.5	28.20	0.221
		8	42.73	0.335
		10	66.76	0.524

冷轧钢筋定尺长度允许偏差应符合表1-17的规定。

表1-17　冷轧钢筋定尺长度允许偏差

单根长度	允许偏差
大于8m	±15mm
小于或等于8m	±10mm

冷轧扭钢筋力学性能和工艺性能应符合表1-18的规定。

表1-18　力学性能和工艺性能指标

强度级别	型号	抗拉强度 σ_b/(N/mm²)	伸长率 A/%	180°弯曲试验（弯心直径=3d）	应力松弛率/%（当 $\sigma_{con}=0.7f_{ptk}$）	
					10h	1000h
CTB550	Ⅰ	≥550	$A_{11.3}$≥4.5	受弯曲部位钢筋表面不得产生裂纹	—	—
	Ⅱ	≥550	A≥10		—	—
	Ⅲ	≥550	A≥12		—	—
					≤5	≤8
CTB650	Ⅲ	≥650	A_{100}≥14			

注：1. d为冷轧扭钢筋标志直径。

2. A、$A_{11.3}$分别表示以标距5.65 $\sqrt{S_0}$或11.3 $\sqrt{S_0}$（S_0为试样原始截面面积）的试样拉断伸长率，A_{100}表示标距为100mm的试样拉断伸长率。

3. σ_{con}为预应力钢筋张拉控制应力；f_{ptk}为预应力冷轧扭钢筋抗拉强度标准值。

1.2　混凝土

1.2.1　混凝土性能

（1）拌合物性能

混凝土拌合物坍落度、维勃稠度和扩展度的划分应符合表1-19～表1-21的规定。

表1-19　混凝土拌合物坍落度等级划分

等级	S1	S2	S3	S4	S5
坍落度/mm	10～40	50～90	100～150	160～210	≥220

表 1-20　混凝土拌合物的维勃时间等级划分

等级	V1	V2	V3	V4	V5
维勃时间/s	≥31	30～21	20～11	10～6	5～3

表 1-21　混凝土拌合物的扩展度等级划分

等级	F1	F2	F3	F4	F5	F6
扩展直径/mm	≤340	350～410	420～480	490～550	560～620	≥630

混凝土拌合物中水溶性氯离子最大含量应符合表 1-22 的要求。

表 1-22　混凝土拌合物中水溶性氯离子最大含量

环境条件	水溶性氯离子最大含量（水泥用量的质量百分比）/%		
	钢筋混凝土	预应力混凝土	素混凝土
干燥环境	0.3	0.06	1.0
潮湿但不含氯离子的环境	0.2		
潮湿而含有氯离子的环境、盐渍土环境	0.1		
除冰盐等侵蚀性物质的腐蚀环境	0.06		

掺用引气型外加剂混凝土拌合物的含气量宜符合表 1-23 的规定，并应满足混凝土性能对含气量的要求。

表 1-23　混凝土含气量

粗骨料最大公称粒径/mm	20	25	40
混凝土含气量/%	≤5.5	≤5.0	≤4.5

（2）长期性能和耐久性能

混凝土的抗冻性能、抗水渗透性能和抗硫酸盐侵蚀性能的等级划分应符合表 1-24 的规定。

表 1-24　混凝土的抗冻性能、抗水渗透性能和抗硫酸盐侵蚀性能的等级划分

抗冻等级（快冻法）		抗冻标号（慢冻法）	抗渗等级	抗硫酸盐等级
F50	F250	D50	P4	KS30
F100	F300	D100	P6	KS60
F150	F350	D150	P8	KS90
F200	F400	D200	P10	KS120
＞F400		＞D200	P12	KS150
			＞P12	＞KS150

混凝土抗氯离子渗透性能如下：

① 当采用氯离子迁移系数（RCM 法）划分混凝土抗氯离子渗透性能等级时，应符合表 1-25 的规定，且混凝土龄期应为 84d。

表 1-25　混凝土抗氯离子渗透性能的等级划分（RCM 法）

等级	RCM-Ⅰ	RCM-Ⅱ	RCM-Ⅲ	RCM-Ⅳ	RCM-Ⅴ
氯离子迁移系数 D_{RCM}（RCM 法）/($\times10^{-12}m^2/s$)	$D_{RCM}\geq4.5$	$3.5\leq D_{RCM}<4.5$	$2.5\leq D_{RCM}<3.5$	$1.5\leq D_{RCM}<2.5$	$D_{RCM}<1.5$

② 当采用电通量划分混凝土抗氯离子渗透性能等级时，应符合表 1-26 的规定。

表 1-26　混凝土抗氯离子渗透性能的等级划分（电通量法）

等级	Q-Ⅰ	Q-Ⅱ	Q-Ⅲ	Q-Ⅳ	Q-Ⅴ
电通量 Q_S/C	$Q_S\geq4000$	$2000\leq Q_S<4000$	$1000\leq Q_S<2000$	$500\leq Q_S<1000$	$Q_S<500$

混凝土的抗碳化性能等级划分应符合表 1-27 的规定。

表 1-27　混凝土的抗碳化性能等级划分

等级	T-Ⅰ	T-Ⅱ	T-Ⅲ	T-Ⅳ	T-Ⅴ
碳化深度 d/mm	$d\geq30$	$20\leq d<30$	$10\leq d<20$	$0.1\leq d<10$	$d<0.1$

混凝土的早期抗裂性能等级划分应符合表 1-28 的规定。

表 1-28　混凝土的早期抗裂性能等级划分

等级	L-Ⅰ	L-Ⅱ	L-Ⅲ	L-Ⅳ	L-Ⅴ
单位面积上的总开裂面积 C /(mm^2/m^2)	$C\geq1000$	$700\leq C<1000$	$400\leq C<700$	$100\leq C<400$	$C<100$

1.2.2　混凝土的强度要求

混凝土轴心抗压强度的标准值 f_{ck} 应按表 1-29 采用。

表 1-29 混凝土轴心抗压强度标准值 单位：N/mm²

混凝土强度等级	C15	C20	C25	C30	C35	C40	C45	C50	C55	C60	C65	C70	C75	C80
f_{ck}	10.0	13.4	16.7	20.1	23.4	26.8	29.6	32.4	35.5	38.5	41.5	44.5	47.4	50.2

轴心抗拉强度的标准值 f_{tk} 应按表 1-30 采用。

表 1-30 混凝土轴心抗拉强度标准值 单位：N/mm²

混凝土强度等级	C15	C20	C25	C30	C35	C40	C45	C50	C55	C60	C65	C70	C75	C80
f_{tk}	1.27	1.54	1.78	2.01	2.20	2.39	2.51	2.64	2.74	2.85	2.93	2.99	3.05	3.11

混凝土轴心抗压强度的设计值 f_c 应按表 1-31 采用。

表 1-31 混凝土轴心抗压强度设计值 单位：N/mm²

混凝土强度等级	C15	C20	C25	C30	C35	C40	C45	C50	C55	C60	C65	C70	C75	C80
f_c	7.2	9.6	11.9	14.3	16.7	19.1	21.1	23.1	25.3	27.5	29.7	31.8	33.8	35.9

轴心抗拉强度的设计值 f_t 应按表 1-32 采用。

表 1-32 混凝土轴心抗拉强度设计值 单位：N/mm²

混凝土强度等级	C15	C20	C25	C30	C35	C40	C45	C50	C55	C60	C65	C70	C75	C80
f_t	0.91	1.10	1.27	1.43	1.57	1.71	1.80	1.89	1.96	2.04	2.09	2.14	2.18	2.22

混凝土受压和受拉的弹性模量 E_c 宜按表 1-33 采用。

表 1-33 混凝土的弹性模量 单位：$\times 10^4$ N/mm²

混凝土强度等级	C15	C20	C25	C30	C35	C40	C45
E_c	2.20	2.55	2.80	3.00	3.15	3.25	3.35
混凝土强度等级	C50	C55	C60	C65	C70	C75	C80
E_c	3.45	3.55	3.60	3.65	3.70	3.75	3.80

注：1. 当由可靠试验依据时，弹性模量可根据实测数据确定。

2. 当混凝土中掺有大量矿物掺合料时，弹性模量可按规定龄期根据实测数据确定。

混凝土轴心抗压疲劳强度设计值 f_c^f、轴心抗拉疲劳强度设计值 f_c 应分别按表 1-40、表 1-41 中的强度设计值乘疲劳强度修正系数 γ_ρ 确定。混凝土受压或受拉疲劳强度修正系数 γ_ρ 应根据疲劳应力比值 ρ_c^f 分别按表 1-34、表 1-35 采用；当混凝土承受拉-压疲劳应力作用时，疲劳强度修正系数 γ_ρ 取 0.60。

表 1-34　混凝土受压疲劳强度修正系数 γ_ρ

ρ_c^f	$0\leqslant\rho_c^f<0.1$	$0.1\leqslant\rho_c^f<0.2$	$0.2\leqslant\rho_c^f<0.3$	$0.3\leqslant\rho_c^f<0.4$	$0.4\leqslant\rho_c^f<0.5$	$\rho_c^f\geqslant0.5$
γ_ρ	0.68	0.74	0.80	0.86	0.93	1.00

表 1-35　混凝土受拉疲劳强度修正系数 γ_ρ

ρ_c^f	$0\leqslant\rho_c^f<0.1$	$0.1\leqslant\rho_c^f<0.2$	$0.2\leqslant\rho_c^f<0.3$	$0.3\leqslant\rho_c^f<0.4$	$0.4\leqslant\rho_c^f<0.5$
γ_ρ	0.63	0.66	0.69	0.72	0.74
ρ_c^f	$0.5\leqslant\rho_c^f<0.6$	$0.6\leqslant\rho_c^f<0.7$	$0.7\leqslant\rho_c^f<0.8$	$\rho_c^f\geqslant0.8$	—
γ_ρ	0.76	0.80	0.90	1.00	—

注：直接承受疲劳荷载的混凝土构件，当采用蒸汽养护时，养护温度不宜高于 60℃。

疲劳应力比值应按下列公式计算：

$$\rho_c^f=\frac{\sigma_{c,\min}^f}{\sigma_{c,\max}^f}$$

式中　$\sigma_{c,\min}^f$、$\sigma_{c,\max}^f$——构件疲劳验算时，截面同一纤维上混凝土的最小应力、最大应力。

混凝土疲劳变形模量 E_c^f 应按表 1-36 采用。

表 1-36　混凝土的疲劳变形模量　单位：$\times10^4\,\mathrm{N/mm^2}$

强度等级	C30	C35	C40	C45	C50	C55	C60	C65	C70	C75	C80
E_c^f	1.30	1.40	1.50	1.55	1.60	1.65	1.70	1.75	1.80	1.85	1.90

1.2.3　混凝土的配合比设计

1.2.3.1　基本要求

除配制 C15 及其以下强度等级的混凝土外，混凝土的最小胶凝材料用量应符合表1-37的规定。

表1-37 混凝土的最小胶凝材料用量

最大水胶比	最小胶凝材料用量/(kg/m³)		
	素混凝土	钢筋混凝土	预应力混凝土
0.60	250	280	300
0.55	280	300	300
0.50	320		
≤0.45	330		

采用硅酸盐水泥或普通硅酸盐水泥时，钢筋混凝土中矿物掺合料最大掺量宜符合表1-38的规定。

表1-38 钢筋混凝土中矿物掺合料最大掺量

矿物掺合料种类	水胶比	最大掺量/%	
		采用硅酸盐水泥时	采用普通硅酸盐水泥时
粉煤灰	≤0.40	45	35
	>0.40	40	30
粒化高炉矿渣粉	≤0.40	65	55
	>0.40	55	45
钢渣粉	—	30	20
磷渣粉	—	30	20
硅灰	—	10	10
复合掺合料	≤0.40	65	53
	>0.40	55	45

注：1. 采用其他通用硅酸盐水泥时，宜将水泥混合材掺量20%以上的混合材量计入矿物掺合料。

2. 复合掺合料各组分的掺量不宜超过单掺时的最大掺量。

3. 在混合使用两种或两种以上矿物掺合料时，矿物掺合料总掺量应符合表中复合掺合料的规定。

预应力混凝土中矿物掺合料最大掺量宜符合表 1-39 的规定。

表 1-39 预应力混凝土中矿物掺合料最大掺量

矿物掺合料种类	水胶比	最大掺量/%	
		采用硅酸盐水泥时	采用普通硅酸盐水泥时
粉煤灰	≤0.40	35	30
	>0.40	25	20
粒化高炉矿渣粉	≤0.40	55	45
	>0.40	45	35
钢渣粉	—	20	10
磷渣粉	—	20	10
硅灰	—	10	10
复合掺合料	≤0.40	55	45
	>0.40	45	35

注：1. 采用其他通用硅酸盐水泥时，宜将水泥混合材掺量 20%以上的混合材量计入矿物掺合料。

2. 复合掺合料各组分的掺量不宜超过单掺时的最大掺量。

3. 在混合使用两种或两种以上矿物掺合料时，矿物掺合料总掺量应符合表中复合掺合料的规定。

混凝土拌合物中水溶性氯离子最大含量应符合表 1-40 的规定。

表 1-40 混凝土拌合物中水溶性氯离子最大含量

<table>
<tr><th rowspan="2">环境条件</th><th colspan="3">水溶性氯离子最大含量
(水泥用量的质量分数)/%</th></tr>
<tr><th>钢筋混凝土</th><th>预应力混凝土</th><th>素混凝土</th></tr>
<tr><td>干燥环境</td><td>0.30</td><td rowspan="4">0.06</td><td rowspan="4">1.00</td></tr>
<tr><td>潮湿但不含氯离子的环境</td><td>0.20</td></tr>
<tr><td>潮湿且含有氯离子的环境、盐渍土环境</td><td>0.10</td></tr>
<tr><td>除冰盐等侵蚀性物质的腐蚀环境</td><td>0.06</td></tr>
</table>

引气剂掺量应根据混凝土含气量要求经试验确定，混凝土最小含气量应符合表 1-41 的规定，最大不宜超过 7.0%。

表 1-41　混凝土最小含气量

粗骨料最大公称粒径/mm	混凝土最小含气量/%	
	潮湿或水位变动的寒冷和严寒环境	盐冻环境
40.0	4.5	5.0
25.0	5.0	5.5
20.0	5.5	6.0

注：含气量为气体占混凝土体积的百分比。

1.2.3.2　混凝土配制强度的确定

（1）混凝土配制强度

① 当混凝土的设计强度等级小于 C60 时，配制强度应按下式确定：

$$f_{cu,0} \geqslant f_{cu,k} + 1.645\sigma$$

式中　$f_{cu,0}$——混凝土配制强度，MPa；

$f_{cu,k}$——混凝土立方体抗压强度标准值，这里取混凝土的设计强度等级值，MPa；

σ——混凝土强度标准差，MPa。

② 当设计强度等级不小于 C60 时，配制强度应按下式确定：

$$f_{cu,0} \geqslant 1.15 f_{cu,k}$$

（2）混凝土强度标准差

① 当具有近 1～3 个月的同一品种、同一强度等级混凝土的强度资料，且试件组数不小于 30 时，其混凝土强度标准差 σ 应按下式计算：

$$\sigma = \sqrt{\frac{\sum_{i=1}^{n} f_{cu,i}^{2} - n m_{fcu}^{2}}{n-1}}$$

式中　σ——混凝土强度标准差；

$f_{cu,i}$——第 i 组的试件强度，MPa；

m_{fcu}——n 组试件的强度平均值，MPa；

n——试件组数。

② 当没有近期的同一品种、同一强度等级混凝土强度资料时，其强度标准差 σ 可按表 1-42 取值。

表 1-42　标准差 σ 值　　单位：MPa

混凝土强度标准值	≤C20	C25～C45	C50～C55
Σ	4.0	5.0	6.0

1.2.3.3　混凝土配合比计算

（1）水胶比

① 当混凝土强度等级小于 C60 时，混凝土水胶比宜按下式计算：

$$W/B=\frac{\alpha_a f_b}{f_{cu,0}+\alpha_a\alpha_b f_b}$$

式中　W/B——混凝土水胶比；

α_a、α_b——回归系数，按表 1-43 取值；

f_b——胶凝材料 28d 胶砂抗压强度，MPa，可实测。

② 回归系数（α_a、α_b）不具备试验统计资料时，可按表 1-43 选用。

表 1-43　回归系数（α_a、α_b）取值表

系数	粗骨料品种	
	碎石	卵石
α_a	0.53	0.49
α_b	0.20	0.13

③ 当胶凝材料 28d 胶砂抗压强度值（f_b）无实测值时，可按下式计算：

$$f_b=\gamma_f\gamma_s f_{ce}$$

式中　γ_f、γ_s——粉煤灰影响系数和粒化高炉矿渣粉影响系数，可按表 1-44 选用；

f_{ce}——水泥 28d 胶砂抗压强度，MPa。

表 1-44　粉煤灰影响系数 γ_f 和粒化高炉矿渣粉影响系数 γ_s

掺量/%	粉煤灰影响系数 γ_f	粒化高炉矿渣粉影响系数 γ_f
0	1.00	1.00
10	0.85～0.95	1.00
20	0.75～0.85	0.95～1.00
30	0.65～0.75	0.90～1.00
40	0.55～0.65	0.80～0.90
50	—	0.70～0.85

注：1. 采用Ⅰ级、Ⅱ级粉煤灰宜取上限值。

2. 采用 S75 级粒化高炉矿渣粉宜取下限值，采用 S95 级粒化高炉矿渣粉宜取上限值，采用 S105 级粒化高炉矿渣粉可取上限值加 0.05。

3. 当超出表中的掺量时，粉煤灰和粒化高炉矿渣粉影响系数应经试验确定。

④ 当水泥 28d 胶砂抗压强度（f_{ce}）无实测值时，可按下式计算：

$$f_{ce}=\gamma_c f_{ce,g}$$

式中　γ_c——水泥强度等级值的富余系数，可按实际统计资料确定；当缺乏实际统计资料时，也可按表 1-45 选用；

$f_{ce,g}$——水泥强度等级值，MPa。

表 1-45　水泥强度等级值的富余系数 γ_c

水泥强度等级值	32.5	42.5	52.5
富余系数	1.12	1.16	1.10

（2）用水量和外加剂用量

① 每立方米干硬性或塑性混凝土的用水量（m_{w0}）应符合下列规定：

a. 混凝土水胶比在 0.40～0.80 范围时，可按表 1-46、表 1-47

选取。

b. 混凝土水胶比小于0.40时，可通过试验确定。

表1-46 干硬性混凝土的用水量 单位：kg/m^3

拌合物稠度		卵石最大公称粒径/mm			碎石最大公称粒径/mm		
项目	指标	10.0	20.0	40.0	16.0	20.0	40.0
维勃稠度/s	16～20	175	160	145	180	170	155
	11～15	180	165	150	185	175	160
	5～10	185	170	155	190	180	165

表1-47 塑性混凝土的用水量 单位：kg/m^3

拌合物稠度		卵石最大公称粒径/mm				碎石最大公称粒径/mm			
项目	指标	10.0	20.0	31.5	40.0	16.0	20.0	31.5	40.0
坍落度/mm	10～30	190	170	160	150	200	185	175	165
	35～50	200	180	170	160	210	195	185	175
	55～70	210	190	180	170	220	205	195	185
	75～90	215	195	185	175	230	215	205	195

注：1. 本表用水量系采用中砂时的取值。采用细砂时，每立方米混凝土用水量可增加5～10kg；采用粗砂时，可减少5～10kg。

2. 掺用矿物掺合料和外加剂时，用水量应相应调整。

② 掺外加剂时，每立方米流动性或大流动性混凝土的用水量（m_{w0}）可按下式计算：

$$m_{w0}=m'_{w0}(1-\beta)$$

式中 m_{w0}——计算配合比每立方米混凝土的用水量，kg/m^3；

m'_{w0}——未掺外加剂时推定的满足实际坍落度要求的每立方米混凝土用水量，kg/m^3；

β——外加剂的减水率，%，应经混凝土试验确定。

③ 每立方米混凝土中外加剂用量（m_{a0}）应按下式计算：

$$m_{a0}=m_{b0}\beta_a$$

式中　m_{a0}——计算配合比每立方米混凝土中外加剂用量，kg/m^3；

m_{b0}——计算配合比每立方米混凝土中胶凝材料用量，kg/m^3；

β_a——外加剂掺量，%，应经混凝土试验确定。

（3）砂率

坍落度小于10mm的混凝土，其砂率应经试验确定。坍落度为10～60mm的混凝土，其砂率可根据粗骨料品种、最大公称粒径及水胶比按表1-51选取。坍落度大于60mm的混凝土，其砂率可经试验确定，也可在表1-48的基础上，按坍落度每增大20mm、砂率增大1%的幅度予以调整。

表1-48　混凝土的砂率　　单位：%

水胶比	卵石最大公称粒径/mm			碎石最大公称粒径/mm		
	10.0	20.0	40.0	16.0	20.0	40.0
0.40	26～32	25～31	24～30	30～35	29～34	27～32
0.50	30～35	29～34	28～33	33～38	32～37	30～35
0.60	33～38	32～37	31～36	36～41	35～40	33～38
0.70	36～41	35～40	34～39	39～44	38～43	36～41

注：1. 本表数值系中砂的选用砂率，对细砂或粗砂，可相应地减少或增大砂率。

2. 采用人工砂配制混凝土时，砂率可适当增大。

3. 只用一个单粒级粗骨料配制混凝土时，砂率应适当增大。

1.2.3.4　混凝土配合比的调配

每盘混凝土试配的最小搅拌量应符合表1-49的规定，并不应小于搅拌机公称容量的1/4且不应大于搅拌机公称容量。

表1-49　混凝土试配的最小搅拌量

粗骨料最大公称粒径/mm	拌合物数量/L
≤31.5	20
40.0	25

1.2.3.5　特殊要求混凝土配合比设计

（1）抗渗混凝土

抗渗混凝土配合比应符合规定：最大水胶比应符合表 1-50 的规定。每立方米混凝土中的胶凝材料用量不宜小于 320kg。砂率宜为 35％～45％。

表 1-50　抗渗混凝土最大水胶比

设计抗渗等级	最大水胶比	
	C20～C30	C30 以上
P6	0.60	0.55
P8～P12	0.55	0.50
＞P12	0.50	0.45

（2）抗冻混凝土

抗冻混凝土配合比应符合规定：最大水胶比和最小胶凝材料用量应符合表 1-51 的规定。

表 1-51　最大水胶比和最小胶凝材料用量

设计抗冻等级	最大水胶比		最小胶凝材料用量/(kg/m³)
	无引气剂时	掺引气剂时	
F50	0.55	0.60	300
F100	0.50	0.55	320
不低于 F150	—	0.50	350

复合矿物掺合料掺量宜符合表 1-52 的规定。

表 1-52　复合矿物掺合料最大掺量

水胶比	最大掺量/％	
	采用硅酸盐水泥时	采用普通硅酸盐水泥时
≤0.40	60	50
＞0.40	50	40

注：1. 采用其他通用硅酸盐水泥时，可将水泥混合材掺量 20％以上的混合材量计入矿物掺合料。

2. 复合矿物掺合料中各矿物掺合料组分的掺量不宜超过表 1-50 中单掺时的限量。

（3）高强混凝土

高强混凝土配合比应经试验确定，在缺乏试验依据的情况下，配合比设计宜符合规定：水胶比、胶凝材料用量和砂率可按表 1-53 选取，并应经试配确定。外加剂和矿物掺合料的品种、掺量，应通过试配确定；矿物掺合料掺量宜为 25%～40%；硅灰掺量不宜大于 10%。水泥用量不宜大于 500kg/m^3。

表 1-53　水胶比、胶凝材料用量和砂率

强度等级	水胶比	胶凝材料用/(kg/m^3)	砂率/%
≥C60,<C80	0.28～0.34	480～560	35～42
≥C80,<C100	0.26～0.28	520～580	
C100	0.24～0.26	550～600	

（4）泵送混凝土

泵送混凝土配合比应符合规定：胶凝材料用量不宜小于 300kg/m^3。砂率宜为 35%～45%。粗骨料宜采用连续级配，其针片状颗粒含量不宜大于 10%；粗骨料的最大公称粒径与输送管径之比宜符合表 1-54 的规定。

表 1-54　粗骨料的最大公称粒径与输送管径之比

粗骨料品种	泵送高度/m	粗骨料最大公称粒径与输送管径之比
碎石	<50	≤1：3.0
	50～100	≤1：4.0
	>100	≤1：5.0
卵石	<50	≤1：2.5
	50～100	≤1：3.0
	>100	≤1：4.0

1.3 水泥、砂和石子

1.3.1 水泥

1.3.1.1 通用水泥

通用水泥的实物质量见表 1-55。

表 1-55 通用水泥的实物质量

<table>
<tr><th colspan="3" rowspan="3">项目</th><th colspan="5">质量等级</th></tr>
<tr><th colspan="2">优等品</th><th colspan="2">一等品</th><th>合格品</th></tr>
<tr><th>硅酸盐水泥、普通硅酸盐水泥</th><th>矿渣硅酸盐水泥、火山灰质硅酸盐水泥、粉煤灰硅酸盐水泥、复合硅酸盐水泥</th><th>硅酸盐水泥、普通硅酸盐水泥</th><th>矿渣硅酸盐水泥、火山灰质硅酸盐水泥、粉煤灰硅酸盐水泥、复合硅酸盐水泥</th><th>硅酸盐水泥、普通硅酸盐水泥、矿渣硅酸盐水泥、火山灰质硅酸盐水泥、粉煤灰硅酸盐水泥、复合硅酸盐水泥</th></tr>
<tr><td rowspan="3">抗压强度</td><td colspan="2">3d</td><td>24.0MPa</td><td>22.0MPa</td><td>20.0MPa</td><td>17.0MPa</td><td rowspan="4">复合通用水泥各品种的技术要求</td></tr>
<tr><td rowspan="2">28d</td><td>≥</td><td>48.0MPa</td><td>48.0MPa</td><td>46.0MPa</td><td>38.0MPa</td></tr>
<tr><td>≤</td><td>$1.1\overline{R}^{a}$</td><td>$1.1\overline{R}^{a}$</td><td>$1.1\overline{R}^{a}$</td><td>$1.1\overline{R}^{a}$</td></tr>
<tr><td colspan="3">终凝时间/min ≤</td><td>300</td><td>330</td><td>360</td><td>420</td></tr>
<tr><td colspan="3">氯离子含量/% ≤</td><td colspan="5">0.06</td></tr>
</table>

注：同品种同强度等级水泥 28d 抗压强度上月平均值，至少以 20 个编号平均，不足 20 个编号时，可 2～3 个月合并计算。对于 62.5（含 62.5）以上水泥，28d 抗压强度不大于 $1.1\overline{R}$ 的要求不做规定。

通用硅酸盐水泥的组分应符合表 1-56 的规定。

表 1-56 通用硅酸盐水泥的组分

品种	代号	组分				
		熟料＋石膏	粒化高炉矿渣	火山灰质混合材料	粉煤灰	石灰石
硅酸盐水泥	P·Ⅰ	100	—	—	—	—
	P·Ⅱ	≥95	≤5	—	—	—
		≥95	—	—	—	≤5
普通硅酸盐水泥	P·O	≥80 且<95	>5 且≤20[a]			—
矿渣硅酸盐水泥	P·S·A	≥50 且<80	>20 且≤50[b]	—	—	—
	P·S·B	≥30 且<50	>50 且≤70[b]	—	—	—
火山灰质硅酸盐水泥	P·P	≥60 且<80		>20 且≤40[c]	—	—
粉煤灰硅酸盐水泥	P·F	≥60 且<80	—	—	>20 且≤40[d]	—
复合硅酸盐水泥	P·C	≥50 且<80	>20 且≤50[e]			

注：1. 本组分材料为符合《通用硅酸盐水泥》(GB 175—2007/XG1—2009) 5.2.3 的活性混合材料，其中允许用不超过水泥质量 8%且符合《通用硅酸盐水泥》(GB 175—2007/XG1—2009) 5.2.4 的非活性混合材料或不超过水泥质量 5%且符合《通用硅酸盐水泥》(GB 175—2007/XG1—2009) 5.2.5 的窑灰代替。

2. 本组分材料为符合《用于水泥中的粒化高炉矿渣》(GB/T 203—2008) 或《用于水泥和混凝土中的粒化高炉矿渣粉》(GB/T 18046—2008) 的活性混合材料，其中允许用不超过水泥质量 8%且符合《通用硅酸盐水泥》(GB 175—2007/XG1—2009) 第 5.2.3 条的活性混合材料或符合《通用硅酸盐水泥》(GB 175—2007/XG1—2009) 第 5.2.4 条的非活性混合材料或符合《通用硅酸盐水泥》(GB 175—2007/XG1—2009) 第 5.2.5 条的窑灰中的任一种材料代替。

3. 本组分材料为符合《用于水泥中的火山灰质混合材料》(GB/T 2847—2005) 的活性混合材料。

4. 本组分材料为符合《用于水泥和混凝土中的粉煤灰》(GB/T 1596—2005) 的活性混合材料。

5. 本组分材料为由两种（含）以上符合《通用硅酸盐水泥》(GB 175—2007/XG1—2009) 第 5.2.3 条的活性混合材料或/和符合《通用硅酸盐水泥》(GB 175—2007/XG1—2009) 第 5.2.4 条的非活性混合材料组成，其中允许用不超过水泥质量 8%且符合《通用硅酸盐水泥》(GB 175—2007/XG1—2009) 第 5.2.5 条的窑灰代替。掺矿渣时混合材料掺量不得与矿渣硅酸盐水泥重复。

通用硅酸盐水泥化学指标应符合表1-57的规定。

表1-57　化学指标

<table>
<tr><th>品　种</th><th>代号</th><th>不溶物
(质量分数)</th><th>烧失量
(质量分数)</th><th>三氧化硫
(质量分数)</th><th>氧化镁
(质量分数)</th><th>氯离子
(质量分数)</th></tr>
<tr><td rowspan="2">硅酸盐水泥</td><td>P·Ⅰ</td><td>≤0.75</td><td>≤3.0</td><td rowspan="3">≤3.5</td><td rowspan="3">≤5.0[a]</td><td rowspan="8">≤0.06[c]</td></tr>
<tr><td>P·Ⅱ</td><td>≤1.50</td><td>≤3.5</td></tr>
<tr><td>普通硅酸盐水泥</td><td>P·O</td><td>—</td><td>≤50</td></tr>
<tr><td rowspan="2">矿渣硅酸盐水泥</td><td>P·S·A</td><td>—</td><td>—</td><td rowspan="2">≤4.0</td><td>≤6.0[b]</td></tr>
<tr><td>P·S·B</td><td>—</td><td>—</td><td>—</td></tr>
<tr><td>火山灰质硅酸盐水泥</td><td>P·P</td><td>—</td><td>—</td><td rowspan="3">≤3.5</td><td rowspan="3">≤6.0[b]</td></tr>
<tr><td>粉煤灰硅酸盐水泥</td><td>P·F</td><td>—</td><td>—</td></tr>
<tr><td>复合硅酸盐水泥</td><td>P·C</td><td>—</td><td>—</td></tr>
</table>

注：1. 如果水泥压蒸试验合格，则水泥中氧化镁的含量（质量分数）允许放宽至6.0%。

2. 如果水泥中氧化镁的含量（质量分数）大于6.0%时，需进行水泥压蒸安定性试验并合格。

3. 当有更低要求时，该指标由买卖双方协商确定。

不同品种不同强度等级的通用硅酸盐水泥，其不同各龄期的强度应符合表1-58的规定。

表1-58　通用硅酸盐水泥的不同各龄期的强度　　单位：MPa

<table>
<tr><th rowspan="2">品种</th><th rowspan="2">强度等级</th><th colspan="2">抗压强度</th><th colspan="2">抗折强度</th></tr>
<tr><th>3d</th><th>28d</th><th>3d</th><th>28d</th></tr>
<tr><td rowspan="6">硅酸盐水泥</td><td>42.5</td><td>≥17.0</td><td rowspan="2">≥42.5</td><td>≥3.5</td><td rowspan="2">≥6.5</td></tr>
<tr><td>42.5R</td><td>≥22.0</td><td>≥4.0</td></tr>
<tr><td>52.5</td><td>≥23.0</td><td rowspan="2">≥52.5</td><td>≥4.0</td><td rowspan="2">≥7.0</td></tr>
<tr><td>52.5R</td><td>≥27.0</td><td>≥5.0</td></tr>
<tr><td>62.5</td><td>≥28.0</td><td rowspan="2">≥62.5</td><td>≥5.0</td><td rowspan="2">≥8.0</td></tr>
<tr><td>62.5R</td><td>≥32.0</td><td>≥5.5</td></tr>
</table>

续表

品种	强度等级	抗压强度		抗折强度	
		3d	28d	3d	28d
普通硅酸盐水泥	42. 5	≥17. 0	≥42. 5	≥3. 5	≥6. 5
	42. 5R	≥22. 0		≥4. 0	
	52. 5	≥23. 0	≥52. 5	≥4. 0	≥7. 0
	52. 5R	≥27. 0		≥5. 0	
矿渣硅酸盐水泥 火山灰硅酸盐水泥 粉煤灰硅酸盐水泥 复合硅酸盐水泥	32. 5	≥10. 0	≥32. 5	≥2. 5	≥5. 5
	32. 5R	≥15. 0		≥3. 5	
	42. 5	≥15. 0	≥42. 5	≥3. 5	≥6. 5
	42. 5R	≥19. 0		≥4. 0	
	52. 5	≥21. 0	≥52. 5	≥4. 0	≥7. 0
	52. 5R	≥23. 0		≥4. 5	

1. 3. 1. 2　钢渣道路水泥

钢渣道路水泥中各组分的掺入量（质量分数）应符合表 1-59 的规定。

表 1-59　钢渣道路水泥中各组分的掺入量　　单位:%

熟料+石膏	钢渣或钢渣粉	粒化高炉矿渣或粒化高炉矿渣粉
>50 且<90	≥10 且≤40	≤10

钢渣道路水泥各龄期的强度指标应符合表 1-60 的规定。

表 1-60　钢渣道路水泥各龄期的强度指标　　单位：MPa

强度等级	抗压强度		抗折强度	
	3d	28d	3d	28d
32. 5	≥16. 0	≥32. 5	≥3. 5	≥6. 5
42. 5	≥21. 0	≥42. 5	≥4. 0	≥7. 0

1. 3. 1. 3　石灰石硅酸盐水泥

石灰石硅酸盐水泥各龄期的抗压强度和抗折强度应符合表 1-61 的

规定。

表 1-61　石灰石硅酸盐水泥各龄期的抗压强度和抗折强度

单位：MPa

强度等级	抗压强度		抗折强度	
	3d	28d	3d	28d
32.5	≥11.0	≥32.5	≥2.5	≥5.5
32.5R	≥16.0	≥32.5	≥3.5	≥5.5
42.5	≥16.0	≥42.5	≥3.5	≥6.5
42.5R	≥21.0	≥42.5	≥4.0	≥6.5

1.3.1.4　钢渣硅酸盐水泥

钢渣硅酸盐水泥各龄期的强度指标应符合表 1-62 的规定。

表 1-62　钢渣硅酸盐水泥各龄期的强度指标　单位：MPa

强度等级	抗压强度		抗折强度	
	3d	28d	3d	28d
32.5	10.0	32.5	2.5	5.5
42.5	15.0	42.5	3.5	6.5

水泥强度等级按规定龄期的抗压强度和抗折强度来划分，各强度等级水泥的各龄期强度不得低于表 1-63 的数值。

表 1-63　水泥的强度等级与各龄期强度　单位：MPa

强度等级	抗压强度		抗折强度	
	3d	28d	3d	28d
32.5	10.0	32.5	2.5	5.5
42.5	15.0	42.5	3.5	6.5

1.3.1.5　道路硅酸盐水泥

道路硅酸盐水泥的等级与各龄期强度应符合表 1-64 的规定。

表 1-64　道路硅酸盐水泥的等级与各龄期强度　　　单位：MPa

强度等级	抗压强度		抗折强度	
	3d	28d	3d	28d
32.5	16.0	32.5	3.5	6.5
42.5	21.0	42.5	4.0	7.0
52.5	26.0	52.5	5.0	7.5

1.3.2　砂、石子

1.3.2.1　砂

(1) 颗粒级配

砂的颗粒级配应符合表 1-65 的规定。

表 1-65　砂的颗粒级配

砂的分类	天然砂			机制砂		
级配区	1 区	2 区	3 区	1 区	2 区	3 区
方筛孔	累计筛余/%					
4.75mm	10～0	10～0	10～0	10～0	10～0	10～0
2.36mm	35～5	25～0	15～0	35～5	25～0	15～0
1.18mm	65～35	50～10	25～0	65～35	50～10	25～0
600μm	85～71	70～41	40～16	85～71	70～41	40～16
300μm	95～80	92～70	85～55	95～80	92～70	85～55
150μm	100～90	100～90	100～90	97～85	94～80	94～75

砂的级配类别应符合表 1-66 的规定。

表 1-66　砂的级配类别

类别	Ⅰ	Ⅱ	Ⅲ
级配区	2 区	1、2、3 区	

(2) 含泥量和泥块含量

天然砂的含泥量和泥块含量应符合表 1-67 的规定。

表 1-67　含泥量和泥块含量

类　别	Ⅰ	Ⅱ	Ⅲ
含泥量(按质量计)/%	1.0	3.0	5.0
泥块含量(按质量计)/%	0	1.0	2.0

机制砂 *MB* 值≤1.4 或快速法试验合格时，石粉含量和泥块含量应符合表 1-68 的规定。

表 1-68　石粉含量和泥块含量（*MB* 值≤1.4 或快速法试验合格）

类　别	Ⅰ	Ⅱ	Ⅲ
MB 值	≤0.5	≤1.0	≤1.4
石粉含量(按质量计)/%①		≤10.0	
泥块含量(按质量计)/%	0	≤1.0	≤2.0

① 此指标根据使用地区和用途，经试验验证，可由供需双方协商确定。

机制砂 *MB* 值＞1.4 或快速法试验不合格时，石粉含量和泥块含量应符合表 1-69 的规定。

表 1-69　石粉含量和泥块含量（*MB* 值＞1.4 或快速法试验不合格）

类　别	Ⅰ	Ⅱ	Ⅲ
石粉含量(按质量计)/%	≤1.0	≤3.0	≤5.0
泥块含量(按质量计)/%	0	≤1.0	≤2.0

（3）有害物质

砂中含有云母、轻物质、有机物、硫化物及硫酸盐、氯化物、贝壳，其限量应符合表 1-70 的规定。

表 1-70　有害物质限量

类别	Ⅰ	Ⅱ	Ⅲ
云母(按质量计)/%	1.0	≤2.0	
轻物质(按质量计)/%		≤1.0	
有机物		合格	
硫化物及硫酸盐(按 SO_3 质量计)/%		≤0.5	
氯化物(以氯离子质量计)/%	≤0.01	≤0.02	≤0.06
贝壳(按质量计)/%①	≤3.0	≤5.0	≤8.0

① 该指标仅适用于海砂，其他砂种不做要求。

（4）坚固性

砂的坚固性指标应符合表1-71的规定。

表1-71　坚固性指标

类别	Ⅰ	Ⅱ	Ⅲ
质量损失/%	≤8		≤10

（5）强度

机制砂压碎指标应满足表1-72的规定。

表1-72　压碎指标

类别	Ⅰ	Ⅱ	Ⅲ
单级最大压碎指标/%	≤20	≤25	≤30

1.3.2.2　石子

（1）颗粒级配

卵石和碎石的颗粒级配见表1-73。

表1-73　卵石和碎石的颗粒级配

公称粒级/mm		累计筛余/%											
		方孔筛/mm											
		2.36	4.75	9.50	16.0	19.0	26.5	31.5	37.5	53.0	63.0	75.0	90
连续粒级	5～16	95～100	85～100	30～60	0～10	0							
	5～20	95～100	90～100	40～80	—	0～10	0						
	5～25	95～100	90～100	—	30～70	—	0～5	0					
	5～31.5	95～100	90～100	70～90	—	15～45	—	0～5	0				
	5～40	—	95～100	70～90	—	30～65	—	—	0～5	0			

续表

公称粒级/mm		累计筛余/%											
		方孔筛/mm											
		2.36	4.75	9.50	16.0	19.0	26.5	31.5	37.5	53.0	63.0	75.0	90
单粒粒级	5~10	95~100	80~100	0~15	0								
	10~16		95~100	80~100	0~15								
	10~20		95~100	85~100		0~15	0						
	16~25			95~100	55~70	25~40	0~10						
	16~31.5		95~100		85~100			0~10	0				
	20~40			95~100		80~100			0~10	0			
	40~80					95~100			70~100		30~60	0~10	0

（2）含泥量和泥块含量

卵石、碎石的含泥量和泥块含量见表 1-74。

表 1-74　卵石、碎石的含泥量和泥块含量

类别	Ⅰ	Ⅱ	Ⅲ
含泥量(按质量计)/%	≤0.5	≤1.0	≤1.5
泥块含量(按质量计)/%	0	≤0.2	≤0.5

（3）针片状颗粒含量

卵石和碎石的针片状颗粒含量见表 1-75。

表 1-75　针片状颗粒含量

类别	Ⅰ	Ⅱ	Ⅲ
针片状颗粒总含量(按质量计)/%	≤5	≤10	≤15

（4）有害物质

卵石和碎石中不应混有草根、树叶、树枝、塑料、煤块和炉渣等杂物。其有害物质含量见表 1-76。

表 1-76 卵石和碎石的有害物质含量

类别.	Ⅰ	Ⅱ	Ⅲ
有机物	合格	合格	合格
硫化物及硫酸盐(按 SO_3 质量计)/%	≤0.5	≤1.0	≤1.0

（5）坚固性

采用硫酸钠溶液法进行试验，卵石和碎石经 5 次循环后，其质量损失应符合表 1-77 的规定。

表 1-77 卵石和碎石的坚固性指标

类别	Ⅰ	Ⅱ	Ⅲ
质量损失/%	≤5	≤8	≤12

（6）强度

卵石和碎石的压碎指标见表 1-78。

表 1-78 卵石和碎石的压碎指标

类别	Ⅰ	Ⅱ	Ⅲ
碎石压碎指标/%	≤10	≤20	≤30
卵石压碎指标/%	≤12	≤14	≤16

（7）空隙率

连续级配松散堆积空隙率应符合表 1-79 的规定。

表 1-79 连续级配松散堆积空隙率

类别	Ⅰ	Ⅱ	Ⅲ
孔隙率/%	≤43	≤45	≤47

（8）吸水率

吸水率应符合表 1-80 的规定。

表 1-80 吸水率

类别	Ⅰ	Ⅱ	Ⅲ
吸水率/%	≤1.0	≤2.0	≤2.0

(9) 混凝土板用的碎（砾）石

碎石的技术要求见表 1-81 的规定。

表 1-81 碎石技术要求

项目		技术要求			
颗粒级配	筛孔尺寸(圆孔筛)/mm	40	20	10	5
	累计筛余量/%	0～5	30～65	75～90	95～100
强度	石料饱水抗压强度与混凝土设计抗压强度比/%	≥200			
	石料强度分级	≥3 级			
针片状颗粒含量/%		≤15			
硫化物及硫酸盐含量(折算为 SO_3)/%		≤1			
泥土杂物含量(冲洗法)/%		≤1			

砾石的技术要求见表 1-82。

表 1-82 砾石技术要求

项目		技术要求			
颗粒级配	筛孔尺寸(圆孔筛)/mm	40	20	10	5
	累计筛余量/%	0～5	30～65	75～90	95～100
孔隙率/%		≤45			
软弱颗粒含量/%		≤5			
针片状颗粒含量/%		≤15			
泥土杂物含量(冲洗法)/%		≤1			
硫化物及硫酸盐含量(折算为 SO_3)/%		<1			
有机物含量(比色法)		颜色不深于标准溶液的颜色			
石料强度分级		≥3 级			

注：石料强度可采用压碎指标值（%）。

1.4 沥青

1.4.1 石油沥青

1.4.1.1 道路石油沥青

道路石油沥青技术要求见表 1-83。

表 1-83 道路石油沥青技术要求

指标		单位	等级	沥青标号																	
				160 号④	130 号④	110 号			90 号					70 号③					50 号	30 号④
针入度(25℃,5s,100g)		1/10mm		140～200	120～140	100～120			80～100					60～80					40～60	20～40
适用的气候分区				④	④	2-1	2-2	3-2	1-1	1-2	1-3	2-2	2-3	1-3	1-4	2-2	2-3	2-4	1-4	④
针入度指数 PI②			A	－1.5～＋1.0																
			B	－1.8～＋1.0																
软化点(R&B)	≥	℃	A	38	40	43			45			44		46		45			49	55
			B	36	39	42			43			42		44		43			46	53
			C	35	37	41			42					43					45	50
60℃动力黏度②	≥	Pa·s	A	—	60	120			160			140		180		160			200	260
10℃延度②	≥	cm	A	50	50	40			45	30	20	30	20	20	15	25	20	15	15	10
			B	30	30	30			30	20	15	20	15	15	10	20	15	10	10	8
15℃延度	≥	cm	A、B	100															80	50
			C	80	80	60			50					40					30	20
蜡含量(蒸馏法)	≤	%	A	2.2																
			B	3.0																
			C	4.5																

续表

指标		单位	等级	沥青标号						
				160号④	130号④	110号	90号	70号③	50号	30号④
闪点	≥	℃		230			245	260		
溶解度	≥	%		99.5						
密度(15℃)		g/cm³		实测记录						
TFOT(或RTFOT)后①										
质量变化	≤	%		±0.8						
残留针入度比	≥	%	A	48	54	55	57	61	63	65
			B	45	50	52	54	58	60	62
			C	40	45	48	50	54	58	60
残留延度(10℃)	≥	cm	A	12	12	10	8	6	4	—
			B	10	10	8	6	4	2	—
残留延度(15℃)	≥	cm	C	40	35	30	20	15	10	—

① 老化试验以TFOT为准，也可以RTFOT代替。

② 经建设单位同意，表中PI值、60℃动力黏度、10℃延度可作为选择性指标，也可不作为施工质量检验指标。

③ 70号沥青可根据需要，要求供应商提供针入度范围为60～70或70～80的沥青，50号沥青可要求提供针入度范围为40～50或50～60的沥青。

④ 30号沥青仅适用于沥青稳定基层。130号和160号沥青除寒冷地区可直接在中低级公路上直接应用外，通常用作乳化沥青、稀释沥青、改性沥青的基质沥青。

1.4.1.2 重交通道路石油沥青

重交通道路石油沥青技术要求见表1-84。

表1-84 重交通道路石油沥青技术要求

项目		质量指标					
		AH-130	AH-110	AH-90	AH-70	AH-50	AH-30
针入度(25℃,5s,100g)/(1/10mm)		120～140	100～120	80～100	60～80	40～60	20～40
延度(15℃)/cm	≥	100	100	100	100	80	报告
软化点/℃		38～51	40～53	42～55	44～57	45～58	50～65
溶解度/%	≥	99.0	99.0	99.0	99.0	99.0	99.0
闪点/℃	≥	230					260
密度(25℃)/(g/cm^3)		报告					
蜡含量/%	≤	3.0	3.0	3.0	3.0	3.0	3.0
薄膜烘箱试验(163℃,5h)							
质量变化/%	≥	1.3	1.2	1.0	0.8	0.6	0.5
针入度比/%	≥	45	48	50	55	58	60
延度(15℃)/cm	≥	100	50	40	30	报告①	报告①

① 报告应为实测值。

1.4.2 乳化石油沥青

道路用乳化沥青技术要求见表1-85。

表1-85 道路用乳化沥青技术要求

试验项目	单位	品种及代号									
		阳离子				阴离子				非离子	
		喷洒用			拌和用	喷洒用			拌和用	喷洒用	拌和用
		PC-1	PC-2	PC-3	BC-1	PA-1	PA-2	PA-3	BA-1	PN-2	BN-1
破乳速度		快裂	慢裂	快裂或中裂	慢裂或中裂	快裂	慢裂	快裂或中裂	慢裂或中裂	慢裂	慢裂
粒子电荷		阳离子(+)				阴离子(−)				非离子	

续表

试验项目		单位	品种及代号									
			阳离子				阴离子				非离子	
			喷洒用			拌和用	喷洒用			拌和用	喷洒用	拌和用
			PC-1	PC-2	PC-3	BC-1	PA-1	PA-2	PA-3	BA-1	PN-2	BN-1
筛上残留物(1.18mm筛) ≤		%	0.1				0.1				0.1	
黏度	恩格拉黏度计 E_{25}		2～10	1～6	1～6	2～30	2～10	1～6	1～6	2～30	1～6	2～30
	道路标准黏度计 $C_{25.3}$	s	10～25	8～20	8～20	10～60	10～25	8～20	8～20	10～60	8～20	10～60
蒸发残留物	残留分含量 ≥	%	50	50	50	55	50	50	50	55	50	55
	溶解度 ≥	%	97.5				97.5				97.5	
	针入度(25℃)	dmm	50～200	50～300	45～150		50～200	50～300	45～150		50～300	60～300
	延度(15℃) ≥	cm	40				40				40	
与粗集料的黏附性，裹附面积 ≥			2/3			—	2/3			—	2/3	—
与粗、细粒式集料拌合试验			—			均匀	—			均匀	—	
水泥拌合试验的筛上剩余 ≤		%	—				—				—	3
常温贮存稳定性 ≤ 1d 5d		%	 1 5				 1 5				 1 5	

注：1. P为喷洒型，B为拌合型，C、A、N分别表示阳离子、阴离子、非离子乳化沥青。

2. 黏度可选用恩格拉黏度计或沥青标准黏度计之一测定。

3. 表中的破乳速度、与集料的黏附性、拌合试验的要求与所使用的石料品种有关，质量检验时应采用工程上实际的石料进行试验，仅进行乳化沥青产品质量评定时可不要求此三项指标。

4. 贮存稳定性根据施工实际情况选用试验时间，通常采用5d，乳液生产后能在当天使用时也可用1d的稳定性。

5. 如果乳化沥青是将高浓度产品运到现场经稀释后使用时，表中的蒸发残留物等各项指标指稀释前乳化沥青的要求。

1.4.3 液体石油沥青

道路用液体石油沥青技术要求见表1-86。

表 1-86　道路用液体石油沥青技术要求

试验项目		单位	快凝		中凝						慢凝					
			AL(R)-1	AL(R)-2	AL(M)-1	AL(M)-2	AL(M)-3	AL(M)-4	AL(M)-5	AL(M)-6	AL(S)-1	AL(S)-2	AL(S)-3	AL(S)-4	AL(S)-5	AL(S)-6
黏度	$C_{25.5}$	s	<20		<20						<20					
	$C_{60.5}$			5～15		5～15	16～25	26～40	41～100	101～200		5～15	16～25	26～40	41～100	101～200
蒸馏体积	225℃前	%	>20	>15	<10	<7	<3	<2	0	0						
	315℃前	%	>35	>30	<35	<25	<17	<14	<8	<5						
	360℃前	%	>45	>35	<50	<35	<30	<25	<20	<15	<40	<35	<25	<20	<15	<5
蒸馏后残留物	针入度(25℃)	1/10mm	60～200	60～200	100～300	100～300	100～300	100～300	100～300	100～300						
	延度(25℃)	cm	>60	>60	>60	>60	>60	>60	>60	>60						
	浮漂度(5℃)	s									<20	<20	<30	<40	<45	<50
闪点(TOC 法)		℃	>30	>30	>65	>65	>65	>65	>65	>65	>70	>70	>100	>100	>120	>120
含水量	≤	%	0.2	0.2	0.2	0.2	0.2	0.2	0.2	0.2	2.0	2.0	2.0	2.0	2.0	2.0

注：黏度使用道路沥青黏度计测定，C 脚标第 1 个数字代表测试温度（℃），第 2 个数字代表黏度计孔径，mm。

1.4.4 改性沥青

1.4.4.1 聚合物改性沥青

聚合物改性沥青技术要求见表1-87。

表1-87 聚合物改性沥青技术要求

指标	单位	SBS类(Ⅰ类)				SBR类(Ⅱ类)			EVA、PE类(Ⅲ类)			
		Ⅰ-A	Ⅰ-B	Ⅰ-C	Ⅰ-D	Ⅱ-A	Ⅱ-B	Ⅱ-C	Ⅲ-A	Ⅲ-B	Ⅲ-C	Ⅲ-D
针入度(25℃,100g,5s)	1/10mm	>100	80~100	60~80	30~60	>100	80~100	60~80	>80	60~80	40~60	30~40
针入度指数PI ≥		−1.2	−0.8	−0.4	0	−1.0	−0.8	−0.6	−1.0	−0.8	−0.6	−0.4
延度(5℃) ≥	cm	50	40	30	20	60	50	40	—			
软化点 $T_{R\&B}$ ≥	℃	45	50	55	60	45	48	50	48	52	56	60
运动黏度①(135℃) ≤	Pa·s	3										
闪点 ≥	℃	230				230			230			
溶解度 ≥	%	99				99			—			
弹性恢复(25℃) ≥	%	55	60	65	75	—			—			
黏韧性 ≥	N·m	—				5			—			
韧性 ≥	N·m	—				2.5			—			
贮存稳定性②												
离析(48h软化点差) ≤	℃	2.5				—			无改性剂明显析出、凝聚			
TFOT(或RTFOT)后残留物												
质量变化 ≤	%	1.0										
针入度比(25℃) ≥	%	50	55	60	65	50	55	60	50	55	58	60
延度(5℃) ≥	cm	30	25	20	15	30	20	10	—			

① 表中135℃运动黏度可采用《公路工程沥青及沥青混合料试验规程》(JTG E20—2011) 中的“沥青布氏旋转黏度试验方法(布洛克菲尔德黏度计法)”进行测定。若在不改变改性沥青物理力学性质并符合安全条件的温度下易于泵送和拌合，或经证明适当提高泵送和拌合温度时能保证改性沥青的质量，容易施工，可不要求测定。

② 贮存稳定性指标适用于工厂生产的成品改性沥青。现场制作的改性沥青对贮存稳定性指标可不作要求，但必须在制作后，保持不间断的搅拌或泵送循环，保证使用前没有明显的离析。

1.4.4.2 改性乳化沥青

改性乳化沥青技术要求见表1-88。

表1-88 改性乳化沥青技术要求

试验项目			单位	品种及代号	
				PCR	BCR
破乳速度				快裂或中裂	慢裂
粒子电荷				阳离子(+)	阳离子(+)
筛上剩余量(1.18mm)		≤	%	0.1	0.1
黏度	恩格拉黏度 E_{25}			1～10	3～30
	沥青标准黏度 $C_{25,3}$		s	8～25	12～60
蒸发残留物	含量	≥	%	50	60
	针入度(100g,25℃,5s)		1/10mm	40～120	40～100
	软化点	≥	℃	50	53
	延度(5℃)	≥	cm	20	20
	溶解度(三氯乙烯)	≥	%	97.5	97.5
与矿料的黏附性,裹覆面积		≥		2/3	—
贮存稳定性	1d	≤	%	1	1
	5d	≤	%	5	5

注：1. 破乳速度、与集料黏附性、拌合试验，与所使用的石料品种有关。工程上施工质量检验时应采用实际的石料试验，仅进行产品质量评定时可不对这些指标提出要求。

2. 当用于填补车辙时，BCR蒸发残留物的软化点宜提高至不低于55℃。

3. 贮存稳定性根据施工实际情况选择试验天数，通常采用5天，乳液生产后能在第二天使用完时也可选用1天。个别情况下改性乳化沥青5天的贮存稳定性难以满足要求，如果经搅拌后能够达到均匀一致并不影响正常使用，此时要求改性乳化沥青运至工地后存放在附有搅拌装置的贮存罐内，并不断地进行搅拌，否则不准使用。

1.4.5 煤沥青

道路用煤沥青技术要求见表1-89。

表 1-89 道路用煤沥青技术要求

试验项目			T-1	T-2	T-3	T-4	T-5	T-6	T-7	T-8	T-9
黏度[②]/s	$C_{30.5}$		5～25	26～70							
	$C_{30.10}$				5～25	26～50	51～120	121～200			
	$C_{50.10}$								10～75	76～200	
	$C_{60.10}$										35～65
蒸馏试验，馏出量/%	170℃前	≤	3	3	3	2	1.5	1.5	1.0	1.0	1.0
	270℃前	≤	20	20	20	15	15	15	10	10	10
	300℃		15～35	15～35	30	30	25	25	20	20	15
300℃蒸馏残留物软化点(环球法)/℃			30～45	30～45	35～65	35～65	35～65	35～65	40～70	40～70	40～70
水分/%		≤	1.0	1.0	1.0	1.0	1.0	0.5	0.5	0.5	0.5
甲苯不溶物/%		≤	20	20	20	20	20	20	20	20	20
萘含量/%		≤	5	5	5	4	4	3.5	3	2	2
焦油酸含量/%		≤	4	4	3	3	2.5	2.5	1.5	1.5	1.5

注：黏度使用道路沥青黏度计测定，C 脚标第 1 个数字代表测试温度（℃），第 2 个数字代表黏度计孔径（mm）。

1.4.6 沥青标号的选择

沥青标号的选择见表 1-90。

表 1-90 沥青标号的选择

气候分区	沥青种类	沥青路面类型			
		沥青表面处治	沥青贯入式	沥青碎石	沥青混凝土
寒区	石油沥青	A-140 A-180 A-200	A-140 A-180 A-200	AH-90 AH-110 AH-130 A-100 A-140	AH-90 AH-110 AH-130 A-100 A-140
	煤沥青	T-5 T-6	T-6 T-7	T-6 T-7	T-7 T-8

续表

气候分区	沥青种类	沥青路面类型			
		沥青表面处治	沥青贯入式	沥青碎石	沥青混凝土
温区	石油沥青	A-100 A-140 A-180	A-100 A-140 A-180	AH-90 AH-110 A-100 A-140	AH-70 AH-90 A-60 A-100
	煤沥青	T-6 T-7	T-6 T-7	T-7 T-8	T-7 T-8
热区	石油沥青	A-60 A-100 A-140	A-60 A-100 A-140	AH-50 AH-70 AH-90 A-100 A-60	AH-50 AH-70 A-60 A-100
	煤沥青	T-6 T-7	T-7	T-7 T-8	T-7 T-8 T-9

1.5 沥青混合料

1.5.1 粗集料

沥青混合料用粗集料质量技术要求见表 1-91。

表 1-91 沥青混合料用粗集料质量技术要求

指标		单位	高速公路及一级公路		其他等级公路
			表面层	其他层次	
石料压碎值	≤	%	26	28	30
洛杉矶磨耗损失	≤	%	28	30	35
表观相对密度	≥	t/m³	2.60	2.50	2.45
吸水率	≤	%	2.0	3.0	3.0
坚固性	≤	%	12	12	—
针片状颗粒含量(混合料)	≤	%	15	18	20
其中粒径大于 9.5mm	≤	%	12	15	—
其中粒径小于 9.5mm	≤	%	18	20	—
水洗法<0.075mm 颗粒含量	≤	%	1	1	1
软石含量	≤	%	3	5	5

注：1. 坚固性试验可根据需要进行。

2. 用于高速公路、一级公路时，多孔玄武岩的视密度可放宽至 2.45t/m³，吸水率可放宽至 3%，但必须得到建设单位的批准，且不得用于 SMA 路面。

3. 对 S14 即 3～5 规格的粗集料，针片状颗粒含量可不予要求，<0.075mm 含量可放宽到 3%。

沥青混合料用粗集料规格见表 1-92。

表 1-92　沥青混合料用粗集料规格

规格名称	公称粒径/mm	通过下列筛孔(mm)的质量分数/%												
		106	75	63	53	37.5	31.5	26.5	19.0	13.2	9.5	4.75	2.36	0.6
S1	40～75	100	90～100	—	—	0～15	—	0～5	—	—	—	—	—	—
S2	40～60	—	100	90～100	—	0～15	—	0～5	—	—	—	—	—	—
S3	30～60	—	100	90～100	—	—	0～15	—	0～5	—	—	—	—	—
S4	25～50	—	—	100	90～100	—	—	0～15	—	0～5	—	—	—	—
S5	20～40	—	—	—	100	90～100	—	—	0～15	—	0～5	—	—	—
S6	15～30	—	—	—	—	100	90～100	—	—	0～15	—	0～5	—	—
S7	10～30	—	—	—	—	100	90～100	—	—	—	0～15	0～5	—	—
S8	10～25	—	—	—	—	—	100	90～100	—	0～15	—	0～5	—	—
S9	10～20	—	—	—	—	—	—	100	90～100	—	0～15	0～5	—	—
S10	10～15	—	—	—	—	—	—	—	100	90～100	0～15	0～5	—	—
S11	5～15	—	—	—	—	—	—	—	100	90～100	40～70	0～15	0～5	—
S12	5～10	—	—	—	—	—	—	—	—	100	90～100	0～15	0～5	—
S13	3～10	—	—	—	—	—	—	—	—	100	90～100	40～70	0～20	0～5
S14	3～5	—	—	—	—	—	—	—	—	—	100	90～100	0～15	0～3

粗集料与沥青的黏附性、磨光值的技术要求见表1-93。

表 1-93 粗集料与沥青的黏附性、磨光值的技术要求

雨量气候区	1(潮湿区)	2(湿润区)	3(半干区)	4(干旱区)
年降雨量/mm	>1000	1000～500	500～250	<250
粗集料的磨光值 PSV 高速公路、一级公路表面层 ≥	42	40	38	36
粗集料与沥青的黏附性 ≥				
高速公路、一级公路表面层	5	4	4	3
高速公路、一级公路的其他层次及其他等级公路的各个层次	4	4	3	3

粗集料对破碎面的要求见表1-94。

表 1-94 粗集料对破碎面的要求

路面部位或混合料类型	具有一定数量破碎面颗粒的含量/%	
	1个破碎面	2个或2个以上破碎面
沥青路面表面层高速公路、一级公路	100	90
其他等级公路	80	60
沥青路面中下面层、基层高速公路、一级公路	90	80
其他等级公路	70	50
SMA 混合料	100	90
贯入式路面	80	60

1.5.2 细集料

沥青混合料用细集料质量要求见表1-95。

表 1-95 沥青混合料用细集料质量要求

项目		单位	高速公路、一级公路	其他等级公路
表观相对密度	≥	t/m^3	2.50	2.45
坚固性(>0.3mm 部分)	≥	%	12	—
含泥量(小于0.075mm 的含量)	≤	%	3	5
砂当量	≥	%	60	50
亚甲蓝值	≤	g/kg	25	—
棱角性(流动时间)	≥	s	30	—

沥青混合料用天然砂规格见表1-96。

表1-96 沥青混合料用天然砂规格

筛孔尺寸/mm	通过各孔筛的质量百分率/%		
	粗砂	中砂	细砂
9.5	100	100	100
4.75	90～100	90～100	90～100
2.36	65～95	75～90	85～100
1.18	35～65	50～90	75～100
0.6	15～30	30～60	60～84
0.3	5～20	8～30	15～45
0.15	0～10	0～10	0～10
0.075	0～5	0～5	0～5

沥青混合料用机制砂或石屑规格见表1-97。

表1-97 沥青混合料用机制砂或石屑规格

规格	公称粒径/mm	水洗法通过各筛孔的质量百分率/%							
		9.5	4.75	2.36	1.18	0.6	0.3	0.15	0.075
S15	0～5	100	90～100	60～90	40～75	20～55	7～40	2～20	0～10
S16	0～3	—	100	80～100	50～80	25～60	8～45	0～25	0～15

注：当生产石屑采用喷水抑制扬尘工艺时，应特别注意含粉量不得超过表中要求。

1.5.3 填料

沥青混合料用矿粉质量要求见表1-98。

表1-98 沥青混合料用矿粉质量要求

项　目		单位	高速公路、一级公路	其他等级公路
表观相对密度	≥	t/m^3	2.50	2.45
含水量	≤	%	1	1
粒度范围				
＜0.6mm		%	100	100
＜0.15mm		%	90～100	90～100
＜0.075mm		%	75～100	70～100

续表

项　　目	单位	高速公路、一级公路	其他等级公路
外观		无团粒结块	
亲水系数		<1	
塑性指数		<4	
加热安定性		实测记录	

1.5.4　纤维稳定剂

在沥青混合料中掺加的纤维稳定剂宜选用木质素纤维、矿物纤维等，木质素纤维的质量应符合表 1-99 的技术要求。

表 1-99　木质素纤维质量技术要求

项目	单位	指标	试验方法
纤维长度　≤	mm	6	水溶液用显微镜观测
灰分含量	%	18±5	高温 590～600℃燃烧后测定残留物
pH 值		7.5±1.0	水溶液用 pH 试纸或 pH 计测定
吸油率　≥		纤维质量的 5 倍	用煤油浸泡后放在筛上经振敲后称量
含水率(以质量计)　≤	%	5	105℃烘箱烘 2h 后冷却称量

1.5.5　材料规格和用量

路面透层材料的规格和用量见表 1-100。

表 1-100　路面透层材料的规格和用量

用途	液体沥青		乳化沥青		煤沥青	
	规格	用量/(L/m²)	规格	用量/(L/m²)	规格	用量/(L/m²)
无结合料粒料基层	AL(M)-1、2 或 3 AL(S)-1、2 或 3	1.0～2.3	PC-2 PA-2	1.0～2.0	T-1 T-2	1.0～1.5
半刚性基层	AL(M)-1 或 2 AL(S)-1 或 2	0.6～1.5	PC-2 PA-2	0.7～1.5	T-1 T-2	0.7～1.0

注：表中用量是指包括稀释剂和水分等在内的液体沥青、乳化沥青的总量。乳化沥青中的残留物含量以 50%为基准。

第 2 章　道路工程

2.1　路基工程

2.1.1　路基测量

各级公路的平面控制测量等级应符合表 2-1 的规定。

表 2-1　平面控制测量等级

公路等级	平面控制网等级
高速公路、一级公路	一级小三角、一级导线、四级 GPS 控制网
二级公路	二级小三角、二级导线
三级公路及以下公路	三级导线

三角测量技术要求应符合表 2-2 的规定。

表 2-2　三角测量技术要求

等级	平均边长/m	测角中误差/(″)	起始边边长相对中误差	最弱边边长相对中误差	三角形闭合差/(″)	测回数	
						DJ_2	DJ_6
一级小三角	500	±5.0	1/40000	1/20000	±15.0	3	4
二级小三角	300	±10.0	1/20000	1/10000	±30.0	1	3

导线测量技术要求应符合表 2-3 的规定。

表 2-3　导线测量技术要求

等级	附合导线长度/km	平均边长/m	每边测距中误差/mm	测角中误差/(″)	导线全长相对闭合差	方位角闭合差/(″)	测回数	
							DJ_2	DJ_6
一级	10	500	17	5.0	1/15000	$\pm10\sqrt{n}$	2	4
二级	6	300	30	8.0	1/10000	$\pm16\sqrt{n}$	1	3
三级	—	—	—	20.0	1/2000	$\pm30\sqrt{n}$	1	2

四级 GPS 控制网的主要技术参数应符合表 2-4 的规定。

表 2-4　四级控制网技术参数要求

级别	每对相邻点平均距离 d/m	固定误差 a/mm	比例误差系数 $b/\times10^{-6}$	最弱相邻点点位中误差 m/mm
四级	500	≤10	≤20	50

注：每对相邻点间最小距离应不小于平均距离的 1/2，最大距离不宜大于平均距离的 2 倍。

各级公路的水准测量等级应符合表 2-5 的规定。

表 2-5　水准测量等级

公路等级	水准测量等级	水准路线最大长度/km
高速公路、一级公路	四等	16
二级及以下公路	五等	10

水准测量精度应符合表 2-6 的规定。

表 2-6　水准测量精度要求

等级	每公里高差中数中误差/mm		往返较差、附合或环线闭合差/mm		检测已测测段高差之差/mm
	偶然中误差 $M_{\triangle}$	全中误差 M_W	平原微丘区	山岭重丘区	
三等	±3	±6	$\pm12\sqrt{L}$	$\pm3.5\sqrt{n}$或$\pm15\sqrt{L}$	$\pm20\sqrt{L_i}$
四等	±5	±10	$\pm20\sqrt{L}$	$\pm6.0\sqrt{n}$或$\pm25\sqrt{L}$	$\pm30\sqrt{L_i}$
五等	±8	±16	$\pm30\sqrt{L}$	$\pm45\sqrt{L}$	$\pm40\sqrt{L_i}$

注：1. 计算往返较差时，L 为水准点间的路线长度（km）。

2. 计算附合或环线闭合差时，L 为附合或环线的路线长度（km）。

3. n 为测站数，L_i 为检测测段长度（km）。

2.1.2　路基设计

2.1.2.1　一般路基设计

各级公路路基设计洪水频率应符合表 2-7 规定。

表 2-7　路基设计洪水频率

公路等级	高速公路	一级公路	二级公路	三级公路	四级公路
路基设计洪水频率	1/100	1/100	1/50	1/25	按具体情况确定

（1）填方路基

当采用细粒土填筑时，路堤填料最小强度应符合表 2-8 的规定。

表 2-8 路堤填料最小强度要求

项目分类	路面底面以下深度/m	填料最小强度(CBR)/%		
		高速公路、一级公路	二级公路	三、四级公路
上路堤	0.8～1.5	4	3	3
下路堤	1.5 以下	3	2	2

注：1. 当路基填料 CBR 值达不到表列要求时，可掺石灰或其他稳定材料处理。

2. 当三、四级公路铺筑沥青混凝土和水泥混凝土路面时，应采用二级公路的规定。

路堤应分层铺筑，均匀压实，压实度应符合表 2-9 的规定。

表 2-9 路堤压实度

填挖类型	路面底面以下深度/m	压实度/%		
		高速公路、一级公路	二级公路	三、四级公路
上路堤	0.80～1.50	≥94	≥94	≥93
下路堤	1.50 以下	≥93	≥92	≥90

注：1. 表列压实度系按《公路土工试验规程》（JTG E40—2007）重型击实试验法求得的最大干密度的压实度。

2. 当三、四级公路铺筑沥青混凝土和水泥混凝土路面时，应采用二级公路的规定值。

3. 路堤采用特殊填料或处于特殊气候地区时，压实度标准可根据试验路在保证路基强度要求的前提下适当降低。

填土路堤边坡坡率见表 2-10。

表 2-10 填土路堤边坡坡率

填料类别	边坡坡率	
	上部高度($H\leqslant 8$m)	下部高度($H\leqslant 12$m)
细粒土	1∶1.5	1∶1.75
粗粒土	1∶1.5	1∶1.75
巨粒土	1∶1.3	1∶1.5

砌石边坡坡率见表 2-11。

表 2-11　砌石边坡坡率

序号	砌石高度/m	内坡坡率	外坡坡率
1	≤5	1∶0.3	1∶0.5
2	≤10	1∶0.5	1∶0.67
3	≤15	1∶0.6	1∶0.75

(2) 挖方路基

土质路堑边坡高度不大于 20m 时，边坡坡率不宜陡于表 2-12 规定。

表 2-12　土质路堑边坡坡率

土的类别		边坡坡率
黏土、粉质黏土、塑性指数大于 3 的粉土		1∶1
中密以上的中砂、粗砂、砾砂		1∶1.5
卵石土、碎石土、圆砾土、角砾土	胶结和密实	1∶0.75
	中密	1∶1

注：黄土、红黏土、高液限土、膨胀土等特殊土质挖方边坡形式及坡度应按有关规定确定。

岩质路堑边坡高度不大于 30m 时，无外倾软弱结构面的边坡坡率可按表 2-13 确定。

表 2-13　岩质路堑边坡坡率

边坡岩体类型	风化程度	边坡坡率	
		$H<15$m	15m$\leqslant H<30$m
Ⅰ类	未风化、微风化	1∶0.1～1∶0.3	1∶0.1～1∶0.3
	弱风化	1∶0.1～1∶0.3	1∶0.3～1∶0.5
Ⅱ类	未风化、微风化	1∶0.1～1∶0.3	1∶0.3～1∶0.5
	弱风化	1∶0.3～1∶0.5	1∶0.5～1∶0.75

续表

边坡岩体类型	风化程度	边坡坡率	
		$H<15$m	15m$\leqslant H<$30m
Ⅲ类	未风化、微风化	1∶0.3～1∶0.5	—
	弱风化	1∶0.5～1∶0.75	—
Ⅳ类	弱风化	1∶0.5～1∶1	—
	强风化	1∶0.75～1∶1	—

注：有可靠的资料和经验时，可不受本表限制；Ⅳ类强风化包括各类风化程度的极软岩。

(3) 挖方高边坡

岩体抗剪强度指标可采用《工程岩体分级标准》(GB 50218—1994) 及表 2-14 和反算分析等方法综合确定。

表 2-14 结构面抗剪强度指标标准值

结构面类型		结构面结合程度	内摩擦角 ϕ/(°)	黏聚力 c/MPa
硬性结构面	1	结合好	>35	>0.13
	2	结合一般	35～27	0.13～0.09
	3	结合差	27～18	0.09～0.05
软弱结构面	4	结合很差	18～12	0.05～0.02
	5	结合极差(泥化层)	根据地区经验确定	

注：表中数值已考虑结构面的时间效应。极软岩、软岩取表中低值；岩体结构面连通性差取表中的高值；岩体结构面浸水时取表中的低值。

岩体结构面的结合程度可按表 2-15 确定。

表 2-15 结构面的结合程度

结合程度	结构面特征
结合好	张开度小于 1mm，胶结良好，无充填；张开度 1～3mm，硅质或铁质胶结
结合一般	张开度 1～3mm，钙质胶结；张开度大于 3mm，表面粗糙，钙质胶结
结合差	张开度 1～3mm，表面平直，无胶结；张开度大于 3mm，岩屑充填或岩屑夹泥质充填
结合很差、结合极差(泥化层)	表面平直光滑，无胶结；泥质充填或泥夹岩屑充填，充填物厚度大于起伏差；分布连续的泥化夹层；未胶结的或强风化的小型断层破碎带

岩体内摩擦角可由岩块内摩擦角标准值按岩体裂隙发育程度乘以表 2-16 所列的折减系数确定。

表 2-16　边坡岩体内摩擦角折减系数

边坡岩体特性	内摩擦角的折减系数	边坡岩体特性	内摩擦角的折减系数
裂隙不发育	0.90～0.95	裂隙发育	0.80～0.85
裂隙较发育	0.85～0.90	碎裂结构	0.75～0.80

路堑边坡稳定性验算时，其稳定系数应满足表 2-17 规定的安全系数要求。

表 2-17　路堑边坡安全系数

公路等级		路堑边坡安全系数
高速公路、一级公路	正常工况	1.20～1.30
	非正常工况Ⅰ	1.10～1.20
	非正常工况Ⅱ	1.05～1.10
二级及二级以下公路	正常工况	1.15～1.25
	非正常工况Ⅰ	1.05～1.15
	非正常工况Ⅱ	1.02～1.05

注：表中安全系数取值应与计算方法对应。

（4）填石路堤

根据石料饱和抗压强度指标，可按表 2-18 将填石料分为硬质岩石、中硬岩石、软质岩石。

表 2-18　岩石分类

岩石类型	单轴饱和抗压强度/MPa	代表性岩石
硬质岩石	≥60	花岗岩、闪长岩、玄武岩等岩浆岩类
中硬岩石	30～60	硅质、铁质胶结的砾岩及砂岩、石灰岩、白云岩等沉积岩类；片麻岩、石英岩、大理岩、板岩、片岩等变质岩类
软质岩石	5～30	凝灰岩等喷出岩类；泥砾岩、泥质砂岩、泥质页岩、泥岩等沉积岩类；云母片岩或千枚岩等变质岩类

不同强度的石料，应分别采用不同的填筑层厚和压实控制标准。填石路堤的压实质量标准宜用孔隙率作为控制指标，并符合表2-19～表2-21的要求。

表 2-19　硬质石料压实质量控制标准

分区	路面底面以下深度/m	摊铺层厚/mm	最大粒径/mm	压实干密度/(kN/m³)	孔隙率/%
上路堤	0.80～1.50	≤400	小于层厚2/3	由试验确定	≤23
下路堤	>1.50	≤600	小于层厚2/3	由试验确定	≤25

表 2-20　中硬石料压实质量控制标准

分区	路面底面以下深度/m	摊铺层厚/mm	最大粒径/mm	压实干密度/(kN/m³)	孔隙率/%
上路堤	0.80～1.50	≤400	小于层厚2/3	由试验确定	≤22
下路堤	>1.50	≤500	小于层厚2/3	由试验确定	≤24

表 2-21　软质石料压实质量控制标准

分区	路面底面以下深度/m	摊铺层厚/mm	最大粒径/mm	压实干密度/(kN/m³)	孔隙率/%
上路堤	0.80～1.50	≤300	小于层厚	由试验确定	≤20
下路堤	>1.50	≤400	小于层厚	由试验确定	≤22

2.1.2.2　特殊路基设计

(1) 软土地区路基

软土的鉴别指标见表2-22。

表 2-22　软土鉴别指标

<table>
<tr><th>土类</th><th colspan="2">天然含水量/%</th><th>天然孔隙比</th><th>直剪内摩擦角/(°)</th><th>十字板剪切强度/kPa</th><th>压缩系数 a/MPa</th></tr>
<tr><td>黏质土、有机质土</td><td>≥35</td><td rowspan="2">≥液限</td><td>≥1.0</td><td>宜<5</td><td rowspan="2"><35</td><td>宜>0.5</td></tr>
<tr><td>粉质土</td><td>≥30</td><td>≥0.90</td><td>宜<8</td><td>宜>0.3</td></tr>
</table>

软土地基处治设计包括稳定处治设计和沉降处治设计，当计算的稳定安全系数小于表2-23规定时，应针对稳定性进行处治设计；当路面设计使用年限（沥青路面15年、水泥混凝土路面30年）内

的残余沉降（简称工后沉降）不满足表 2-24 的要求时，应针对沉降进行处治设计。

表 2-23　稳定安全系数

指　　标	固结有效应力法		改进总强度法		简化 Bishop 法、Jub 法
	不考虑固结	考虑固结	不考虑固结	考虑固结	
直接快剪	1.1	1.2	—	—	—
静力触探、十字板剪	—	—	1.2	1.3	—
三轴有效剪切指标	—	—	—	—	1.4

注：当需要考虑地震力时，稳定安全系数减少 0.1。

表 2-24　容许工后沉降

道路等级	桥台与路堤相邻处	涵洞、通道处	一般路段
高速公路、一级公路	⩽0.10m	⩽0.20m	⩽0.30m
二级公路	⩽0.20m	⩽0.30m	⩽0.50m

（2）红黏土与高液限土地区路基

红黏土的结构可根据其裂隙发育特征按表 2-25 分类。

表 2-25　红黏土的结构分类

土体结构	裂隙发育特征	S_t
致密状结构	偶见裂隙(＜1 条/m)	＞1.2
巨块状结构	较多裂隙(1～2 条/m)	0.8～1.2
碎块状结构	富裂隙(＞5 条/m)	＜0.8

注：S_t 为红黏土的天然状态与保湿扰动状态土样的无侧限抗压强度之比。

边坡坡率及平台宽度可按表 2-26 确定。

表 2-26　路堑边坡坡率

边坡高度/m	边坡坡率	边坡平台宽度/m
＜6	1∶1.25～1∶1.5	—
6～10	1∶1.25～1∶1.5	2.0
10～20	1∶1.5～1∶1.75	⩾2.0

(3) 膨胀土地区路基

边坡高度不大于 10m 的路堤边坡坡率和边坡平台的设置，可按表 2-27 确定。

表 2-27 膨胀土路堤边坡坡率及平台宽度

边坡高度/m	边坡坡率		边坡平台宽度/m	
	弱膨胀	中等膨胀	弱膨胀	中等膨胀
<6	1∶1.5	1∶1.5～1∶1.75	可不设	
6～10	1∶1.75	1∶1.75～1∶2.0	2.0	≥2.0

路堤边坡的防护根据填土的工程地质条件及高度可参照表 2-28 设计。

表 2-28 膨胀土路堤边坡防护措施

边坡高度/m	弱膨胀土	中膨胀土
≤6	植物	骨架植物
>6	植被防护，骨架植物	支撑渗沟加拱形骨架植物

边坡坡率及平台宽度应符合表 2-29 的规定。

表 2-29 膨胀土边坡坡率和平台宽度

膨胀土类别	边坡高度/m	边坡坡率	边坡平台宽度/m	碎落台宽度/m
弱膨胀土	<6	1∶1.5	—	1.0
	6～10	1∶1.5～1∶2.0	1.5～2.0	1.5～2.0
中等膨胀土	<6	1∶1.5～1∶1.75		1.0～2.0
	6～10	1∶1.75～1∶2.0	2.0	2.0
强膨胀土	<6	1∶1.75～1∶2.0		2.0
	6～10	1∶2.0～1∶2.5	≥2.0	≥2.0

路堑边坡的防护和加固类型依据工程地质条件、环境因素和边坡高度可按表 2-30 及表 2-31 设计，边坡开挖后应及时防护封闭。边坡植物防护时，不应采用阔叶树种。圬工防护时，墙背应设置缓冲层。

表 2-30　膨胀土路堑边坡防护措施

边坡高度/m	弱膨胀土	中等膨胀土
≤6	植物	骨架植物
>6	骨架植物，植物防护，浆砌片石护坡	拱形骨架植物、支撑渗沟加拱形骨架植物

表 2-31　膨胀土路堑边坡支挡措施

边坡高度/m	弱膨胀土	中等膨胀土	强膨胀土
≤6	不设	坡脚墙	护墙、挡土墙
>6	护墙、挡土墙	挡土墙，抗滑桩	桩基承台挡土墙，抗滑桩

2.1.3　路基施工

2.1.3.1　一般路基施工

(1) 一般规定

路基填料最小强度和最大粒径要求，应符合表 2-32 的规定。

表 2-32　路基填料最小强度和最大粒径要求

<table>
<tr><th colspan="2" rowspan="2">填料应用部位
（路面底标高以下深度）/m</th><th colspan="3">填料最小强度(CBR)/%</th><th rowspan="2">填料最大粒径/mm</th></tr>
<tr><th>高速公路一级公路</th><th>二级公路</th><th>三、四级公路</th></tr>
<tr><td rowspan="4">路堤</td><td>上路床(0～0.30)</td><td>8</td><td>6</td><td>5</td><td>100</td></tr>
<tr><td>下路床(0.30～0.80)</td><td>5</td><td>4</td><td>3</td><td>100</td></tr>
<tr><td>上路堤(0.80～1.50)</td><td>4</td><td>3</td><td>3</td><td>150</td></tr>
<tr><td>下路堤(>1.50)</td><td>3</td><td>2</td><td>2</td><td>150</td></tr>
<tr><td rowspan="2">零填及挖方路基</td><td>(0～0.30)</td><td>8</td><td>6</td><td>5</td><td>100</td></tr>
<tr><td>(0.30～0.80)</td><td>5</td><td>4</td><td>3</td><td>100</td></tr>
</table>

注：1. 表列强度按《公路土工试验规程》（JTG E40—2007）规定的浸水 96h 的 CBR 试验方法测定。

2. 三、四级公路铺筑沥青混凝土和水泥混凝土路面时，应采用二级公路的规定。

3. 表中上、下路堤填料最大粒径 150mm 的规定不适用于填石路堤和土石路堤。

(2) 路堤施工

土质路基压实度应符合表 2-33 的规定。

表 2-33　土质路基压实度标准

填挖类型		路床顶面以下深度/m	压实度/%		
			高速公路一级公路	二级公路	三、四级公路
路堤	上路床	0～0.30	≥96	≥95	≥94
	下路床	0.30～0.80	≥96	≥95	≥94
	上路堤	0.80～1.50	≥94	≥94	≥93
	下路堤	>1.50	≥93	≥92	≥90
零填及挖方路基		0～0.30	≥96	≥95	≥94
		0.30～0.80	≥96	≥95	—

注：1. 表列压实度以《公路土工试验规程》（JTG E40—2007）重型击实试验法为准。

2. 三、四级公路铺筑水泥混凝土路面或沥青混凝土路面时，其压实度应采用二级公路的规定值。

3. 路堤采用特殊填料或处于特殊气候地区时，压实度标准根据试验路在保证路基强度要求的前提下可适当降低。

4. 特别干旱地区的压实度标准可降低2%～3%。

路堤填筑至设计标高并整修完成后，其施工质量应符合表2-34的规定。

表 2-34　土质路堤施工质量标准

检查项目	允许偏差			检查方法或频率
	高速公路、一级公路	二级公路	三、四级公路	
路基压实度	符合规定	符合规定	符合规定	施工记录
弯沉	不大于设计值	不大于设计值	不大于设计值	—
纵断高程/mm	+10，-15	+10，-20	+10，-20	每200m测4断面
中线偏位/mm	50	100	100	每200m测4点弯道加HY、YH两点
宽度	不小于设计值	不小于设计值	不小于设计值	每200m测4处
平整度/mm	15	20	20	3m直尺：每200m测2处×10尺
横坡/%	±0.3	±0.5	±0.5	每200m测4个断面
边坡坡度	不陡于设计坡度	不陡于设计坡度	不陡于设计坡度	每200m抽查4处

填石路堤上下路堤的压实质量标准见表 2-35。

表 2-35 填石路堤上、下路堤压实质量标准

分区	路面底面以下深度/m	硬质石料孔隙率/%	中硬石料孔隙率/%	软质石料孔隙率/%
上路堤	0.8～1.50	≤23	≤22	≤20
下路堤	>1.50	≤25	≤24	≤22

填石路堤填筑至设计标高并整修完成后，其施工质量应符合表 2-36 的规定。

表 2-36 填石路堤施工质量标准

检测项目		允许偏差		检查方法或频率
		高速公路、一级公路	其他公路	
压实度		符合试验路确定的施工工艺		施工记录
		沉降差≤试验路确定的沉降差		水准仪:每 40m 检测一个断面,每个断面检测 5～9 点
纵面高程/mm		+10,-20	+10,-30	水准仪:每 200m 测 4 断面
弯沉		不大于设计值		—
中线偏位/mm		50	100	经纬仪:每 200m 测 4 点,弯道加 HY、YH 两点
宽度		不小于设计值		米尺:每 200m 测 4 处
平整度/mm		20	30	3m 直尺:每 200m 测 4 点×10 尺
横坡/%		±0.3	±0.5	水准仪:每 200m 测 4 个断面
边坡	坡度	不陡于设计值		每 200m 抽查 4 处
	平顺度	符合设计要求		

(3) 轻质填料路堤施工

粉煤灰路堤压实度应符合表 2-37 的规定。

表 2-37　粉煤灰路堤压实度标准

填料应用部位（路床顶面以下深度）/m		压实度/%	
		二级及二级以上公路	其他等级公路
上路床	0.0～0.30	≥95	≥93
下路床	0.30～0.80	≥93	≥90
上路堤	0.80～1.50	≥92	≥87
下路堤	＞1.50	≥90	≥87

注：1. 表列压实度以部颁《公路土工试验规程》（JTG E40—2007）重型击实试验法为准。

2. 特别干旱或潮湿地区的压实度标准可降低 1%～2%。

3. 包边土和顶面封层压实度应符合土质路基压实度标准的规定。

EPS 路堤质量应符合表 2-38 的规定。

表 2-38　EPS 路堤质量标准

检测项目		允许偏差	检查方法及频率
EPS 块体尺寸	长度	1/100	卷尺丈量，抽样频率：＜2000m^3 抽检 2 块，2000～5000m^3 抽检 3 块，5000～10000m^3 抽检 4 块，≥10000m^3 每 2000 m^3 抽检 1 块
	宽度	1/100	
	厚度	1/100	
EPS 块体密度		≥设计值	天平，抽样频率同序号 1
基底压实度		≥设计值	环刀法或灌砂法，每 1000m^2 检测 2 点
垫层平整度/mm		10	3m 直尺，每 20m 检查 3 点
EPS 块体之间平整度/mm		20	3m 直尺，每 20m 检查 3 点
EPS 块体之间缝隙、错台/mm		10	卷尺丈量，每 20m 检查 1 点
EPS 块体路堤顶面横坡/%		±0.5	水准仪，每 20m 检查 6 点
护坡宽度		≥设计值	卷尺丈量，每 40m 检查 1 点
钢筋混凝土板厚度/mm		+10，−5	卷尺丈量，量板边，每块 2 点
钢筋混凝土板宽度/mm		20	卷尺丈量，每 100m 检查 2 点
钢筋混凝土板强度		符合设计要求	抗压试验，每工作台班留 2 组试件
钢筋网间距/mm		±10	卷尺丈量

注：路线曲线部分的 EPS 块体缝隙不得大于 50mm。

2.1.3.2 特殊路基施工

用湿黏土、红黏土和中、弱膨胀土作为填料直接填筑时，应符合表 2-39 的规定。

表 2-39 砌筑要求

项目	内容
液限	在 40%～70%
塑性指数	在 18～26
压实质量	采用表 2-33 的压实度标准
使用限值	不得作为二级及二级以上公路路床、零填及挖方路基 0～0.80m 范围内的填料；不得作为三、四级公路上路床、零填及挖方路基 0～0.30m 范围内的填料

压实度标准见表 2-40。

表 2-40 压实度标准

填筑部位		路床顶面以下深度/m	压实度/%		
			高速公路一级公路	二级公路	三、四级公路
路堤	下路床	0.30～0.80	—	—	≥94
	上路堤	0.80～1.50	≥94	≥94	≥93
	下路堤	>1.50	≥94	≥94	≥93
零填及挖方路基		0.30～0.80	—	—	≥93

注：压实度$=\rho/\rho_{max}$，ρ 为压实后实测干密度，$\rho_{max}=\frac{GS_r}{S_r+Gw}$（式中，$G$ 为土粒密度；S_r 为饱和度，取 100%；w 为压实后实测干密度土样的含水量）。

（1）软土地区路基施工

袋装砂井施工质量应符合表 2-41 的规定。

表 2-41 袋装砂井施工质量标准

项目	允许偏差	检查方法和频率
井距/mm	±150	抽查 3%
井长	不小于设计值	查施工记录
井径/mm	+10,0	挖验 3%
竖直度/%	1.5	查施工记录
灌砂率/%	+5,0	查施工记录

塑料排水板施工质量应符合表2-42规定。

表2-42 塑料排水板施工质量标准

检查项目	允许偏差	检查方法和频率
板距/mm	±150	抽查3%
板长	不小于设计值	抽查3%
竖直度/%	1.5	查施工记录

砂桩施工质量应符合表2-43的规定。

表2-43 砂桩施工质量标准

检查项目	允许偏差	检查方法和频率
桩距/mm	±150	抽查3%
桩长	不小于设计值	查施工记录
桩径	不小于设计值	抽查3%
竖直度/%	1.5	查施工记录
灌砂量	不小于设计值	查施工记录

碎石桩施工质量应符合表2-44的规定。

表2-44 碎石桩施工质量标准

检查项目	允许偏差	检查方法和频率
桩距/mm	±150	抽查3%
桩径	不小于设计值	查施工记录
桩长	不小于设计值	抽查3%
竖直度/%	1.5	查施工记录
灌碎石量	不小于设计值	查施工记录

加固土桩施工质量应符合表2-45的规定。

水泥粉煤灰碎石桩施工质量应符合表2-46的规定。

Y型沉管灌注桩施工质量应符合表2-47的规定。

表 2-45　加固土桩施工质量标准

项　　目	允许偏差	检查方法和频率
桩距/mm	±100	抽查桩数 3%
桩径	不小于设计值	抽查桩数 3%
桩长	不小于设计值	喷粉(浆)前检查钻杆长度,成桩 28d 后钻孔取芯 3%
竖直度/%	不大于 1.5	抽查桩数 3%
单桩每延米喷粉(浆)量/%	不小于设计值	查施工记录
桩体无侧限抗压强度	不小于设计值	成桩 28d 后钻孔取芯,桩体三等分段各取芯样一个,成桩数 3%
单桩或复合地基承载力	不小于设计值	成桩数的 0.2%,并不少于 3 根

表 2-46　水泥粉煤灰碎石桩施工质量标准

检查项目	允许偏差	检查方法和频率
桩距/mm	±100	抽查桩数 3%
桩径	不小于设计值	抽查桩数 3%
桩长	不小于设计值	施工记录
竖直度/%	1	抽查桩数 3%
桩体强度	不小于设计值	取芯法,总桩数的 5%
单桩和复合地基承载力	不小于设计值	成桩数的 0.2%,并不少于 3 根

表 2-47　Y 型沉管灌注桩质量标准

项　　目	允许偏差	检查方法和频率
桩距/mm	±100	用尺量,桩数 5%
沉桩深度	不小于设计值	用尺量,桩数 20%
桩横截面积	不小于设计值	用尺量,桩数 5%
竖直度/%	不大于 1	查沉孔记录
混凝土抗压强度	在合格标准内	每根桩 2 组,每台班至少 2 组
单桩承载力	不小于设计值	桩数的 0.2%,并不少于 3 根
桩身完整性	无明显缺陷	低应变测试,桩数 10%

薄壁筒型沉管灌注桩施工质量应符合表 2-48 的规定。

表 2-48 薄壁筒型沉管灌注桩施工质量标准

项 目	允许偏差	检查方法和频率
桩距/mm	±100	尺量,桩数 5%
桩外径	不小于设计值	尺量,桩数 5%
沉桩深度	不小于设计值	尺量,桩数 20%
筒壁厚度	不小于设计值	尺量,桩数 5%
竖直度/%	不大于 1	查沉孔记录
混凝土抗压强度	合格	每工作台班留 2 组试件,每根桩至少 1 组试件
单桩承载力	不小于设计值	总桩数的 0.2%,并不少于 3 根
桩身完整性	无明显缺陷	低应变测试,桩数 10%

静压桩施工质量应符合表 2-49 的规定。

表 2-49 静压管桩施工质量标准

检查项目	允许偏差	检查方法和频率
桩距/mm	±100	5%
桩长	不小于设计	吊绳量测,5%
竖直度/%	≤1	5%
单桩承载力	不小于设计	桩数的 0.2%,并不少于 3 根
托板高度/mm	+20,-10	钢尺量测,5%
托板长度和高度/mm	+30,-20	钢尺量测,5%
托板位置/mm	50	钢尺量测,5%

(2) 盐渍土地区路基施工

渍土地区路堤填料的可用性应符合表 2-50 的规定。

表 2-50　渍土地区路堤填料的可用性

公路等级		高速公路、一级公路			二级公路			三、四级公路	
填土层位 土类及盐渍化程度		0～0.80m	0.80～1.50m	1.50m以下	0～0.80m	0.80～1.50m	1.50m以下	0～0.80m	0.80～1.50m
细粒土	弱盐渍土	×	○	○	$\square_1$	○	○	○	○
	中盐渍土	×	×	○	$\square_1$	○	○	$\square_3$	○
	强盐渍土	×	×	$\square_1$	×	$\square_2$	$\square_3$	×	$\square_1$
	过盐渍土	×	×	×	×	×	$\square_2$	×	$\square_2$
粗粒土	弱盐渍土	×	$\square_1$	○	$\square_1$	○	○	$\square_1$	○
	中盐渍土	×	×	$\square_1$	×	$\square_1$	○	×	$\square_4$
	强盐渍土	×	×	×	×	×	$\square_2$	×	$\square_2$
	过盐渍土	×	×	×	×	×	$\square_2$	×	×

注：1. 表中○—可用；×—不可用；□—部分可用；$\square_1$—氯盐渍土及亚氯盐渍土可用；$\square_2$—强烈干旱地区的氯盐渍土及亚氯盐渍土经过论证可用；$\square_3$—粉土质（砂）、黏土质（砂）不可用；$\square_4$—水文地质条件差时的硫酸盐渍土及亚硫酸盐渍土不可用。

2. 强烈干旱地区的盐渍土经过论证酌情选用。

盐渍土地区路堤边坡坡率，应根据填筑材料的土质和盐渍化程度，按照表 2-51 确定。

表 2-51　盐渍土地区路堤边坡坡率

土质类别	填料盐渍化程度	
	弱、中盐渍土	强盐渍土
砾类土	1∶1.5	1∶1.5
砂类土	1∶1.5	1∶1.5～1∶1.75
粉质土	1∶1.5～1∶1.75	1∶1.75～1∶2.00
黏质土	1∶1.5～1∶1.75	1∶1.75～1∶2.00

盐渍土地区路堤最小高度见表 2-52。

表 2-52　盐渍土地区路堤最小高度

土质类别	高出地面/m		高出地下水位或地表长期积水位/m	
	弱、中盐渍土	强、过盐渍土	弱、中盐渍土	强、过盐渍土
砾类土	0.4	0.6	1.0	1.1
砂类土	0.6	1.0	1.3	1.4
黏性土	1.0	1.3	1.8	2.0
粉性土	1.3	1.5	2.1	2.3

注：1. 公路最小高度可为表中数值的 1.2～1.5 倍。

2. 公路、高速公路最小高度可为表中数值的 2 倍。

(3) 风积沙及沙漠地区路基施工

沙漠路基压实度可采用表 2-53 规定。

表 2-53　沙漠路基压实度标准

填挖类型		路床顶面以下深度/m	压实度/%	
			高速公路、一级公路	其他公路
路堤	上路床	0～0.30	≥95	≥93
	下路床	0.30～0.80	≥95	≥93
	上路堤	0.80～1.50	≥93	≥90
	下路堤	>1.50	≥90	≥90
零填及挖方路基		0～0.30	≥95	≥93
		0.30～0.80	≥95	≥93

2.1.3.3　冬、雨季路基施工

干砌片石施工质量应符合表 2-54 的规定。

表 2-54　干砌片石施工质量标准

检查项目	允许偏差	检查方法与频率
厚度/mm	±50	每 100m² 抽查 8 点
顶面高程/mm	±30	水准仪:每 20m 抽查 5 点
外形尺寸/mm	±100	每 20m 或自然段,长宽各测 5 点
表面平整度/mm	50	2m 直尺:每 20m 测 5 点

浆砌砌体施工质量应符合表 2-55 的规定。

表 2-55　浆砌砌体施工质量标准

检查项目	允许偏差		检查方法与频率
砂浆强度	不小于设计强度		每 1 工作台班 2 组试件
顶面高程/mm	料、块石	±15	水准仪：每 20m 抽查 5 点
	片石	±20	
底面高程/mm	−20		
坡度或垂直度/%	料、块石	0.3	吊锤线：每 20m 检查 5 点
	片石	0.5	
断面尺寸/mm	料石、混凝土块	±20	尺量：每 20m 检查 5 点
	块石	±30	
	片石	±50	
墙面距路基中线/mm	±50		尺量：每 20m 检查 5 点
表面平整度/mm	料石、混凝土块	10	2m 直尺：每 20m 检查 5 处
	块石	20	
	片石	30	

封面、捶面防护施工质量应符合表 2-56 的规定。

表 2-56　封面、捶面防护施工质量标准

检查项目	允许偏差	检查方法与频率
厚度	+20%、−10%	每 10m 检查 1 个断面，每 3m 检查 2 个点

石笼防护施工质量应符合表 2-57 的规定。

表 2-57　石笼防护施工质量标准

检查项目	允许偏差	检查方法和频率
平面位置/mm	符合设计要求	经纬仪：按设计图控制坐标检查
长度/mm	不小于设计长度−300	尺量：每个(段)检查
宽度/mm	不小于设计宽度−200	每个(段)量 8 处
高度/mm	不小于设计	水准仪或尺量：每个(段)检查 8 处
底面高程/mm	不高于设计	水准仪：每个(段)检查 8 点

丁坝、顺坝施工质量应符合表 2-58 的规定。

表 2-58　导流工程施工质量标准

检查项目		允许偏差	检查方法和频率
砂浆强度/MPa		不小于设计强度	每工作台班 2 组试件
平面位置/mm		30	经纬仪:按设计图控制坐标检查
长度/mm		不小于设计长度－100	尺量:每个检查
断面尺寸		不小于设计	尺量:检查 8 处
高程/mm	基底	不大于设计	水准仪:检查 8 点
	顶面	±30	

砌体挡土墙施工质量应符合表 2-59、表 2-60 的规定。

表 2-59　砌体挡土墙施工质量标准

检查项目		允许偏差	检查方法和频率
砂浆强度/MPa		不小于设计强度	每工作台班 2 组试件
平面位置/mm		50	经纬仪:每 20m 检查墙顶外边线 5 点
顶面高程/mm		±20	水准仪:每 20m 检查 2 点
垂直度或坡度/%		0.5	吊垂线:每 20m 检查 4 点
断面尺寸		不小于设计	尺量:每 20m 量 4 个断面
底面高程/mm		±50	水准仪:每 20m 检查 2 点
表面平整度/mm	混凝土块、料石	10	2m 直尺:每 20m 检查 5 处,每处检查竖直和墙长两个方向
	块石	20	
	片石	30	

表 2-60　干砌挡土墙施工质量标准

检查项目	允许偏差	检查方法和频率
平面位置/mm	50	经纬仪:每 20m 检查 5 点
顶面高程/mm	±30	水准仪:每 20m 检查 5 点
垂直度或坡度/%	0.5	吊垂线:每 20m 检查 4 点
断面尺寸	不小于设计	尺量:每 20m 量 4 个断面
底面高程/mm	±50	水准仪:每 20m 检查 2 点
表面平整度/mm	50	2m 直尺:每 20m 检查 5 处,每处检查竖直和墙长两个方向

现浇悬臂式和扶壁式挡土墙施工质量应符合表2-61的规定。

表2-61 现浇悬臂式和扶壁式挡土墙施工质量标准

检查项目	允许偏差	检查方法和频率
砂浆强度/MPa	不小于设计强度	每工作台班2组试件
平面位置/mm	30	经纬仪:每20m检查5点
顶面高程/mm	±20	水准仪:每20m检查2点
垂直度或坡度/%	0.3	吊垂线:每20m检查4点
断面尺寸/mm	不小于设计	尺量:每20m量4个断面,抽查扶臂4个
底面高程/mm	±30	水准仪:每20m检查2点
表面平整度/mm	5	2m直尺:每20m检查3处,每处检查竖直和墙长两个方向

锚杆挡土墙、锚定板挡土墙、加筋土挡土墙施工质量应符合表2-62～表2-65的规定。

表2-62 筋带施工质量标准

检查项目	规定值或允许偏差	检查方法和频率
筋带长度	不小于设计	尺量:每20m检查5根(束)
筋带与面板连接	符合设计要求	目测:每20m检查5处
筋带与筋带连接	符合设计要求	目测:每20m检查5处
筋带铺设	符合设计要求	目测:每20m检查5处

表2-63 锚杆、拉杆施工质量标准

检查项目	规定值或允许偏差	检查方法和频率
锚杆、拉杆长度	符合设计要求	尺量:每20m检查5根
锚杆、拉杆间距/mm	±20	尺量:每20m检查5根
锚杆、拉杆与面板连接	符合设计要求	目测:每20m检查5处
锚杆、拉杆防护	符合设计要求	目测:每20m检查10处
锚杆抗拔力	抗拔力平均值≥设计值,最小抗拔力≥0.9设计值	抗拔力试验:锚杆数量的1%,并不少于3根

表 2-64　面板预制、安装施工质量标准

检查项目	规定值或允许偏差	检查方法和频率
混凝土强度/MPa	不小于设计强度	每工作台班 2 组试件
边长/mm	±5 或 0.5%边长	尺量：长宽各量 1 次，每批抽查 20%
两对角线差/mm	10 或 0.7%最大对角线长	尺量：每批抽查 20%
厚度/mm	+5，−3	尺量：检查 4 处，每批抽查 20%
表面平整度/mm	4 或 0.3%边长	2m 直尺：长、宽方向各测 1 次，每批抽查 20%
预埋件位置/mm	5	尺量：检查每件，每批抽查 20%
每层面板顶高程/mm	±10	水准仪：每 20m 抽查 5 组板
轴线偏位/mm	10	挂线、尺量：每 20m 量 5 处
面板竖直度或坡度	+0，−0.5%	吊垂线或坡度板：每 20m 量 5 处
相邻面板错台/mm	5	尺量：每 20m 面板交界处检查 5 处

注：面板安装以同层相邻两板为一组。

表 2-65　锚杆、锚定板、加筋土挡土墙总体施工质量标准

检查项目		规定值或允许偏差	检查方法和频率
墙顶和肋柱平面位置/mm	路堤式	+50，−100	经纬仪：每 20m 检查 5 处
	路肩式	±50	
墙顶和柱顶高程/mm	路堤式	±50	水准仪：每 20m 测 5 点
	路肩式	±30	
肋柱间距/mm		±15	尺量：每柱间
墙面倾斜度/mm		+0.5%H 且不大于+50，−1%H 且不小于−100，见注	吊垂线或坡度板：每 20m 测 4 处
面板缝宽/mm		10	尺量：每 20m 至少检查 5 条
墙面平整度/mm		15	2m 直尺：每 20m 测 5 处，每处检查竖直和墙长两个方向
墙背填土：距面板 1m 范围内的压实度/%		90	每 100m 每压实层测 2 处，并不得少于 2 处

注：平面位置和倾斜度“+”指向外，“−”指向内，H 为墙高。

边坡锚固防护施工质量应符合表 2-66 的规定。

表 2-66 边坡锚固防护施工质量标准

检查项目	规定值或允许偏差	检查方法和频率
混凝土强度/MPa	不小于设计强度	每工作台班 2 组试件
注浆强度/MPa	不小于设计强度	每工作台班 2 组试件
钻孔位置/mm	100	钢尺:逐孔检查
钻孔倾角、水平方向角	与设计锚固轴线的倾角、水平方向角偏差为±1°	地质罗盘仪:逐孔检查
锚孔深度/mm	不小于设计	尺量:抽查 20%
锚杆(索)间距/mm	±100	尺量:抽查 20%
锚杆拔力/kN	拔力平均值≥设计值,最小拔力≥0.9 设计值	拔力试验:锚杆数 1%,且不少于 3 根
喷层厚度/mm	平均厚≥设计厚,60%检查点的厚度≥设计厚,最小厚度≥0.5 设计厚,且不小于设计规定	尺量(凿孔)或雷达断面仪:每 10m 检查 2 个断面,每 3m 检查 2 点
锚索张拉应力/MPa	符合设计要求	油压表:每索由读数反算
张拉伸长率/%	符合设计要求;设计未规定时采用±6	尺量:每索
断丝、滑丝数	每束 1 根,且每断面不超过钢线总数的 1%	目测:逐根(束)检查

土钉支护施工质量应符合表 2-67 的规定。

表 2-67 土钉支护质量标准

检测项目	质量标准	检测频率和检测方法
水泥(砂)浆强度	满足设计要求	每工作台班 1 组试件
喷射混凝土强度	满足设计要求	$100m^3$ 一组抗压试件,不足 $100m^3$ 留一组抗压试件
水泥混凝土强度	满足设计要求	每工作台班 2 组试件
钢筋网网格	±10mm	抽检
钢筋网连接	绑接长度应不小于一个网格间距或 200mm,搭焊焊缝长不小于网筋直径的 10 倍	抽检

续表

检测项目	质量标准	检测频率和检测方法
土钉抗拔力	平均值不小于设计值，低于设计值的土钉数<20%，最低抗拔力不小于设计值的90%	见表注
土钉间距、倾角、孔深	孔位不大于150mm，钻孔倾角不大于2°，孔径：+20、−5mm，孔深：+200、−50mm	工作土钉的3%，钢尺、测钎和地质罗盘仪量测
喷射混凝土面层厚度	允许偏差−10mm	每10m长检查一个断面，每3m长检查一个点。钻孔取芯或激光断面仪测量
网格梁、地梁、边梁	外观平整，无蜂窝麻面，尺寸允许偏差+10mm，−5mm	每100m² 检查一个点，钢尺量测

注：土钉抗拔力检测按工作土钉总数量的1%进行抽检，且不得少于3根；抽检不合格的土钉数量超过检测数量的20%时，将抽检的土钉数增大到3%；如仍有20%以上的土钉不合格，则该土钉支护工程为不合格工程，应采取处理措施。

抗滑桩施工质量应符合表2-68的规定。

表2-68 抗滑桩施工质量标准

检测项目		质量标准	检测频率和检测方法
混凝土强度/MPa		满足设计要求	每工作台班2组试件
桩长/m		不小于设计	测绳量：每桩测量
孔径或断面尺寸/mm		不小于设计	探孔器：每桩测量
桩位/mm		+100	经纬仪：每桩测量桩检查
竖直度/mm	钻孔桩	1%桩长，且不大于500	测壁仪或吊垂线：每桩检查
	挖孔桩	0.5%桩长，且不大于200	吊垂线：每桩检查
钢筋骨架底面高程/mm		±50	水准仪：测每桩骨架顶面高程后反算

2.1.3.4 路基排水施工

土质边沟、截水沟、排水沟施工质量应符合表2-69的规定。

表 2-69　土质边沟、截水沟、排水沟施工质量标准

检查项目	规定值或允许偏差	检查方法和频率
沟底纵坡	符合设计要求	水准仪：200m 测 8 点
沟底高程/mm	+0，−30	水准仪：每 200m 测 8 处
断面尺寸	不小于设计要求	尺量：每 200m 测 8 处
边坡坡度	不陡于设计要求	每 50m 测 2 处
边棱顺直度/mm	50	尺量：20m 拉线，每 200m 测 4 处

浆砌水沟、截水沟、边沟施工质量应符合表 2-70 的规定。

表 2-70　浆砌水沟施工质量标准

检查项目	规定值或允许偏差	检查方法和频率
砂浆强度	符合设计要求	同一配合比，每工作台班 2 组
轴线偏位/mm	50	经纬仪：每 200m 测 8 处
墙面直顺度/mm 或坡度	30　符合设计要求	20m 拉线　坡度尺：每 200m 测 4 处
断面尺寸/mm	±30	尺量：每 200m 测 4 处
铺砌厚度	不小于设计值	尺量：每 200m 测 4 处
基础垫层宽、厚度	不小于设计值	尺量：每 200m 测 4 处
沟底高程/mm	±15	水准仪：每 200m 测 8 点

注：跌水、急流槽等的质量标准可参照本表。

混凝土排水管施工质量应符合表 2-71 的规定。

表 2-71　混凝土排水管施工质量标准

<table>
<tr><th colspan="2">检查项目</th><th>规定值或允许偏差</th><th>检查方法和频率</th></tr>
<tr><td colspan="2">混凝十强度</td><td>符合设计要求</td><td>同一配合比，每工作台班 2 组</td></tr>
<tr><td colspan="2">管轴线偏位/mm</td><td>15</td><td>经纬仪或拉线：每两井间测 5 处</td></tr>
<tr><td colspan="2">管内底高程/mm</td><td>±10</td><td>水准仪：每两井间测 4 处</td></tr>
<tr><td colspan="2">基础厚度</td><td>不小于设计值</td><td>尺量：每两井间测 5 处</td></tr>
<tr><td rowspan="2">管座</td><td>肩宽/mm</td><td>+10，−5</td><td rowspan="2">尺量、挂边线：每两井间测 4 处</td></tr>
<tr><td>肩高/mm</td><td>±10</td></tr>
<tr><td rowspan="2">抹带</td><td>宽度</td><td>不小于设计</td><td rowspan="2">尺量：按 20% 抽查</td></tr>
<tr><td>厚度</td><td>不小于设计</td></tr>
<tr><td colspan="2">进出口、管节接缝处理</td><td>有防水处理</td><td>每处检查</td></tr>
</table>

排水渗沟施工质量应符合表2-72的规定。

表2-72　排水渗沟施工质量标准

检查项目	规定值或允许偏差	检查方法和频率
沟底高程/mm	±15	水准仪：每20m测4处
断面尺寸	不小于设计	尺量：每20m测2处

隔离工程土工合成材料施工质量应符合表2-73的规定。

表2-73　隔离工程土工合成材料施工质量标准

检查项目	规定值或允许偏差	检查方法和频率
下承层平整度、拱度	符合设计要求	每200m检查8处
搭接宽度/mm	+50，-0	抽查5%
搭接缝错开距离	符合设计要求	抽查5%
搭接处透水点	不多于1个	每缝

过滤排水工程土工合成材料施工质量应符合表2-74的规定。

表2-74　过滤排水工程土工合成材料施工质量标准

检查项目	规定值或允许偏差	检查方法和频率
下承层平整度、拱度	符合设计要求	每200m检查8处
搭接宽度/mm	+50，-0	抽查5%
搭接缝错开距离	符合设计要求	抽查5%

检查井、雨水井施工质量应符合表2-75的规定。

表2-75　检查井、雨水井实施工质量

检查项目	规定值或允许偏差		检查方法和频率
砂浆强度	符合设计要求		同一配比，每工作台班2组
轴线偏位/mm	50		经纬仪：每个检查井检查
圆井直径或方井长、宽/mm	±20		尺量：每个检查井检查
井底高程/mm	±15		水准仪：每个检查井检查
井盖与相邻路面高差/mm	检查井	+4，-0	水准仪：每个检查井检查
	雨水井	+0，-4	

排水泵站施工质量应符合表 2-76 的规定。

表 2-76 排水泵站施工质量标准

检查项目	规定值或允许偏差	检查方法和频率
混凝土强度	符合设计要求	同一配比,每工作台班 2 组
轴线平面偏位	1%井深	经纬仪:纵、横向各 3 处
垂直度	1%井深	用垂线:纵、横向各 2 处
底板高程/mm	±50	水准仪:检查 6 处

2.2 路面工程

2.2.1 一般规定

设计年限应符合表 2-77 规定。

表 2-77 路面设计年限标准表

道路等级	路面类型		
	沥青路面	水泥混凝土路面	砌块路面
快速路	15 年	30 年	—
主干路	15 年	30 年	—
次干路	10 年	20 年	(10 年)20 年
支路	10 年	20 年	

路面设计应以双轮组单轴载 100kN 为标准轴载，以 BZZ-100 表示。标准轴载的计算参数应符合表 2-78 的规定。

表 2-78 标准轴载计算参数

标准轴载	BZZ-100
标准轴载 P/kN	100
轮胎接地压强 p/MPa	0.70
单轮传压面当量圆直径 d/cm	21.30
两轮中心距/cm	1.5d

路面交通强度等级可根据累计标准轴次 N_e(万次/车道)或日平均汽车交通量(辆/日)，按表 2-79 的规定划分为五个等级。

表 2-79　路面交通强度等级

交通等级	沥青路面	水泥混凝土路面
	累计当量轴次 N_e/(万次/车道)	累计当量轴次 N_e'/万次
轻	<400	<3
中	400～1200	3～100
重	1200～2500	100～2000
特重	>2500	>2000

水泥混凝土面层的最大温度梯度标准值（T_g），可按照道路所在地的公路自然区划按表 2-80 选用。

表 2-80　最大温度梯度标准值 T_g

公路自然区划	Ⅱ、Ⅴ	Ⅲ	Ⅳ、Ⅵ	Ⅶ
最大温度梯度/(℃/m)	83～88	90～95	86～92	93～98

注：海拔高时，取高值；湿度大时，取低值。

在冰冻地区，沥青路面总厚度不应小于表 2-81 规定的最小防冻厚度。

表 2-81　沥青路面最小防冻厚度　　　　单位：cm

路基类型	道路冻深	黏性土、细亚砂土路床			粉性土路床		
		砂石类	稳定土类	工业废料类	砂石类	稳定土类	工业废料类
中湿	50～100	40～45	35～40	30～35	45～50	40～45	30～40
	100～150	45～50	40～45	35～40	50～60	45～50	40～45
	150～200	50～60	45～55	40～50	60～70	50～60	45～50
	>200	60～70	55～65	50～55	70～75	60～70	50～65
潮湿	60～100	45～55	40～50	35～45	50～60	45～55	40～50
	100～150	55～60	50～55	45～50	60～70	55～65	50～60
	150～200	60～70	55～65	50～55	70～80	65～70	60～65
	>200	70～80	65～75	55～70	80～100	70～90	65～80

注：1. 对潮湿系数小于 0.5 的地区，Ⅱ、Ⅲ、Ⅳ等干旱地区防冻厚度应比表中值减少 15%～20%。

2. 对Ⅱ区砂性土路基防冻厚度应相应减少 5%～10%。

水泥混凝土路面总厚度不应小于表2-82、表2-83规定的最小防冻厚度。

表2-82　水泥混凝土路面最小防冻厚度

路基类型	路基土质	当地最大冰冻深度/m			
		0.50～1.00	1.01～1.50	1.51～2.00	>2.00
中湿	低、中、高液限黏土	0.30～0.50	0.40～0.60	0.50～0.70	0.60～0.95
	粉土,粉质低、中液限黏土	0.40～0.60	0.50～0.70	0.60～0.85	0.70～1.10
潮湿	低、中、高液限黏土	0.40～0.60	0.50～0.70	0.60～0.90	0.75～1.20
	粉土,粉质低、中液限黏土	0.45～0.70	0.55～0.80	0.70～1.00	0.80～1.30

注：1. 冻深小或填方路段，或者基、垫层为隔湿性能良好的材料，可采用低值；冻深大或挖方及地下水位高的路段，或者基、垫层为隔湿性能较差的材料，应采用高值。

2. 冻深小于0.50m的地区，一般不考虑结构层防冻厚度。

表2-83　水泥混凝土路面最小防冻厚度　单位：m

路基干湿类型	路基土质	当地最大冰冻深度/m			
		0.50～1.00	1.01～1.50	1.50～2.00	>2.00
中湿路基	易冻胀土	0.30～0.50	0.40～0.60	0.50～0.70	0.60～0.95
	很易冻胀土	0.40～0.60	0.50～0.70	0.60～0.85	0.70～1.10
潮湿路基	易冻胀土	0.40～0.60	0.50～0.70	0.60～0.90	0.75～1.20
	很易冻胀土	0.45～0.70	0.55～0.80	0.70～1.00	0.80～1.30

注：1. 易冻胀土——细粒土质砾（GM、GC）、除极细粉土质砂外的细粒土质砂（SM、SC）、塑性指数小于12的蒙古质土（CL、CH）。

2. 很易冻胀土——粉质土（ML，MH）、极细粉土质砂（SM）、塑性指数在12～22之间的黏质土（CL）。

3. 冻深小或填方路段，或基、垫层采用隔温性能良好的材料，可采用低值；冻深大或挖方及地下水位高的路段，或基、垫层采用隔温性能稍差的材料，应采用高值。

4. 冻深小于0.50m的地区，可不考虑结构层防冻厚度。

快速路、主干路沥青路面在质量验收时抗滑性能指标应符合表2-84的规定。

表 2-84　沥青路面抗滑性能指标

年平均降雨量/mm	质量验收值	
	横向力系数 SFC_{60}	构造深度 TD/mm
≥1000	≥54	≥0.55
500～1000	≥50	≥0.50
250～500	≥45	≥0.45

注：1. 应采用测定速度为（60±1）km/h 时的横向力系数（SFC60）作为控制指标；没有横向力系数测定设备时，可用动态摩擦系数测试仪（DFT）或摆式摩擦系数测定仪测量。用 DFT 测量时以速度为 60km/h 时的摩擦系数为标准测试值。

2. 路面宏观构造深度可用铺砂法或激光构造深度仪测定。

次干路、支路、非机动车道、人行道及步行街应符合表 2-85 的要求。

表 2-85　泥混凝土面层的表面构造深度要求　　单位：mm

道路等级	快速路、主干路	次干路、支路
一般路段	0.70～1.10	0.50～0.90
特殊路段	0.80～1.20	0.60～1.00

注：1. 对于快速路和主干路特殊路段系指立交、平交或变速车道等处，对于次干路、支路特殊路段系指急弯、陡坡、交叉口或集镇附近。

2. 年降雨量 600mm 以下的地区，表列数值可适当降低。

3. 非机动车道、人行道及步行街可参照执行。

各类半刚性材料的压实度和 7d 龄期无侧限抗压强度代表值应符合表 2-86 的规定。

表 2-86　泥稳定类材料的压实度及 7d 龄期抗压强度

层位	稳定类型	特重交通		重、中交通		轻交通	
		压实度/%	抗压强度/MPa	压实度/%	抗压强度/MPa	压实度/%	抗压强度/MPa
上基层	集料	≥98	3.5～4.5	≥98	3～4	≥97	2.5～3.5
	细粒土	—	—	—	—	≥96	
下基层	集料	≥97	≥2.5	≥97	≥2.0	≥96	≥1.5
	细料土	≥96		≥96		≥95	

水泥粉煤灰稳定类材料的压实度和7d龄期的无侧限抗压强度代表值应符合表2-87的要求。

表2-87　泥粉煤灰稳定类材料的压实度及7d龄期抗压强度

层位	类别	特重、重、中交通		轻交通	
		压实度/%	抗压强度/MPa	压实度/%	抗压强度/MPa
上基层	集料	≥98	1.5～3.5	≥97	1.2～1.5
下基层	集料	≥97	≥1.0	≥96	≥0.6

石灰粉煤灰稳定类材料的压实度和7d龄期的无侧限抗压强度代表值应符合表2-88的要求。

表2-88　灰粉煤灰稳定类材料的压实度及7d龄期抗压强度

层位	稳定类型	特重、重、中交通		轻交通	
		压实度/%	抗压强度/MPa	压实度/%	抗压强度/MPa
上基层	集料	≥98	≥0.8	≥97	≥0.6
	细粒土	—	—	≥96	
下基层	集料	≥97	≥0.6	≥96	≥0.5
	细料土	≥96		≥95	

石灰稳定类材料的压实度和7d龄期的无侧限抗压强度代表值应符合表2-89的要求。

表2-89　稳定类材料的压实度及7d龄期无侧限抗压强度

层位	类别	重、中交通		轻交通	
		压实度/%	抗压强度/MPa	压实度/%	抗压强度/MPa
上基层	集料	—	—	≥97	≥0.8
	细粒土	—		≥95	
下基层	集料	≥97	≥0.8	≥96	≥0.7
	细料土	≥95		≥95	

注：1. 在低塑性土（塑性指数小于10）地区，石灰稳定砂砾土和碎石土的7d抗压强度应大于0.5MPa。

2. 低限用于塑性指数小于10的土，高限用于塑性指数大于10的土。

3. 次干路，压实机具有困难时压实度可降低1%。

贫混凝土基层材料的强度要求应符合表 2-90 的规定。

表 2-90　贫混凝土基层材料的强度要求　　单位：MPa

试验项目	特重、重交通	中交通
28d 龄期抗弯拉强度	2.5～3.5	2.0～3.0
28d 龄期抗压强度	12～20	9～16
7d 龄期抗压强度	9～15	7～12

多孔混凝土基层材料的强度要求应符合表 2-91 的规定。

表 2-91　多孔混凝土基层的设计抗压强度和弯拉强度

单位：MPa

设计强度	交通等级	
	特重	重
7d 龄期抗压强度	5～8	3～5
28d 龄期抗弯拉强度	1.5～2.5	1.0～2.0

密级配沥青稳定碎石（ATB）、半开级配沥青碎石（AM）和开级配沥青稳定碎石（ATPB）混合料配合比设计技术要求应符合表 2-92 的规定。

表 2-92　沥青稳定碎石马歇尔试验配合比设计技术要求

试验项目	单位	密级配沥青稳定碎石（ATB）		半开级配沥青碎石（AM）	开级配沥青稳定碎石（ATPB）
公称最大粒径	mm	26.5	≥31.5	≥26.5	≥26.5
马歇尔试件尺寸	mm	ϕ101.6×63.5	ϕ152.4×95.3	ϕ152.4×95.3	ϕ152.4×95.3
击实次数(双面)	次	75	112	112	75
空隙率[1]	%	3～6		12～18	>18
稳定度	kN	≥7.5	≥15	—	—
流值	mm	1.5～4	实测	—	—
沥青饱和度	%	55～70		—	—
沥青膜厚度	μm	—		>12	—

续表

试验项目	单位	密级配沥青稳定碎石（ATB）		半开级配沥青碎石（AM）	开级配沥青稳定碎石（ATPB）
谢伦堡沥青析漏试验的结合料损失	%	—		≤0.2	—
肯塔堡飞散试验的混合料损失或浸水飞散试验	%	—		≤20	—
密级配基层ATB的矿料间隙率/% ≥	设计空隙率/%	ATB-40		ATB-30	ATB-25
	4	11		11.5	12
	5	12		12.5	13
	6	13		13.5	14

① 在干旱地区，可将密级配沥青稳定碎石基层的空隙率适当放宽到8%。

使用乳化沥青、泡沫沥青冷再生混合料技术要求应符合表2-93的规定。

表2-93 乳化沥青、泡沫沥青冷再生混合料的技术要求

试验项目		乳化沥青	泡沫沥青
空隙率/%		9～14	—
15℃劈裂试验	劈裂强度/MPa	≥0.4	≥0.4
	干湿劈裂强度比/%	≥75	≥75
40℃马歇尔试验	马歇尔稳定度/kN	≥5.0	≥5.0
	浸水马歇尔残留稳定度/%	≥75	≥75
冻融劈裂强度比/%		≥70	≥70

注：任选劈裂试验和马歇尔试验之一作为设计要求，推荐使用劈裂试验。

使用无机结合料稳定旧路面沥青混合料技术要求应符合表2-94的规定。

表2-94 无机结合料稳定旧路面沥青混合料技术要求

试验项目		水泥		石灰	
		特重、重	中、轻	重	中、轻
7d龄期抗压强度/MPa	上基层	3.0～5.0	2.5～3.0	—	≥0.8
	下基层	1.5～2.5	1.5～2.0	≥0.8	0.5～0.7

2.2.2 路面基层

2.2.2.1 水泥稳定土类基层

稳定土的颗粒范围和技术指标宜符合表 2-95 的规定。

表 2-95 水泥稳定土类的颗粒范围及技术指标

项目		通过质量百分率/%			
		底基层		基层	
		次干路	城市快速路、主干路	次干路	城市快速路、主干路
筛孔尺寸/mm	53	—	—	—	—
	37.5	100	—	100	—
	31.5	—	90～100	90～100	100
	26.5	—	—	—	90～100
	19	—	67～90	67～90	72～89
	9.5	—	—	45～68	47～67
	4.75	50～100	50～100	29～50	29～49
	2.36	—	—	18～38	17～35
	1.18	—	—	—	—
	0.60	17～100	17～100	8～22	8～22
	0.075	0～50	0～30②	0～7	0～7①
	0.002	0～30	—	—	—
液限/%		—	—	—	<28
塑性指数		—	—	—	<9

① 集料中 0.5mm 以下细料土有塑性指数时，小于 0.075mm 的颗粒含量不得超过 5%；细粒土无塑性指数时，小于 0.075mm 的颗粒含量不得超过 7%。

② 当用中粒土、粗粒土作城市快速路、主干路底基层时，颗粒组成范围宜采用作次干路基层的组成。

试配时水泥掺量宜按表 2-96 选取。

表 2-96 水泥稳定土类材料试配水泥掺量

土壤、粒料种类	结构部位	水泥掺量/%				
		1	2	3	4	5
塑性指数<12 的细粒土	基层	5	7	8	9	11
	底基层	4	5	6	7	9
其他细粒土	基层	8	10	12	14	16
	底基层	6	8	9	10	12
中粒土、粗粒土	基层	3	4	5	6	7
	底基层	3	4	5	6	7

注：1. 当强度要求较高时，水泥用量可增加 1%。

2. 当采用厂拌法生产时，水泥掺量应比试验剂量加 0.5%，水泥最小掺量粗粒土、中粒土应为 3%，细粒土为 4%。

3. 水泥稳定土料材料 7d 抗压强度：对城市快速路、主干路基层为 3～4MPa，对底基层为 1.5～2.5MPa；对其他等级道路基层为 2.5～3MPa，底基层为 1.5～2.0MPa。

2.2.2.2 石灰稳定土类基层

石灰稳定土类基层原材料应符合表 2-97 的规定。

表 2-97 石灰稳定土类基层原材料要求

项目	内　容
土	宜采用塑性指数 10～15 的亚黏土、黏土。塑性指数大于 4 的砂性土亦可使用 土中的有机物含量宜小于 10% 使用旧路的级配砾石、砂石或杂填土等应先进行试验。级配砾石、砂石等材料的最大粒径不宜超过 0.6 倍分层厚度，且不得大于 10cm。土中欲掺入碎砖等粒料时，粒料掺入含量应经试验确定
石灰	宜用 1～3 级的新灰，石灰的技术指标应符合表 2-98 的规定 磨细生石灰，可不经消解直接使用；块灰应在使用前 2～3d 完成消解，未能消解的生石灰块应筛除，消解石灰的粒径不得大于 10mm 对储存较久或经过雨期的消解石灰应先经过试验，根据活性氧化物的含量决定能否使用和使用办法
水	应符合国家现行标准《混凝土用水标准》(JGJ 63—2006)的规定。宜使用饮用水及不含油类等杂质的清洁中性水，pH 值宜为 6～8

石灰技术指标见表 2-98。

表 2-98 石灰技术指标

类别项目		钙质生石灰			镁质生石灰			钙质消石灰			镁质消石灰		
		Ⅰ	Ⅱ	Ⅲ	Ⅰ	Ⅱ	Ⅲ	Ⅰ	Ⅱ	Ⅲ	Ⅰ	Ⅱ	Ⅲ
有效钙加氧化镁含量/%		≥85	≥80	≥70	≥80	≥75	≥65	≥65	≥60	≥55	≥60	≥55	≥50
未消化残渣含5mm圆孔筛的筛余/%		≤7	≤11	≤17	≤10	≤14	≤20	—	—	—	—	—	—
含水量/%		—	—	—	—	—	—	≤4	≤4	≤4	≤4	≤4	≤4
细度	0.71mm方孔筛的筛余/%	—	—	—	—	—	—	0	≤1	≤1	0	≤1	≤1
	0.125mm方孔筛的筛余/%	—	—	—	—	—	—	≤13	≤20	—	≤13	≤20	—
钙镁石灰的分类筛，氧化镁含量/%		≤5			>5			≤4			>4		

注：硅、铝、镁氧化物含量之和大于5%的生石灰，有效钙加氧化镁含量指标，Ⅰ等≥75%，Ⅱ等≥70%，Ⅲ等≥60%。

试配石灰土用量宜按表 2-99 选取。

表 2-99 石灰土试配石灰用量

土壤类别	结构部位	石灰掺量/%				
		1	2	3	4	5
塑性指数≤12 的黏性土	基层	10	12	13	14	16
	底基层	8	10	11	12	14
塑性指数>12 的黏性土	基层	5	7	9	11	13
	底基层	5	7	8	9	11
砂砾土、碎石土	基层	3	4	5	6	7

2.2.2.3 石灰、粉煤灰、钢渣稳定土基层

钢渣破碎后堆存时间不应少于半年，且达到稳定状态，游离氧化钙（f_{CaO}）含量应小于3%；粉化率不得超过5%。钢渣最大粒径不得大于37.5mm，压碎值不得大于30%，且应清洁，不含废镁砖及其他

有害物质；钢渣质量密度应以实际测试值为准。钢渣颗粒组成应符合表 2-100 的规定。

表 2-100 钢渣混合料中钢渣颗粒组成

通过下列筛孔(mm,方孔)的质量/%								
37.5	26.5	16	9.5	4.75	2.36	1.18	0.60	0.075
100	95～100	60～85	50～70	40～60	27～47	20～40	10～30	0～15

土应符合要求：当采用石灰粉煤灰稳定土时，土的塑性指数宜为 12～20。当采用石灰与钢渣稳定土时，其土的塑性指数宜为 7～17，不得小于 6，且不得大于 30。根据试件的平均抗压强度（R）和设计抗压强度（R_d），选定配合比。配合比可按表 2-101 进行初选。

表 2-101 石灰、粉煤灰、钢渣稳定土类混合料常用配合比

混合料种类	钢渣	石灰	粉煤灰	土
石灰、粉煤灰、钢渣	60～70	10～7	30～23	—
石灰、钢渣土	50～60	10～8	—	40～32
石灰、钢渣	90～95	10～5	—	—

2.2.2.4 石灰、粉煤灰稳定砂砾基层

粉煤灰应符合下列规定：粉煤灰的化学成分 SiO_2、Al_2O_3 和 Fe_2O_3 总量宜大于 70%；在温度为 700℃ 的烧失量宜小于或等于 10%。当烧失量大于 10%时，应经试验确认混合料强度符合要求时，方可采用。细度应满足 90%通过 0.3mm 筛孔，70%通过 0.075mm 筛孔，比表面积宜大于 $2500cm^2/g$。

砂砾应经破碎、筛分，级配应符合表 2-102 的规定，破碎砂砾中最大粒径不得大于 37.5mm。

2.2.2.5 级配碎石及级配碎砾石基层

级配碎石及级配碎砾石颗粒范围和技术指标应符合表 2-103 的规定。

级配碎石及级配碎砾石石料的压碎值应符合表 2-104 的规定。

表 2-102 砂砾、碎石级配

筛孔尺寸/mm	通过质量百分率/%			
	级配砂砾		级配碎石	
	次干路及以下道路	城市快速路、主干路	次干路及以下道路	城市快速路、主干路
37.5	100	—	100	—
31.5	85～100	100	90～100	100
19.0	65～85	85～100	72～90	81～98
9.50	50～70	55～75	48～68	52～70
4.75	35～55	39～59	30～50	30～50
2.36	25～45	27～47	18～38	18～38
1.18	17～35	17～35	10～27	10～27
0.60	10～27	10～25	6～20	8～20
0.075	0～15	8～10	0～7	0～7

表 2-103 级配碎石及级配碎砾石的颗粒范围及技术指标

项目		通过质量百分率/%			
		基层		底基层③	
		次干路及以下道路	城市快速路、主干路	次干路及以下道路	城市快速路、主干路
筛孔尺寸/mm	53	—	—	100	—
	37.5	100	—	85～100	100
	31.5	90～100	100	69～88	83～100
	19.0	73～88	85～100	40～65	54～84
	9.5	49～69	52～74	19～43	29～59
	4.75	29～54	29～54	10～30	17～45
	2.36	17～37	17～37	8～25	11～35
	0.6	8～20	8～20	6～18	6～21
	0.075	0～7②	0～7②	0～10	0～10
液限/%		＜28	＜28	＜28	＜28
塑性指数		＜9①	＜9①	＜9①	＜9①

① 潮湿多雨地区塑性指数宜小于 6，其他地区塑性指数宜小于 9。

② 对于无塑性的混合料，小于 0.075mm 的颗粒含量接近高限。

③ 底基层所列为未筛分碎石颗粒组成范围。

表 2-104　级配碎石及级配碎砾石压碎值

项　目	压碎值	
	基层	底基层
城市快速路、主干路	<26%	<30%
次干路	<30%	<35%
次干路以下道路	<35%	<40%

2.2.2.6　级配砂砾及级配砾石基层

级配砂砾及级配砾石的颗粒范围和技术指标宜符合表 2-105 的规定。

表 2-105　级配砂砾及级配砾石的颗粒范围及技术指标

项　目		通过质量百分率/%		
		基层	底基层	
		砾石	砾石	砂砾
筛孔尺寸/mm	53		100	100
	37.5	100	90～100	80～100
	31.5	90～100	81～94	
	19.0	73～88	63～81	
	9.5	49～69	45～66	40～100
	4.75	29～54	27～51	25～85
	2.36	17～37	16～35	
	0.6	8～20	8～20	8～45
	0.075	0～7②	0～7②	0～15
液限/%		<28	<28	<28
塑性指数		<6(或 9①)	<6(或 9①)	<9

① 潮湿多雨地区塑性指数宜小于 6，其他地区塑性指数宜小于 9。

② 对于无塑性的混合料，小于 0.075mm 的颗粒含量接近高限。

2.2.3　砌块路面

2.2.3.1　天然石材

天然石材尺寸允许偏差应符合表 2-106 的规定。

表 2-106　天然石材尺寸允许偏差

项　目	允许偏差/mm	
	粗面材	细面材
长、宽	0 −2	0 −1.5
厚(高)	+1 −3	±1
对角线	±2	±2
平面度	±1	±0.7

料石的物理性能和外观质量应符合表 2-107 的规定。

表 2-107　石材物理性能和外观质量

项　目		单位	允许值	注
物理性能	饱和抗压强度	MPa	≥120	—
	饱和抗折强度	MPa	≥9	—
	体积密度	g/cm³	≥2.5	—
	磨耗率(狄法尔法)	%	<4	—
	吸水率	%	<1	—
	孔隙率	%	<3	—
外观质量	缺棱	个	1	面积不超过 5mm×10mm，每块板材
	缺角	个		面积不超过 2mm×2mm，每块板材
	色斑	个		面积不超过 15mm×15mm，每块板材
	裂纹	条	1	长度不超过两端顺延至板边总长度的 1/10(长度小于 20mm 不计)每块板
	坑窝	—	不明显	粗面板材的正面出现坑窝

注：表面纹理垂直于板边沿，不得有斜纹、乱纹现象，边沿直顺、四角整齐，不得有凹、凸不平现象。

石材砌块适用性及最小厚度应符合表 2-108 的规定。

料石面层允许偏差应符合表 2-109 的规定。

2.2.3.2　混凝土预制砌块

混凝土预制砌块加工尺寸与外观质量允许偏差应符合表 2-110 的规定。

表 2-108　石材砌块适用性及最小厚度

道路类型	常用尺寸/mm					
	100×100	300×300	400×400 300×500	500×500 400×600	600×600 400×800	500×1000 600×800
支路、广场、停车场	80	100	100	140	140	140
人行道、步行街	50	60	60	80	—	—

表 2-109　料石面层允许偏差

项　　目	允许偏差	检验频率		检查方法
		范围	点数	
纵断高程/mm	±10	10m	1	用水准仪测量
平整度/mm	≤3	20m	1	用 3m 直尺和塞尺连续量两尺取较大值
宽度/mm	不小于设计规定	40m	1	用钢尺量
横坡/%	±0.3%且不反坡	20m	1	用水准仪测量
井框与路面高差/mm	≤3	每座	1	十字法，用直尺和塞尺量取最大值
相邻块高差/mm	≤2	20m	1	用钢板尺量
纵横缝直顺度/mm	≤5	20m	1	用 20m 线和钢尺量
缝宽/mm	+3 −2	20m	1	用钢尺量

表 2-110　砌块加工尺寸与外观质量允许偏差 单位：mm

项　　目		允许偏差
长度、宽度		±2.0
厚度		±3.0
厚度差①		≤3.0
平整度		≤2.0
垂直度		≤2.0
正面粘皮及缺损的最大投影尺寸		≤5
缺棱掉角的最大投影尺寸		≤10
裂纹	非贯穿裂纹最大投影尺寸	≤10
	贯穿裂纹	不允许
分层		不允许
色差、杂色		不明显

① 同一砌块的厚度差。

普通型混凝土砌块的强度应符合表 2-111 的规定。当砌块边长与厚度比小于 5 时应以抗压强度控制，边长与厚度比不小于 5 时应以抗折强度控制。

表 2-111　普通型混凝土砌块的强度

道路类型	抗压强度/MPa		抗折强度/MPa	
	平均最小值	单块最小值	平均最小值	单块最小值
支路、广场、停车场	40	35	4.5	3.7
人行道、步行街	30	25	40	3.2

联锁型混凝土砌块的强度应符合表 2-112 的规定。

表 2-112　联锁型混凝土砌块的强度

道路类型	抗压强度/MPa	
	平均最小值	单块最小值
支路、广场、停车场	50	42
人行道、步行街	40	35

联锁型混凝土砌块最小厚度宜符合表 2-113 的规定。

表 2-113　联锁型混凝土砌块最小厚度

道路类型	最小厚度/mm
大型停车场	100
支路、广场、停车场	80
人行道、步行街	60

人行道和步行街宜采用普通型混凝土砌块，普通型混凝土砌块的最小厚度宜符合表 2-114 的规定。

表 2-114　普通型混凝土砌块最小厚度　　单位：mm

道路类型	常用尺寸			
	250×250	300×300	100×200	200×300
支路、广场、停车场	100	120	80	100
人行道、步行街	50	60	50	60

预制混凝土砌块面层允许偏差应符合表 2-115 的规定。

表 2-115 预制混凝土砌块面层允许偏差

项目	允许偏差	检测频率		检测方法
		范围	点数	
纵断高程/mm	±15	20m	1	用水准仪测量
平整度/mm	≤5	20m	1	用 3m 直尺和塞尺连续量两尺,取较大值
宽度/mm	不小于设计规定	40m	1	用钢尺量
横坡/%	±0.3%且不反坡	20m	1	用水准仪测量
井框与路面高差	≤4	每座	1	十字法,用直尺和塞尺量最大值
相邻块高差/mm	≤3	20m	1	用钢板尺量
纵横缝直顺度/mm	≤5	20m	1	用 20m 线和钢尺量
缝宽/mm	+3 -2	20m	1	用钢尺量

2.2.4 沥青路面

2.2.4.1 沥青混合料面层

(1) 热拌沥青混合料(HMA)面层

热拌沥青混合料(HMA)的种类按集料公称最大粒径、矿料级配、空隙率划分,见表 2-116。

表 2-116 热拌沥青混合料种类

混合料类型	密级配			开级配		半开级配	公称最大粒径/mm	最大粒径/mm
	连续级配		间断级配	间断级配		沥青碎石		
	沥青混凝土	沥青稳定碎石	沥青玛蹄脂碎石	排水式沥青磨耗层	排水式沥青碎石基层			
特粗式	—	ATB-40	—	—	ATPB-40	—	37.5	53.0
粗粒式	—	ATB-30	—	—	ATPB-30	—	31.5	37.5
	AC-25	ATB-25	—	—	ATPB-25	—	26.5	31.5
中粒式	AC-20	—	SMA-20	—	—	AM-20	19.0	26.5
	AC-16	—	SMA-16	OGFC-16	—	AM-16	16.0	19.0
细粒式	AC-13	—	SMA-13	OGFC-13	—	AM-13	13.2	16.0
	AC-10	—	SMA-10	OGFC-10	—	AM-10	9.5	13.2
砂粒式	AC-5	—	—	—	—	—	4.75	9.5
设计空隙率/%	3~5	3~6	3~4	>18	>18	6~12	—	—

注:设计空隙率可按配合比设计要求适当调整。

沥青混合料面层类型应按表 2-117 确定。

表 2-117 沥青混合料面层的类型

筛孔系列	结构层次	城市快速路、主干路		次干路及以下道路	
		三层式沥青混凝土	两层式沥青混凝土	沥青混凝土	沥青碎石
方孔筛系列	上面层	AC-13/SMA-13 AC-16/SMA-16 AC-20/SMA-20	AC-13 AC-16 —	AC-5 AC-10 AC-13	AM-5 AM-10 —
	中面层	AC-20 AC-25	— —	— —	— —
	下面层	AC-25 AC-30	AC-20 AC-25 AC-30	AC-25 AC-30 AM-25 AM-30	AM-25 AM-30 AM-40

普通沥青混合料搅拌及压实温度宜通过在 135～175℃条件下测定的黏度-温度曲线，按表 2-118 确定。

表 2-118 沥青混合料搅拌及压实时适宜温度相应的黏度

黏度	适宜于搅拌的沥青混合料黏度	适宜于压实的沥青混合料黏度
表观黏度/Pa·s	0.17±0.02	0.28±0.03
运动黏度/(mm^2/s)	170±20	280±30
赛波特黏度/s	85±10	140±15

缺乏黏温曲线数据时，可参照表 2-119 的规定，结合实际情况确定混合料的搅拌及施工温度。

表 2-119 热拌沥青混合料的搅拌及施工温度 单位：℃

施工工序		石油沥青的标号			
		50 号	70 号	90 号	110 号
沥青加热温度		160～170	155～165	150～160	145～155
矿料加热温度	间隙式搅拌机	集料加热温度比沥青温度高 10～30			
	连续式搅拌机	矿料加热温度比沥青温度高 5～10			
沥青混合料出料温度[①]		150～170	145～165	140～160	135～155
混合料贮料仓贮存温度		贮料过程中温度降低不超过 10			

续表

施工工序	石油沥青的标号			
	50号	70号	90号	110号
混合料废弃温度 ≤	200	195	190	185
运输到现场温度①	145～165	140～155	135～145	130～140
混合料摊铺温度① ≥	140～160	135～150	130～140	125～135
开始碾压的混合料内部温度① ≥	135～150	130～145	125～135	120～130
碾压终了的表面温度② ≥	75～85	70～80	65～75	55～70
	75	70	60	55
开放交通的路表面温度 ≤	50	50	50	45

① 常温下宜用低值，低温下宜用高值。

② 视压路机类型而定。轮胎压路机取高值，振动压路机取低值。

注：1. 沥青混合料的施工温度采用具有金属探测针的插入式数显温度计测量。表面温度可采用表面接触式温度计测定。当红外线温度计测量表面温度时，应进行标定。

2. 表中未列入的130号、160号及30号沥青的施工温度由试验确定。

聚合物改性沥青混合料的施工温度根据实践经验并参照表2-120选择。

表2-120　聚合物改性沥青混合料的正常施工温度范围

工　　序	聚合物改性沥青品种		
	SRS类	SBR胶乳类	EVA、PE类
沥青加热温度	160～165		
改性沥青现场制作温度	165～170	—	165～170
成品改性沥青加热温度 ≤	175	—	175
集料加热温度	190～220	200～210	185～195
改性沥青SMA混合料出厂温度	170～185	160～180	165～180
混合料最高温度(废弃温度)	195		
混合料贮存温度	拌合出料后降低不超过10		
摊铺温度 ≥	160		
初压开始温度 ≥	150		
碾压终了的表面温度 ≥	90		
开放交通时的路表面温度 ≤	50		

注：1. 沥青混合料的施工温度采用具有金属探测针的插入式数显温度计测量。表面温度可采用表面接触式温度计测定。当红外线温度计测量表面温度时，应进行标定。

2. 当采用表列以外的聚合物或天然改性沥青时，施工温度由试验确定。

沥青混合料的矿料级配应符合工程设计规定的级配范围。密级配沥青混合料宜根据公路等级、气候及交通条件按表 2-121 选择采用粗型（C 型）或细型（F 型）混合料，并在表 2-122 范围内确定工程设计级配范围，通常情况下工程设计级配范围不宜超出表 2-122 的要求。其他类型的混合料宜直接以表 2-123～表 2-127 作为工程设计级配范围。

表 2-121　粗型和细型密级配沥青混凝土的关键性筛孔通过率

混合料类型	公称最大粒径/mm	用以分类的关键性筛孔	粗型密级配		细型密级配	
			名称	关键性筛孔通过率/%	名称	关键性筛孔通过率/%
AC-25	26.5	4.75	AC-25C	<40	AC-25F	>40
AC-20	19	4.75	AC-20C	<45	AC-20F	>45
AC-16	16	2.36	AC-16C	<38	AC-16F	>38
AC-13	13.2	2.36	AC-13C	<40	AC-13F	>40
AC-10	9.5	2.36	AC-10C	<45	AC-10F	>45

表 2-122　密级配沥青混凝土混合料矿料级配范围

级配类型		通过下列筛孔(mm)的质量百分率/%												
		31.5	26.5	19	16	13.2	9.5	4.75	2.36	1.18	0.6	0.3	0.15	0.075
粗粒式	AC-25	100	90～100	75～90	65～83	57～76	45～65	24～52	16～42	12～33	8～24	5～17	4～13	3～7
中粒式	AC-20		100	90～100	78～92	62～80	50～72	26～56	16～44	12～33	8～24	5～17	4～13	3～7
	AC-16			100	90～100	76～92	60～80	34～62	20～48	13～36	9～26	7～18	5～14	4～8
细粒式	AC-13				100	90～100	68～85	38～68	24～50	15～38	10～28	7～20	5～15	4～8
	AC-10					100	90～100	45～75	30～58	20～44	13～32	9～23	6～16	4～8
砂粒式	AC-5						100	90～100	55～75	35～55	20～40	12～28	7～18	5～10

表 2-123　沥青玛蹄脂碎石混合料矿料级配范围

级配类型		通过下列筛孔(mm)的质量百分率/%											
		26.5	19	16	13.2	9.5	4.75	2.36	1.18	0.6	0.3	0.15	0.075
中粒式	SMA-20	100	90～100	72～92	62～82	40～55	18～30	13～22	12～20	10～16	9～14	8～13	8～12
中粒式	SMA-16		100	90～100	65～85	45～65	20～32	15～24	14～22	12～18	10～15	9～14	8～12
细粒式	SMA-13			100	90～100	50～75	20～34	15～26	14～24	12～20	10～16	9～15	8～12
细粒式	SMA-10				100	90～100	28～60	20～32	14～26	12～22	10～18	9～16	8～13

表 2-124　开级配排水式磨耗层混合料矿料级配范围

级配类型		通过下列筛孔(mm)的质量百分率/%										
		19	16	13.2	9.5	4.75	2.36	1.18	0.6	0.3	0.15	0.075
中粒式	OGFC-16	100	90～100	70～90	45～70	12～30	10～22	6～18	4～15	3～12	3～8	2～6
中粒式	OGFC-13		100	90～100	60～80	12～30	10～22	6～18	4～15	3～12	3～8	2～6
细粒式	OGFC-10			100	90～100	50～70	10～22	6～18	4～15	3～12	3～8	2～6

表 2-125　密级配沥青稳定碎石混合料矿料级配范围

级配类型		通过下列筛孔(mm)的质量百分率/%														
		53	37.5	31.5	26.5	19	16	13.2	9.5	4.75	2.36	1.18	0.6	0.3	0.15	0.075
特粗式	AIB-40	100	90～100	75～92	66～85	49～71	43～63	37～57	30～50	20～40	15～32	10～25	8～18	5～14	3～10	2～6
特粗式	AIB-30		100	90～100	70～90	53～72	44～66	39～60	31～51	20～40	15～32	10～25	8～18	5～14	3～10	2～6
粗粒式	AIB-25			100	90～100	60～80	48～68	42～62	32～52	20～40	15～32	10～25	8～18	5～14	3～10	2～6

表 2-126　半开级配沥青稳定碎石混合料矿料级配范围

级配类型		通过下列筛孔(mm)的质量百分率/%											
		26.5	19	16	13.2	9.5	4.75	2.36	1.18	0.6	0.3	0.15	0.075
中粒式	AM-20	100	90～100	60～85	50～75	40～65	15～40	5～22	2～16	1～12	0～10	0～8	0～5
	AM-16		100	90～100	60～85	45～68	18～40	6～25	3～18	1～14	0～10	0～8	0～5
细粒式	AM-13			100	90～100	50～80	20～45	8～28	4～20	2～16	0～10	0～8	0～6
	AM-10				100	90～100	35～65	10～35	5～22	2～16	0～12	0～9	0～6

表 2-127　开级配沥青稳定碎石混合料矿料级配范围

级配类型		通过下列筛孔(mm)的质量百分率/%														
		53	37.5	31.5	26.5	19	16	13.2	9.5	4.75	2.36	1.18	0.6	0.3	0.15	0.075
特粗式	AIPB-40	100	70～100	66～90	55～85	43～75	32～70	20～65	12～50	0～3	0～3	0～3	0～3	0～3	0～3	0～3
	AIPB-30		100	80～100	70～95	53～85	36～80	26～75	14～60	0～3	0～3	0～3	0～3	0～3	0～3	0～3
粗粒式	AIPB-25			100	80～100	60～100	45～90	30～82	16～70	0～3	0～3	0～3	0～3	0～3	0～3	0～3

热拌沥青混合料的最低摊铺温度根据铺筑层厚度、气温、风速及下卧层表面温度按规定执行，且不得低于表 2-128 的要求。

表 2-128　沥青混合料的最低摊铺温度

下卧层的表面温度/℃	相应于下列不同摊铺层厚度的最低摊铺温度/℃					
	普通沥青混合料			改性沥青混合料或 SMA 沥青混合料		
	＜50mm	50～80mm	＞80mm	＜50mm	50～80mm	＞80mm
＜5	不允许	不允许	140	不允许	不允许	不允许
5～10	不允许	140	135	不允许	不允许	不允许
10～15	145	138	132	165	155	150
15～20	140	135	130	158	150	145
20～25	138	132	128	153	147	143
25～30	132	130	126	147	145	141
＞30	130	125	124	145	140	139

热拌沥青混合料按交通等级、结构层位和温度分区的不同，应符合表 2-129 的要求。

表 2-129 热拌沥青混合料动稳定度技术要求 单位：次/mm

交通等级	结构层位	温度分区			
		1-1、1-2、1-3、1-4	2-1	2-2、2-3、2-4	3-2
轻、中	上	≥1500	≥800	≥1000	≥800
	中、下	≥1000	≥800	≥800	≥800
重	上、中	≥3000	≥2000	≥500	≥1500
	下	≥1200	≥800	≥800	≥800
特重	上、中	≥5000	≥3000	≥4000	≥2000
	下	≥1500	≥1000	≥1500	≥800

热拌沥青混合料水稳定性应符合表 2-130 的规定。

表 2-130 热拌沥青混合料水稳定性技术要求

年降水量/mm	≥500	<500
冻融劈裂强度比/%	≥75	≥70
浸水马歇尔残留稳定度/%	≥80	≥75

注：对多雨潮湿地区的重交通、特重交通等道路，其冻融劈裂强度比的指标值可增加 5%。

应根据气温条件检验密级配沥青混合料的低温抗裂性能，低温性能技术要求宜符合表 2-131 的规定。

表 2-131 沥青混合料低温性能技术要求

气候条件及技术指标	年极端最低气温/℃			
	<−37.0	−37.0～−21.5	−21.5～−9.0	>−9.0
普通沥青混合料极限破坏应变	≥2600	≥2300	≥2000	
改性沥青混合料极限破坏应变	≥3000	≥2800	≥2500	

微表处混合料类型、稀浆封层混合料类型、单层厚度要求及其适用性应符合表 2-132 的规定。

表 2-132 微表处与稀浆封层类型及其适用性

封层类型	材料规格	单层厚度/mm	适用性
微表处	MS-2 型	4～7	中交通等级快速路和主干路的罩面
	MS-3 型	8～10	重交通快速路、主干路的罩面
稀浆封层	ES-1 型	2.5～3	支路、停车场的罩面
	ES-2 型	4～7	轻交通次干路的罩面，以及新建道路的下封层
	ES-3 型	8～10	中交通次干路的罩面，以及新建道路的下封层

微表处混合料与稀浆封层混合料的技术要求应符合表 2-133 的规定。

表 2-133 微表处混合料和稀浆封层混合料技术要求

试验项目		微表处	稀浆封层	
			快开放交通型	慢开放交通型
可拌合时间(25℃)/s		≥120	≥120	≥180
黏聚力试验/(N·m)	30min	≥1.2	≥1.2	—
	6min	≥2.0	≥2.0	
负荷车轮黏附砂量/(g/m²)		≤450	≤450	
湿轮磨耗损失/(g/m²)	浸水 1h	≤540	≤800	
	浸水 6d	≤800	—	
轮辙变形试验的宽度变化率/%		≤5	—	

注：1. 用于轻交通量道路的罩面和下封层时，可不要求黏附砂量指标。

2. 微表处混合料用于修复车辙时，需进行轮辙试验。

根据铺筑厚度、处治目的、公路等级等条件，按照表 2-134 选用合适的矿料级配。

表 2-134　稀浆封层和微表处的矿料级配

筛孔尺寸/mm	不同类型通过各筛孔的百分率/%				
	微表处		稀浆封层		
	MS-2 型	MS-3 型	ES-1 型	ES-2 型	ES-3 型
9.5	100	100	—	100	100
4.75	95～100	70～90	100	95～100	70～90
2.36	65～90	45～70	90～100	65～90	45～70
1.18	45～70	28～50	60～90	45～70	28～50
0.6	30～50	19～34	40～65	30～50	19～34
0.3	18～30	12～25	25～42	18～30	12～25
0.15	10～21	7～18	15～30	10～21	17～18
0.075	5～15	5～15	10～20	5～15	5～15
一层的适宜厚度/mm	4～7	8～10	2.5～3	4～7	8～10

沥青路面黏层油宜采用快裂或中裂乳化沥青、改性乳化沥青，也可采用快、中凝液体石油沥青，其规格和用量应符合表 2-135 的规定。

表 2-135　沥青路面黏层材料的规格和用量

下卧层类型	液体沥青		乳化沥青	
	规格	用量/(L/m²)	规格	用量/(L/m²)
新建沥青层或旧沥青路面	AL(R)-3～AL(R)-6 AL(M)-3～AL(M)-6	0.3～0.5	PC-3 PA-3	0.3～0.6
水泥混凝土	AL(M)-3～AL(M)-6 AL(S)-3～AL(S)-6	0.2～0.4	PC-3 PA-3	0.3～0.5

注：表中用量是指包括稀释剂和水分等在内的液体沥青、乳化沥青的总量，乳化沥青中的残留物含量是以 50%为基准。

沥青混合料的最小压实厚度与适宜厚度宜符合表 2-136 的规定。

表 2-136　沥青混合料的最小压实厚度及适宜厚度

沥青混合料类型	最大粒径/mm		公称最大粒径/mm	符号	最小压实厚度/mm	适宜厚度/mm
密级配沥青混合料(AC)	砂粒式	9.5	4.75	AC-5	15	15～30
	细粒式	13.2	9.5	AC-10	20	25～40
		16	13.2	AC-13	35	40～60
	中粒式	19	16	AC-16	40	50～80
		26.5	19	AC-20	50	60～100
	粗粒式	31.5	26.5	AC-25	70	80～120
沥青玛蹄脂碎石混合料(SMA)	细粒式	13.2	9.5	SMA-10	25	25～50
		16	13.2	SMA-13	30	35～60
	中粒式	19	16	SMA-16	40	40～70
		26.5	19	SMA-20	50	50～80
开级配沥青磨耗层(OGFC)	细粒式	13.2	9.5	OGFC-10	20	20～30
		16	13.2	OGFC-13	30	30～40
半开级配沥青碎石(AM)	细粒式	16	13.2	AM-13	35	40～60
	中粒式	19	16	AM-16	40	50～70
		26.5	19	AM-20	50	60～80

压路机应以慢而均匀的速度碾压，压路机的碾压速度宜符合表 2-137 的规定。

表 2-137　压路机碾压速度　　　单位：km/h

压路机类型	初压		复压		终压	
	适宜	最大	适宜	最大	适宜	最大
钢筒式压路机	1.5～2	3	2.5～3.5	5	2.5～3.5	5
轮胎压路机	—	—	3.5～4.5	6	4～6	8
振动压路机	1.5～2（静压）	5(静压)	1.5～2（振动）	1.5～2（振动）	2～3（静压）	5(静压)

热拌沥青混合料面层允许偏差应符合表 2-138 的规定。

表 2-138　热拌沥青混合料面层允许偏差

<table>
<tr><th colspan="2" rowspan="2">项目</th><th colspan="2" rowspan="2">允许偏差</th><th colspan="4">检验频率</th><th rowspan="2">检验方法</th></tr>
<tr><th>范围</th><th colspan="3">点数</th></tr>
<tr><td colspan="2">纵断高程/mm</td><td colspan="2">±15</td><td>20m</td><td colspan="3">1</td><td>用水准仪测量</td></tr>
<tr><td colspan="2">中线偏位/mm</td><td colspan="2">≤20</td><td>100m</td><td colspan="3">1</td><td>用经纬仪测量</td></tr>
<tr><td rowspan="6">平整度/mm</td><td rowspan="3">标准差σ值</td><td rowspan="2">快速路、主干路</td><td rowspan="2">1.5</td><td rowspan="3">100m</td><td rowspan="3">路宽/m</td><td><9</td><td>1</td><td rowspan="3">用测平仪检测，见注 1</td></tr>
<tr><td>9～15</td><td>2</td></tr>
<tr><td>次干路、支路</td><td>2.4</td><td>>15</td><td>3</td></tr>
<tr><td rowspan="3">最大间隙</td><td rowspan="3">次干路、支路</td><td rowspan="3">5</td><td rowspan="3">20m</td><td rowspan="3">路宽/m</td><td><9</td><td>1</td><td rowspan="3">用 3m 直尺和塞尺连续量取两尺，取最大值</td></tr>
<tr><td>9～15</td><td>2</td></tr>
<tr><td>>15</td><td>3</td></tr>
<tr><td colspan="2">宽度/mm</td><td colspan="2">不小于设计值</td><td>40m</td><td colspan="3">1</td><td>用钢尺量</td></tr>
<tr><td colspan="2" rowspan="3">横坡</td><td colspan="2" rowspan="3">±0.3%且不反坡</td><td rowspan="3">20m</td><td rowspan="3">路宽/m</td><td><9</td><td>2</td><td rowspan="3">用水准仪测量</td></tr>
<tr><td>9～15</td><td>4</td></tr>
<tr><td>>15</td><td>6</td></tr>
<tr><td colspan="2">井框与路面高差/mm</td><td colspan="2">≤5</td><td>每座</td><td colspan="3">1</td><td>十字法，用直尺、塞尺量，取最大值</td></tr>
<tr><td rowspan="4">抗滑</td><td rowspan="2">摩擦系数</td><td colspan="2" rowspan="2">符合设计要求</td><td rowspan="2">200m</td><td colspan="3">1</td><td>摆式仪</td></tr>
<tr><td colspan="3">全线连续</td><td>横向力系数车</td></tr>
<tr><td rowspan="2">构造深度</td><td colspan="2" rowspan="2">符合设计要求</td><td rowspan="2">200m</td><td colspan="3" rowspan="2">1</td><td>砂铺法</td></tr>
<tr><td>激光构造深度仪</td></tr>
</table>

注：1. 测平仪为全线每车道连续检测，每 100m 计算标准差 σ；无测平仪时可采用 3m 直尺检测；表中检验频率点数为测线数。

2. 平整度、抗滑性能也可采用自动检测设备进行检测。

3. 底基层表面、下面层应按设计规定用量撒泼透层油、粘层油。

4. 中面层、底面层仅进行中线偏位、平整度、宽度、横坡的检测。

5. 改性（再生）沥青混凝土路面可采用此表进行检验。

6. 十字法检查井框与路面高差，每座检查井均应检查。十字法检查中，以平行于道路中线，过检查井盖中心的直线做基线，另一条线与基线垂直，构成检查用十字线。

（2）冷补沥青混合料面层

冷补沥青混合料的矿料级配宜参照表 2-139 的要求执行。

表 2-139　冷补沥青混合料的矿料级配

类型	通过下列筛孔(mm)的百分率/%											
	26.5	19.0	16.0	13.2	9.5	4.75	2.36	1.18	0.6	0.3	0.15	0.075
细粒式 LB-10	—	—	—	100	80～100	30～60	10～40	5～20	0～15	0～12	0～8	0～5
细粒式 LB-13	—	—	100	90～100	60～95	30～60	10～40	5～20	0～15	0～12	0～8	0～5
中粒式 LB-16	—	100	90～100	50～90	40～75	30～60	10～40	5～20	0～15	0～12	0～8	0～5
粗粒式 LB-19	100	95～100	80～100	70～100	60～90	30～70	10～40	5～20	0～15	0～12	0～8	0～5

注：1. 黏聚性试验方法：将冷补材料 800g 装入马歇尔试模中，放入 4℃恒温室中 2～3h，取出后双面各击实 5 次，制作试件，脱模后放在标准筛上，将其直立并使试件沿筛框来回滚动 20 次，破损率不得大于 40%。

2. 冷补沥青混合料马歇尔试验方法：称混合料 1180g 在常温下装入试模中，双面各击实 50 次，连同试模一起以侧面竖立方式置 110℃烘箱中养生 24h，取出后再双面各击实 25 次，再连同试模在室温中竖立放置 24h，脱模后在 60℃恒温水槽中养生 30min，进行马歇尔试验。

冷拌沥青混合料面层允许偏差应符合表 2-140 的规定。

表 2-140　冷拌沥青混合料面层允许偏差

项目		允许偏差	检验频率				检验方法
			范围	点数			
纵断高程/mm		±20	20m	1			用水准仪测量
中线偏位/mm		≤20	100m	1			用经纬仪测量
平整度/mm		≤10	20m	路宽/m	<9	1	用 3m 直尺、塞尺连续量两尺取较大值
					9～15	2	
					>15	3	
宽度/mm		不小于设计值	40m	1			用钢尺量
横坡		±0.3%且不反坡	20m	路宽/m	<9	2	用水准仪测量
					9～15	4	
					>15	6	
井框与路面高差/mm		≤5	每座	1			十字法，用直尺、塞尺量取最大值
抗滑	摩擦系数	符合设计要求		1			摆式仪
				全线连续			横向力系数车
	构造深度	符合设计要求		1			砂铺法
							激光构造深度仪

2.2.4.2 沥青贯入式与沥青表面处治面层

沥青贯入式路面的集料应选择有棱角、嵌挤性好的坚硬石料，其规格和用量宜根据贯入层厚度按表 2-141 或表 2-142 选用。

表 2-141 沥青贯入式路面材料规格和用量

用量单位：集料，$m^3/1000m^2$；沥青及沥青乳液，kg/m^2

沥青品种	石油沥青					
厚度/cm	4		5		6	
规格和用量	规格	用量	规格	用量	规格	用量
封层料	S14	3～5	S14	3～5	S13(S14)	4～6
第三遍沥青		1.0～1.2		1.0～1.2		1.0～1.2
第二遍嵌缝料	S12	6～7	S11(S10)	10～12	S11(S10)	10～12
第二遍沥青		1.6～1.8		1.8～2.0		2.0～2.2
第一遍嵌缝料	S10(S9)	12～14	S8	12～14	S8(S6)	16～18
第一遍沥青		1.8～2.1		1.6～1.8		2.8～3.0
主层石料	S5	45～50	S4	55～60	S3(S4)	66～76
沥青总用量	4.4～5.1		5.2～5.8		5.8～6.4	

沥青品种	石油沥青				乳化沥青			
厚度/cm	7		8		4		5	
规格和用量	规格	用量	规格	用量	规格	用量	规格	用量
封层料	S13(S14)	4～6	S13(S14)	4～6	S13(S14)	4～6	S14	4～6
第五遍沥青								0.8～1.0
第四遍嵌缝料							S14	5～6
第四遍沥青						0.8～1.0		1.2～1.4
第三遍嵌缝料					S14	5～6	S12	7～9
第三遍沥青		1.0～1.2		1.0～1.2		1.4～1.6		1.5～1.7
第二遍嵌缝料	S10(S11)	11～13	S10(S11)	11～13	S12	7～8	S10	9～11
第二遍沥青		2.4～2.6		2.6～2.8		1.6～1.8		1.6～1.8
第一遍嵌缝料	S6(S8)	18～20	S6(S8)	20～22	S9	12～14	S8	10～12
第一遍沥青		3.3～3.5		4.4～4.2		2.2～2.4		2.6～2.8
主层石料	S2	80～90	S1(S2)	95～100	S5	40～45	S4	50～55
沥青总用量	6.7～7.3		7.6～8.2		6.0～6.8		7.4～8.5	

注：1. 煤沥青贯入式的沥青用量可较石油沥青用量增加 15%～20%。

2. 表中乳化沥青是指乳液的用量，并适用于乳液浓度约为 60%的情况，如果浓度不同，用量应予换算。

3. 在高寒地区及干旱风沙大的地区，可超出高限，再增加 5%～10%。

表 2-142　上拌下贯式路面的材料规格和用量

用量单位：集料，$m^3/1000m^2$；沥青及沥青乳液，　kg/m^2

沥青品种	石油沥青					
厚度/cm	4		5		6	
规格和用量	规格	用量	规格	用量	规格	用量
第二遍嵌缝料	S12	5～6	S12(S11)	7～9	S12(S11)	7～9
第二遍沥青		1.4～1.6		1.6～1.8		1.6～1.8
第一遍嵌缝料	S10(S9)	12～14	S8	16～18	S8(S7)	16～18
第一遍沥青		2.0～2.3		2.6～2.8		3.2～3.4
主层石料	S5	45～50	S4	55～60	S3(S2)	66～76
沥青总用量	3.4～3.9		4.2～4.6		4.8～5.2	

沥青品种	石油沥青		乳化沥青			
厚度/cm	7		5		6	
规格和用量	规格	用量	规格	用量	规格	用量
第四遍嵌缝料					S14	4～6
第四遍沥青						1.3～1.5
第三遍嵌缝料			S14	4～6	S12	8～10
第三遍沥青				1.4～1.6		1.4～1.6
第二遍嵌缝料	S10(S11)	8～10	S12	9～10	S9	8～12
第二遍沥青		1.7～1.9		1.8～2.0		1.5～1.7
第一遍嵌缝料	S6(S8)	18～20	S8	15～17	S6	24～26
第一遍沥青		4.0～4.2		2.5～2.7		2.4～2.6
主层石料	S2(S3)	80～90	S4	50～55	S3	50～55
沥青总用量	5.7～6.1		5.9～6.2		6.7～7.2	

注：1. 煤沥青贯入式的沥青用量可较石油沥青用量增加 15%～20%。

2. 表中乳化沥青是指乳液的用量，并适用于乳液浓度约为 60%的情况。

3. 在离寒地区及干旱风沙大的地区，可超出高限，再增加 5%～10%。

4. 表面加铺拌合层部分的材料规格及沥青（或乳化沥青）用量按热拌沥青混合料（或乳化沥青碎石混合料路面）的有关规定执行。

沥青表面处治的集料最大粒径应与处治层的厚度相等，其规格和用量宜按表 2-143 选用；沥青表面处治施工后，应在路侧另备 S12（5～10mm）碎石或 S14（3～5mm）石屑、粗砂或小砾石（2～

$3m^3/1000m^2$）作为初期养护用料。

表 2-143　沥青表面处治材料规格和用量

沥青种类	类型	厚度/mm	集料/($m^3/1000m^2$)						沥青或乳液用量/(kg/m^2)			
			第一层		第二层		第三层		第一次	第二次	第三次	合计用量
			规格	用量	规格	用量	规格	用量				
石油沥青	单层	1.0	S12	7～9	—		—		1.0～1.2	—	—	1.0～1.2
		1.5	S10	12～14					1.4～1.6			1.4～1.6
	双层	1.5	S10	12～14	S12	7～8	—		1.4～1.6	1.0～1.2	—	2.4～2.8
		2.0	S9	16～18	S12	7～8			1.6～1.8	1.0～1.2		2.6～3.0
		2.5	S8	18～20	S12	7～8			1.8～2.0	1.0～1.2		2.8～3.2
	三层	2.5	S8	18～20	S12	12～14	S12	7～8	1.6～1.8	1.2～1.4	1.0～1.2	3.8～4.4
		3.0	S6	20～22	S12	12～14	S12	7～8	1.8～2.0	1.2～1.4	1.0～1.2	4.0～4.6
乳化沥青	单层	0.5	S14	7～9	—		—		0.9～1.0	—	—	0.9～1.0
	双层	1.0	S12	9～11	S14	4～6	—		1.8～2.0	1.0～1.2	—	2.8～3.2
	三层	3.0	S6	20～22	S10	9～11	S12 S14	4～6 3.5～4.5	2.0～22	1.8～2.0	1.0～1.2	4.8～5.4

注：1. 煤沥青表面处治的沥青用量可比石油沥青用量增加 15%～20%。

2. 表中的乳化沥青用量按乳化沥青的蒸发残留物含量 60%计算，如沥青含量不同应予折算。

3. 在高寒地区及干旱风沙大的地区，可超出高限 5%～10%。

4. *Sn* 代表级配集料规格。

贯入式沥青碎石、沥青表面处治压实最小厚度与适宜厚度见表 2-144。

表 2-144　贯入式沥青碎石、沥青表面处治压实最小厚度与适宜厚度

结构层类型	最小压实厚度/mm	适宜厚度/mm
上拌下贯沥青碎石	60	60～80
沥青表处	10	10～30

沥青贯入式面层允许偏差应符合表 2-145 的规定。

表 2-145 沥青贯入式面层允许偏差

<table>
<tr><th rowspan="2">项目</th><th rowspan="2">允许偏差</th><th colspan="3">检验频率</th><th rowspan="2">检验方法</th></tr>
<tr><th>范围</th><th colspan="2">点数</th></tr>
<tr><td>纵断高程/mm</td><td>±20</td><td>20m</td><td colspan="2">1</td><td>用水准仪测量</td></tr>
<tr><td>中线偏位/mm</td><td>≤20</td><td>100m</td><td colspan="2">1</td><td>用经纬仪测量</td></tr>
<tr><td rowspan="3">平整度/mm</td><td rowspan="3">≤7</td><td rowspan="3">20m</td><td rowspan="3">路宽/m</td><td><9 | 1</td><td rowspan="3">用 3m 直尺、塞尺连续量取,取较大值</td></tr>
<tr><td>9～15 | 2</td></tr>
<tr><td>>15 | 3</td></tr>
<tr><td>宽度/mm</td><td>不小于设计值</td><td>40m</td><td colspan="2">1</td><td>用钢尺量</td></tr>
<tr><td rowspan="3">横坡</td><td rowspan="3">±0.3%且不反坡</td><td rowspan="3">20m</td><td rowspan="3">路宽/m</td><td><9 | 2</td><td rowspan="3">用水准仪测量</td></tr>
<tr><td>9～15 | 4</td></tr>
<tr><td>>15 | 6</td></tr>
<tr><td>井框与路面高差/mm</td><td>≤5</td><td>每座</td><td colspan="2">1</td><td>十字法,用直尺、塞尺量,取最大值</td></tr>
</table>

沥青表面处治允许偏差应符合表 2-146 的规定。

表 2-146 沥青表面处治允许偏差

<table>
<tr><th rowspan="2">项目</th><th rowspan="2">允许偏差</th><th colspan="4">检验频率</th><th rowspan="2">检验方法</th></tr>
<tr><th>范围</th><th colspan="3">点数</th></tr>
<tr><td>纵断高程/mm</td><td>±20</td><td>20m</td><td colspan="3">1</td><td>用水准仪测量</td></tr>
<tr><td>中线偏位/mm</td><td>≤20</td><td>100m</td><td colspan="3">1</td><td>用经纬仪测量</td></tr>
<tr><td rowspan="3">平整度/mm</td><td rowspan="3">≤7</td><td rowspan="3">20m</td><td rowspan="3">路宽/m</td><td><9</td><td>1</td><td rowspan="3">用 3m 直尺和塞尺连续量两尺,取较大值</td></tr>
<tr><td>9～15</td><td>2</td></tr>
<tr><td>>15</td><td>3</td></tr>
<tr><td>宽度/mm</td><td>不小于设计规定</td><td>40m</td><td colspan="3">1</td><td>用钢尺量</td></tr>
<tr><td>横坡</td><td>±0.3%且不反坡</td><td>200m</td><td colspan="3">1</td><td>用水准仪测量</td></tr>
<tr><td>厚度/mm</td><td>+10
−5</td><td>1000m²</td><td colspan="3">1</td><td>钻孔,用钢尺量</td></tr>
<tr><td>弯沉值</td><td>符合设计要求</td><td>设计要求时</td><td colspan="3">—</td><td>弯沉仪测定</td></tr>
<tr><td>沥青总用量/(kg/m²)</td><td>±0.5%</td><td>每工作日、每层</td><td colspan="3">1</td><td>—</td></tr>
</table>

注：沥青总用量应按国家现行标准《公路路基路面现场测试规程》（JTG E60—2008）的方法，每工作日每洒布沥青检查一次本单位面积的总沥青用量。

2.2.5 水泥混凝土路面

2.2.5.1 常用原材料

用于不同交通等级道路面层水泥的弯拉强度、抗压强度最小值应符合表 2-147 的规定。

表 2-147 道路面层水泥的弯拉强度、抗压强度最小值

道路等级	特重交通		重交通		中、轻交通	
龄期/d	3	28	3	28	3	28
抗压强度/MPa	25.5	57.5	22.0	52.5	16.0	42.5
弯拉强度/MPa	4.5	7.5	4.0	7.0	3.5	6.5

水泥的化学成分、物理指标应符合表 2-148 的规定。

表 2-148 各交通等级路面用水泥的化学成分和物理指标

水泥性能	特重、重交通路面	中、轻交通路面
铝酸三钙	不宜>7.0%	不宜>9.0%
铁铝酸三钙	不宜<15.0%	不宜<12.0%
游离氧化钙	不得>1.0%	不得>1.5%
氧化镁	不得>5.0%	不得>6.0%
三氧化硫	不得>3.5%	不得>4.0%
碱含量	Na_2O+0.658K_2O≤0.6%	怀疑有碱活性集料时，≤0.6%；无碱活性集料时，≤1.0%
混合材种类	不得掺窑灰、煤矸石、火山灰和黏土，有抗盐冻要求时不得掺石灰、石粉	
出磨时安定性	雷氏夹或蒸煮法检验必须合格	蒸煮法检验必须合格
标准稠度需水量	不宜>28%	不宜>30%
烧失量	不得>3.0%	不得>5.0%
比表面积	宜在 300～450m²/kg	
细度(80μm)	筛余量≤10%	
初凝时间	不早于 1.5h	
终凝时间	不迟于 10h	
28d 干缩率①	不得>0.09%	不得>0.10%
耐磨性①	≤3.6kg/m²	

① 28d 干缩率和耐磨性试验方法采用现行国家标准《道路硅酸盐水泥》(GB 13693—2005)。

混凝土路面在掺用粉煤灰时，应掺用质量指标符合表2-149规定的电收尘Ⅰ、Ⅱ级干排或磨细粉煤灰，不得使用Ⅲ级粉煤灰。贫混凝土、碾压混凝土基层或复合式路面下面层应掺用符合表2-149规定的Ⅲ级或Ⅲ级以上粉煤灰，不得使用等外粉煤灰。

表2-149　粉煤灰分级和质量指标

粉煤灰等级	细度①(45μm气流筛，筛余量)/%	烧失量/%	需水量比/%	含水量/%	Cl^-/%	SO_3/%	混合砂浆活性指数②	
							7d	28d
Ⅰ	≤12	≤5	≤95	≤1.0	<0.02	≤3	≥75	≥85(75)
Ⅱ	≤20	≤8	≤105	≤1.0	<0.02	≤3	≥70	≥80(62)
Ⅲ	≤45	≤15	≤115	≤1.5	—	≤3	—	—

① 45μm气流筛的筛余量换算为80μm水泥筛的筛余量时换算系数约为2.4。

② 混合砂浆的活性指数为掺粉煤灰的砂浆与水泥砂浆的抗压强度比的百分数，适用于所配制混凝土强度等级大于等于C40的混凝土；当配制的混凝土强度等级小于C40时，混合砂浆的活性指数要求应满足28d括号中的数值。

粗集料应使用质地坚硬、耐久、洁净的碎石、碎卵石和卵石，并应符合表2-150的规定。

表2-150　碎石、碎卵石和卵石技术指标

项　目	技术要求		
	Ⅰ级	Ⅱ级	Ⅲ级
碎石压碎指标/%	<10	<15	<20①
卵石压碎指标/%	<12	<14	<16
坚固性(按质量损失计)/%	<5	<8	<12
针片状颗粒含量(按质量计)/%	<5	<15	<20②
含泥量(按质量计)/%	<0.5	<1.0	<1.5
泥块含量(按质量计)/%	<0	<0.2	<0.5
有机物含量(比色法)	合格	合格	合格

续表

项　　目	技术要求		
	Ⅰ级	Ⅱ级	Ⅲ级
硫化物及硫酸盐(按 SO_3 质量计)/%	＜0.5	＜1.0	＜1.0
岩石抗压强度	火成岩不应小于 100MPa;变质岩不应小于 80MPa;水成岩不应小于 60MPa		
表观密度	＞2500kg/m³		
松散堆积密度	＞1350kg/m³		
空隙率	＜47%		
碱集料反应	经碱集料反应试验后,试件无裂缝、酥裂、胶体外溢等现象,在规定试验龄期的膨胀率应小于 0.10%		

① Ⅲ级碎石的压碎指标，用作路面时，应小于 20%；用作下面层或基层时，可小于 25%。

② Ⅲ级粗集料的针片状颗粒含量，用作路面时，应小于 20%；用作下面层或基层时，可小于 25%。

用做路面和桥面混凝土的粗集料不得使用不分级的统料，应按最大公称粒径的不同采用 2～4 个粒级的集料进行掺配，并应符合表 2-151 合成级配的要求。

表 2-151　粗集料级配范围

类型	级配	方筛孔尺寸/mm							
		2.36	4.75	9.50	16.0	19.0	26.5	31.5	37.5
		累计筛余(按质量计)/%							
合成级配	4.75～16	95～100	85～100	40～60	0～10				
	4.75～19	95～100	85～95	60～75	30～45	0～5	0		
	4.75～26.5	95～100	90～100	70～90	50～70	25～40	0～5	0	
	4.75～31.5	95～100	90～100	75～90	60～75	40～60	20～35	0～5	0
粒级	4.75～9.5	95～100	80～100	0～15	0				
	9.5～16		95～100	80～100	0～15	0			
	9.5～19		95～100	85～100	40～60	0～15	0		
	16～26.5			95～100	55～70	25～40	0～10	0	
	16～31.5			95～100	85～100	55～70	25～40	0～10	0

细集料的级配要求应符合表 2-152 的规定。

表 2-152　细集料的级配要求

砂分级	方筛孔尺寸/mm					
	0.15	0.30	0.60	1.18	2.36	4.75
	累计筛余(按质量计)/%					
粗砂	90～100	80～95	71～85	35～65	5～35	0～10
中砂	90～100	70～92	41～70	10～50	0～25	0～10
细砂	90～100	55～85	16～40	0～25	0～15	0～10

外加剂的产品质量应符合表 2-153 的各项技术指标。

表 2-153　混凝土外加剂产品的技术性能指标

试验项目		普通减水剂	高效减水剂	早强减水剂	缓凝高效减水剂	缓凝减水剂	引气减水剂	早强剂	缓凝剂	引气剂
减水率/% ≥		8	15	8	15	8	12	—	—	6
泌水率比/% ≥		95	90	95	100	100	70	100	100	70
含气量/%		≤3.0	≤4.0	≤3.0	<4.5	<5.5	>3.0			>3.0
凝结时间/min	初凝	−90～	−90～	−90～	>+90	>+90	−90～	−90～	>+90	−90～
	终凝	+120	+120	+90	—	—	+120	+90	—	+120
抗压强度比/% ≥	1d	—	140	140	—	—	—	135	—	—
	3d	115	130	130	125	100	115	130	100	95
	7d	115	125	115	125	110	110	110	100	95
	28d	110	120	105	120	110	100	100	100	90
收缩率比(28d)/% ≤		120	120	120	120	120	120	120	120	120
抗冻标号		50	50	50	50	50	200	50	50	200
对钢筋锈蚀作用		应说明对钢筋无锈蚀危害								

注：1. 除含气量外，表中数据为掺外加剂混凝土与基准混凝土差值或比值。

2. 凝结时间指标“−”表示提前，“+”表示延缓。

细集料应采用质地坚硬、耐久、洁净的天然砂、机制砂或混合砂，并应符合表 2-154 的规定。

表 2-154　细集料技术指标

项　目	技术要求		
	Ⅰ级	Ⅱ级	Ⅲ级
机制砂单粒级最大压碎指标/%	<20	<25	<30
氯化物(按氯离子质量计)/%	<0.01	<0.02	<0.06
坚固性(按质量损失计)/%	<6	<8	<10
云母(按质量计)/%	<1.0	<2.0	<2.0
天然砂、机制砂含泥量(按质量计)/%	<1.0	<2.0	<3.0[①]
天然砂、机制砂泥块含量(按质量计)/%	0	<1.0	<2.0
机棚砂 MB 值<1.4 或合格石粉含量[②](按质量计)/%	<3.0	<5.0	<7.0
机制砂 MB 值≥1.4 或不合格石粉含量(按质量计)/%	<1.0	<3.0	<5.0
有机物含量(比色法)	合格	合格	合格
硫化物及硫酸盐(接 SO_3 质量计)/%	<0.5	<0.5	<0.5
轻物质(按质量计)/%	<1.0	<1.0	<1.0
机制砂母岩抗压强度	火成岩不应小于 100MPa;变质岩不应小于 80MPa;水成岩不应小于 60MPa		
表观密度/(kg/m^3)	>2500		
松散堆积密度/(kg/m^3)	>1350		
空隙率/%	<47		
碱集料反应	经碱集料反应试验后,由砂配制的试件无裂缝、酥裂、胶体外溢等现象,在规定试验龄期的膨胀率应小于 0.10%		

注：天然Ⅲ级砂用作路面时，含泥量应小于 3%；用作贫混凝土基层时，可小于 5%。

砂的技术要求应符合表 2-155 的规定。

表 2-155　砂的技术指标

项　目			技术要求					
颗粒级配	筛孔尺寸/mm		粒径					
			0.15	0.30	0.60	1.18	2.36	4.75
	累计筛余量/%	粗砂	90～100	80～95	71～85	35～65	5～35	0～10
		中砂	90～100	70～92	41～70	10～50	0～25	0～10
		细砂	90～100	55～85	16～40	10～25	0～15	0～10
泥土杂物含量(冲洗法)/%			一级		二级		三级	
			<1		<2		<3	
硫化物和硫酸盐含量(折算为 SO_3)/%			<0.5					
氯化物(氯离子质量计)			≤0.01		≤0.02		≤0.06	
有机物含量(比色法)			颜色不应深于标准溶液的颜色					
其他杂物			不得混有石灰、煤渣、草根等其他杂物					

用于混凝土路面养护的养生剂性能应符合表 2-156 的规定。

表 2-156　混凝土路面施工用养生剂的技术指标

检验项目		一级品	合格品
有效保水率①/%　≥		90	75
抗压强度比②/%　≥	7d	95	90
	28d	95	90
有效保水率①/%　≥		90	75
磨损量③/(kg/m^2)　≤		3.0	3.5
含固量/%　≥		20	
干燥时间/h　≥		4	
成膜后浸水溶解性④		应注明不溶或可溶	
成膜耐热性		合格	

① 有效保水率试验条件：温度（38±2）℃；相对湿度 32%±3%；风速（0.5±0.2）m/s；失水时间 72h。

② 抗压强度比也可为弯拉强度比，指标要求相同，可根据工程需要和用户要求选择。

③ 在对有耐磨性要求的表面上使用养生剂时为必检项目。

④ 露天养生的永久性表面，必须为不溶；在要求继续浇筑的混凝土结构上使用，应使用可溶，该指标由供需双方协商。

2.2.5.2　混凝土配合比设计

不同摊铺方式混凝土最佳工作性范围及最大用水量应符合表2-157的规定。

表 2-157　不同摊铺方式混凝土工作性及最大用水量要求

混凝土类型	项　　目	摊铺方式			
		滑模摊铺机	轨道摊铺机	三轴机组摊铺机	小型机具摊铺
砾石混凝土	出机坍落度/mm	20～40①	40～60	30～50	10～40
	摊铺坍落度/mm	5～55②	20～40	10～30	0～20
	最大用水量(kg/m³)	155	153	148	145
碎石混凝土	出机坍落度/mm	25～50①	40～60	30～50	10～40
	摊铺坍落度/mm	10～65②	20～40	10～30	0～20
	最大用水量(kg/m³)	160	156	153	150

① 为设超铺角的摊铺机。不设超铺角的摊铺机最佳坍落度砾石为10～40mm；碎石为10～30mm。

② 为最佳工作性允许波动范围。

路面混凝土含气量及允许偏差宜符合表2-158的规定。

表 2-158　路面混凝土含气量及允许偏差　　单位：%

最大粒径/mm	无抗冻性要求	有抗冻性要求	有抗盐冻要求
19.0	4.0±1.0	5.0±0.5	6.0±0.5
26.5	3.5±1.0	4.5±0.5	5.5±0.5
31.5	3.5±1.0	4.0±0.5	5.0±0.5

混凝土最大水灰比和最小单位水泥用量宜符合表2-159的规定。最大单位水泥用量不宜大于400kg/m³。

表 2-159　路面混凝土的最大水灰比和最小单位水泥用量

道路等级	城市快速路、主干路	次干路	其他道路
最大水灰比	0.44	0.46	0.48
抗冰冻要求最大水灰比	0.42	0.44	0.46
抗盐冻要求最大水灰比	0.40	0.42	0.44

续表

道路等级		城市快速路、主干路	次干路	其他道路
最小单位水泥用量/(kg/m³)	42.5级水泥	300	300	290
	32.5级水泥	310	310	305
抗冰(盐)冻时最小单位水泥用量/(kg/m³)	42.5级水泥	320	320	315
	32.5级水泥	330	330	325

注：1. 水灰比计算以砂石料的自然风干状态计（砂含水量≤1.0%；石子含水量≤0.5%）。

2. 水灰比、最小单位水泥用量宜经试验确定。

砂率应根据砂的细度模数和粗集料种类，查表2-160取值。

表2-160　砂的细度模数与最优砂率关系

砂细度模数		2.2～2.5	2.5～2.8	2.8～3.1	3.1～3.4	3.4～3.7
砂率 S_P/%	碎石	30～40	32～36	34～38	36～40	38～42
	砾石	28～32	30～34	32～36	34～38	36～40

注：碎砾石可在碎石和砾石之间内插取值。

钢纤维混凝土的配合比设计中，掺高效减水剂时的单位用水量可按表2-161初选，再由搅拌物实测坍落度确定。

表2-161　钢纤维混凝土单位用水量

搅拌物条件	粗集料种类	粗集料最大公称粒径 D_m/mm	单位用水量/(kg/m³)
长径比 $L_f/d_f=50$ $\rho_f=0.6\%$ 坍落度20mm 中砂，细度模数2.5 水灰比0.42～0.50	碎石	9.5、16.0	215
		19.0、26.5	200
	砾石	9.5、16.0	208
		19.0、26.5	190

注：1. 钢纤维长径比每增减10，单位用水量相应增减10kg/m³。

2. 钢纤维体积率每增减0.5%，单位用水量相应增减8kg/m³。

3. 坍落度为10～50mm变化范围内，相对于坍落度20mm每增减10mm，单位用水量相应增减7kg/m³。

4. 细度模数在2.0～3.5范围内，砂的细度模数每增减0.1，单位用水量相应减增1kg/m³。

5. ρ_f为钢纤维掺量体积率。

钢纤维混凝土的配合比设计中，最大水灰比和最小单位水泥用量应符合表 2-162 的规定。

表 2-162　路面钢纤维混凝土的最大水灰比和最小单位水泥用量

道路等级		城市快速路、主干路	次干路及其他道路
最大水灰比		0.47	0.49
抗冰冻要求最大水灰比		0.45	0.46
抗盐冻要求最大水灰比		0.42	0.43
最小单位水泥用量/(kg/m³)	42.5 级水泥	360	360
	32.5 级水泥	370	370
抗冰(盐)冻要求最小单位水泥用量/(kg/m³)	42.5 级水泥	380	380
	32.5 级水泥	390	390

钢纤维混凝土砂率可按表 2-163 初选。钢纤维混凝土砂率宜在38%～50%之间。

表 2-163　钢纤维混凝土砂率选用值　　　单位：%

搅拌物条件	最大公称粒径 19mm 碎石	最大公称粒径 19mm 砾石
$L_f/d_f=50$；$\rho_f=1.0\%$；$W/C=0.5$；砂细度模数 $M_x=3.0$	45	40
L_f/d_f 增减 10；ρ_f 增减 0.10%；W/C 增减 0.1；砂细度模数 M_x 增减 0.1	±5 ±2 ±2 ±1	±3 ±2 ±2 ±1

2.2.5.3　混凝土路面施工

(1) 混凝土拌合物搅拌

不同摊铺方式所要求的搅拌楼最小生产容量应符合表 2-164 的规定。

表 2-164　混凝土路面不同摊铺方式的搅拌楼最小配置容量

单位：m³/h

摊铺宽度	滑模摊铺	轨道摊铺	碾压混凝土	三辊轴摊铺	小型机具
单车道 3.75～4.5m	≥100	≥75	≥75	≥50	≥25
双车道 7.5～9m	≥200	≥150	≥150	≥100	≥50
整幅宽≥12.5m	≥300	≥200	≥200	—	—

混凝土拌合物出料到运输、铺筑完毕允许最长时间见表2-165。

表 2-165 混凝土拌合物出料到运输、铺筑完毕允许最长时间

施工气温*/℃	到运输完毕允许最长时间/h		到铺筑完毕允许最长时间/h	
	模、轨道	三轴、小机具	滑模、轨道	三轴、小机具
5～9	2.0	1.5	2.5	2.0
10～19	1.5	1.0	2.0	1.5
20～29	1.0	0.75	1.5	1.25
30～35	0.75	0.50	1.25	1.0

注：表中*指施工时间的日间平均气温，使用缓凝剂延长凝结时间后，本表数值可增加0.25～0.5h。

(2) 混凝土面层铺筑

滑模摊铺机可按表2-166的基本技术参数选择。

表 2-166 滑模摊铺机的基本技术参数

项目	发动机功率/kW	摊铺宽度/m	摊铺厚度/mm	摊铺速度/(m/min)	空驶速度/(m/min)	行走速度/(m/min)	履带数/个	整机自重/t
三车道滑模摊铺机	200～300	12.5～16.0	0～500	0～3	0～5	0～15	4	57～135
双车道滑模摊铺机	150～200	3.6～9.7	0～500	0～3	0～5	0～18	2～4	22～50
多功能单车道滑模摊铺机	70～150	2.5～6.0	0～400 护栏高度 800～1900	0～3	0～9	0～15	2,3,4	12～27
路缘石滑模摊铺机	≤80	<2.5	<450	0～5	0～9	0～10	2,3	≤10

当混凝土抗压强度不小于8.0MPa方可拆模。当缺乏强度实测数据时，边侧模板的允许最早拆模时间宜符合表2-167的规定。

表 2-167　混凝土路面板的允许最早拆模时间　　单位：h

昼夜平均气温/℃	－5	0	5	10	15	20	25	≥30
硅酸盐水泥、R 型水泥	240	120	60	36	34	28	24	18
道路、普通硅酸盐水泥	360	168	72	48	36	30	24	18
矿渣硅酸盐水泥	—	—	120	60	50	45	36	24

注：允许最早拆侧模时间从混凝土面板精整成形后开始计算。

模板安装精确度应符合表 2-168 的规定。

表 2-168　模板安装精确度要求

检测项目		三辊轴机组	轨道摊铺机	小型机具
平面偏位/mm　≤		10	5	15
摊铺宽度偏差/mm　≤		10	5	15
面板厚度/mm　≥	代表值	－3	－3	4
	极值	－8	－8	－9
纵断高程偏差/mm		±5	±5	±10
横坡偏差/%		±0.10	±0.10	±0.20
相邻板高差/mm　≤		1	1	2
顶面接茬 3m 尺平整度/mm　≤		1.5	1	2
模板接缝宽度/mm　≤		3	2	3
侧向垂直度/mm　≤		3	2	4
纵向顺直度/mm　≤		3	2	4

二辊轴整平机的主要技术参数应符合表 2-169 的规定。

表 2-169　三辊轴整平机的主要技术参数

型号	轴直径/mm	轴速/(r/min)	轴长/m	轴质量/(kg/m)	行走机构质量/kg	行走速度/(m/min)	整平轴距/mm	振动功率/kW	驱动功率/kW
5001	168	300	1.8～9	65±05	340	13.5	504	7.5	6
6001	219	300	5.1～12	77±0.7	568	13.5	657	17	9

轨道摊铺机的选型应根据路面车道数或设计宽度按表 2-170 的技术参数选择。最小摊铺宽度不得小于单车道 3.75m。

表 2-170 轨道摊铺机的基本技术参数表

项目	发动机功率/kW	最大摊铺宽度/m	摊铺厚度/mm	摊铺速度/(m/min)	整机质量/t
三车道轨道摊铺机	33～45	11.75～18.3	250～600	1～3	13～38
双车道轨道摊铺机	15～33	7.5～9.0	250～600	1～3	7～13
单车道轨道摊铺机	8～22	3.5～4.5	250～450	1～4	≤7

(3) 钢筋混凝土路面铺筑

路面钢筋网及钢筋骨架的焊接和绑扎的精确度应符合表 2-171 规定。

表 2-171 路面钢筋网焊接及绑扎的允许偏差

项目		焊接钢筋网及骨架允许偏差/mm	绑扎钢筋网及骨架允许偏差/mm
钢筋网的长度与宽度		±10	±10
钢筋网眼尺寸		±10	±20
钢筋骨架宽度及高度		±5	±5
钢筋骨架的长度		±10	±10
箍筋间距		±10	±20
受力钢筋	间距	±10	±10
	排距	±5	±5

路面钢筋网及钢筋骨架安装位置的允许偏差应符合表 2-172 的规定。

表 2-172 路面钢筋网及钢筋骨架安装位置的允许偏差

项目		允许偏差/mm
受力钢筋排距		±5
钢筋弯起点位置		20
箍筋、横向钢筋间距	绑扎钢筋网及钢筋骨架	±20
	焊接钢筋网及钢筋骨架	±10
钢筋预埋位置	中心线位置	±5
	水平高差	±3
钢筋保护层	距表面	±3
	距底面	±5

（4）钢纤维混凝土路面铺筑

钢纤维混凝土拌合物从出料到运输、铺筑完毕的允许最长时间不宜超过表 2-173 的规定。

表 2-173　钢纤维混凝土拌合物从出料到运输、铺筑完毕允许最长时间

施工气温①/℃	到运输完毕允许最长时间/h		到铺筑完毕允许最长时间/h	
	滑模、轨道	三辊轴机组	滑模、轨道	三辊轴机组
5～9	1.25	1.0	1.5	1.25
10～19	0.75	0.5	1.0	0.75
20～29	0.5	0.35	0.75	0.5
30～35	0.35	0.25	0.50	0.35

① 指施工时间的日间平均气温，使用缓凝剂延长凝结时间后，本表数值可增加 0.20～0.35h。

2.3　附属构筑物

2.3.1　路缘石和拦水带

剁斧加工石质路缘石允许偏差应符合表 2-174 的规定。

表 2-174　剁斧加工石质路缘石允许偏差

项　目		允许偏差
外形尺寸/mm	长	±5
	宽	±2
	厚(高)	±2
外露面细石面平整度/mm		3
对角线长度差/mm		±5
剁斧纹路		应直顺、无死坑

机具加工石质路缘石允许偏差应符合表 2-175 的规定。

表 2-175　机具加工石质路缘石允许偏差

项　目		允许偏差/mm
外形尺寸	长	±4
	宽	±1
	厚(高)	±2
对角线长度差		±4
外露面平整度		2

路缘石弯拉与抗压强度应符合表 2-176 的规定。

表 2-176　路缘石弯拉与抗压强度

直线路缘石			直线路缘石(含圆形、L形)		
弯拉强度/MPa			抗压强度/MPa		
强度等级 C_f	平均值	单块最小值	强度等级 C_c	平均值	单块最小值
C_f3.0	≥3.00	≥2.40	C_c30	≥30.0	24.0
C_f4.0	≥4.00	≥3.20	C_c35	≥35.0	28.0
C_f5.0	≥5.00	≥4.00	C_c40	≥40.0	32.0

注：直线路缘石用弯拉强度控制，L形或弧形路缘石用抗压强度控制。

预制混凝土路缘石加工尺寸允许偏差应符合表 2-177 的规定。

表 2-177　预制混凝土路缘石加工尺寸允许偏差

项　目	允许偏差/mm
长度	+5 −3
宽度	+5 −3
高度	+5 −3
平整度	3
垂直度	≤3

预制混凝土路缘石外观质量允许偏差应符合表 2-178 的规定。

表 2-178　预制混凝土路缘石外观质量允许偏差

项　　目	允许偏差
缺棱掉角影响顶面或正侧面的破坏最大投影尺寸/mm	≤15
面层非贯穿裂纹最大投影尺寸/mm	≤10
可视面粘皮(脱皮)及表面缺损最大面积/mm^2	≤30
贯穿裂纹	不允许
分层	不允许
色差、杂色	不明显

沥青混凝土拦水带应采用专用设备连续铺设，其矿料级配宜符合表 2-179 的要求，沥青用量宜在正常试验的基础上增加 0.5%～1.0%，双面击实 50 次的设计空隙率宜为 1%～3%。基底需洒布用量为 0.25～0.5kg/m^2 的粘层油。

表 2-179　矿料级配范围

筛孔/mm	16	13.2	4.75	2.36	0.3	0.075
通过质量百分率/%	100	85～100	65～80	50～65	18～30	5～15

2.3.2　人行道

人行道用料石的抗压强度不宜小于 80MPa，且应符合表 2-180 的要求。

表 2-180　石材物理性能和外观质量

项　　目		单位	允许值	备注
物理性能	饱和抗压强度	MPa	≥80	—
	饱和抗折强度	MPa	≥9	—
	体积密度	g/cm^3	≥2.5	—
	磨耗率(狄法尔法)	%	<4	—
	吸水率	%	<1	—
	孔隙率	%	<3	—

续表

项目		单位	允许值	备注
外观质量	缺棱	个	1	面积不超过 5mm×10mm，每块板材
	缺角	个		面积不超过 2mm×2mm，每块板材
	色斑	个		面积不超过 15mm×15mm，每块板材
	裂纹	条		长度不超过两端顺延至板边总长度的1/10（长度小于 20mm 不计）每块板
	坑窝	—	不明显	粗面板材的正面出现坑窝

注：表面纹理垂直于板边沿，不得有斜纹、乱纹现象，边沿直顺、四角整齐，不得有凹、凸不平现象。

人行道用料石加工尺寸允许偏差应符合表 2-181 的规定。

表 2-181　料石加工尺寸允许偏差　　单位：mm

项目	允许偏差	
	粗面材	细面材
长、宽	0 −2	0 −1.5
厚（高）	+1 −3	±1
对角线	±2	±2
平面度	±1	±0.7

预制人行道砌块加工尺寸与外观质量允许偏差应符合表 2-182 的规定。

表 2-182　预制人行道砌块加工尺寸与外观质量允许偏差　单位：mm

项目	允许偏差
长度、宽度	±2.0
厚度	±3.0
厚度差①	≤3.0
平面度	≤2.0
正面粘皮及缺损的最大投影尺寸	≤5

续表

项　　目	允许偏差
缺棱掉角的最大投影尺寸	≤10
非贯穿裂纹长度最大投影尺寸	≤10
贯穿裂纹	不允许
分层	不允许
色差、杂色	不明显

① 示同一砌块厚度差。

第3章　桥梁工程

3.1　城市桥梁设计

3.1.1　城市桥梁设计一般规定

城市桥梁按其多孔跨径总长或单孔跨径的长度，可分为特大桥、大桥、中桥和小桥等四类，划分标准见表3-1。

表3-1　桥梁按总长或跨径分类

桥梁分类	多孔跨径总长 L/m	单孔跨径 L_0/m
特大桥	$L>1000$	$L_0>150$
大桥	$1000\geqslant L\geqslant 100$	$150\geqslant L_0\geqslant 40$
中桥	$100>L>30$	$40>L_0\geqslant 20$
小桥	$30\geqslant L\geqslant 8$	$20>L_0\geqslant 5$

注：1. 单孔跨径系指标准跨径。梁式桥、板式桥以两桥墩中线之间桥中心线长度或桥墩中线与桥台台背前缘线之间桥中心线长度为标准跨径；拱式桥以净跨径为标准跨径。

2. 梁式桥、板式桥的多孔跨径总长为多孔标准跨径的总长；拱式桥为两岸桥台起拱线间的距离；其他形式的桥梁为桥面系的行车道长度。

在不通航或无流放木筏河流上及通航河流的不通航桥孔内，桥下净空不应小于表3-2的规定。

表3-2　非通航河流桥下最小净空

桥梁部位		高出计算水位/m	高出最高流冰面/m
梁底	洪水期无大漂流物	0.50	0.75
	洪水期有大漂流物	1.50	—
	有泥石流	1.00	—
支撑垫石顶面		0.25	0.50
拱脚		0.25	0.25

桥梁结构设计使用年限应按表3-3的规定采用。

表3-3　桥梁结构设计使用年限

设计使用年限/年	类别
30	小桥
50	中桥、重要小桥
100	特大桥、大桥、重要中桥

注：对有特殊要求结构的设计使用年限，可在上述规定基础上经技术经济论证后予以调整。

3.1.2　桥面防水系统设计

桥面防水工程应根据桥梁的类别、所处地理位置、自然环境、所在道路等级、防水层使用年限划分为两个防水等级，并应符合表3-4的规定。

表3-4　桥面防水等级

项　目	桥面防水等级	
	Ⅰ	Ⅱ
桥梁类别	1. 特大桥、大桥 2. 城市快速路、主干路上的桥梁、交通量较大的城市次干路上的桥梁 3. 位于严寒地区、化冰盐区、酸雨、盐雾等不良气候地区的桥梁	Ⅰ级以外的所有桥梁
防水层使用年限	大于或等于15年	大于或等于10年

注：特大桥、大桥的定义应执行现行城市桥梁行业标准的规定。城市快速路、主干路和次干路的定义应执行现行城市道路行业标准的规定。

防水层强度要求应按表3-5的规定取值。

表3-5　防水层强度要求

防水层表面温度/℃	10	20	30	40	50
涂料剪切强度/MPa	1.00	0.50	0.30	0.20	0.15
卷材剪切强度/MPa	1.00	0.50	0.30	0.15	0.10

当采用热熔胶作为基层处理剂时，产品性能应满足表3-6中相应的要求。

表 3-6 热熔胶基层处理剂性能要求

项目		单位	要求
固体含量		%	≥50
表干时间		h	≤4
实干时间		h	≤8
耐热度		—	160℃时，无滑动、流淌、滴落
不透水性		—	0.3MPa，30min 时不透水
低温柔度		—	−25℃时，无裂缝
拉伸强度		MPa	≥1.00
断裂延伸率		%	≥800
热老化	拉伸强度保持率	%	≥80
	断裂延伸率	%	≥400
	低温柔度	—	−20℃时，无裂缝

3.1.3 城市桥梁抗震设计

3.1.3.1 城市桥梁抗震设计一般规定

桥址处地震基本烈度数值可由现行《中国地震动参数区划图》(GB 18306—2001) 查取地震动峰值加速度并按表 3-7 确定。

表 3-7 地震基本烈度和地震动峰值加速度的对应关系

地震基本烈度	6 度	7 度	8 度	9 度
地震动峰值加速度	0.05g	0.10(0.15)g	0.20(0.30)g	0.40g

注：g 为重力加速度。

乙类、丙类和丁类桥梁 E1 和 E2 地震动峰值加速度 A 的取值，应根据现行《中国地震动参数区划图》(GB 18306—2001) 查得的地震动峰值加速度，乘以表 3-8 中的 E1 和 E2 地震调整系数 C_i 得到。

根据桥梁结构的重要性和场地的地震基本烈度，乙、丙和丁类桥梁的抗震设计方法应按表 3-9 选用。

表 3-8 各类桥梁 E1 和 E2 地震调整系数 C_i

抗震设防分类	E1 地震作用				E2 地震作用			
	6 度	7 度	8 度	9 度	6 度	7 度	8 度	9 度
乙类	0.61	0.61	0.61	0.61	—	2.2(2.05)	2.0(1.7)	1.55
丙类	0.46	0.46	0.46	0.46	—	2.2(2.05)	2.0(1.7)	1.55
丁类	0.35	0.35	0.35	0.35	—	—	—	—

注：括号内数值为相应于表 3-7 中括号内数值的调整系数。

表 3-9 桥梁抗震设计方法类别

地震基本烈度	抗震设防分类		
	乙	丙	丁
6 度	B	C	C
7 度、8 度和 9 度地区	A	A	B

3.1.3.2 场地、地基与基础

丁类桥梁，当无实测剪切波速时，可根据岩土名称和性状按表 3-10 划分土的类型，并结合当地的经验，在表 3-10 的范围内估计各土层的剪切波速。

表 3-10 土的类型划分和剪切波速范围

土的类型	岩石名称和性状	土的剪切波速范围/(m/s)
坚硬土或岩土	稳定岩石、密实的碎石土	$v_s>500$
中硬土	中密、稍密的碎石土，密实、中密的砾、粗砂、中砂，$f_k>200$kPa 的黏性土和粉土，坚硬黄土	$500\geqslant v_s>250$
中软土	稍密的砾、粗砂、中砂，除松散外的细砂和粉砂，$f_k\leqslant 200$kPa 的黏性土和粉土，$f_k\geqslant 130$kPa 的填土和可塑黄土	$250\geqslant v_s>140$
软弱土	淤泥和淤泥质土，松散的砂，新近沉积的黏性土和粉土，$f_k<130$kPa 的填土和新近堆积黄土和流塑黄土	$v_s\leqslant 140$

注：f_k 为由载荷试验等方法得到的地基承载力特征值（kPa），v_s 为岩土剪切波速。

工程场地类别，应根据土层等效剪切波速和场地覆盖层厚度划分为四类，并应符合表 3-11 的规定。

表 3-11　各类工程场地的覆盖层厚度

等效剪切波速/(m/s)	场地类别			
	Ⅰ类	Ⅱ类	Ⅲ类	Ⅳ类
$v_{se}>500$	0m	—	—	—
$500\geqslant v_{se}>250$	<5m	5m	—	—
$250\geqslant v_{se}>140$	<3m	3～50m	>50m	—
$v_{se}\leqslant 140$	<3m	3～15m	16～80m	>80m

液化土特征深度可按表 3-12 采用。

表 3-12　液化土特征深度　　单位：m

饱和土类别	地震基本烈度		
	7 度	8 度	9 度
粉土	6	7	8
砂土	7	8	9

液化判别标准贯入锤击数基准值应按表 3-13 采用。

表 3-13　标准贯入锤击数基准值 N_0

特征周期分区	7 度	8 度	9 度
1 区	6(8)	10(13)	16
2 区和 3 区	8(10)	12(15)	18

注：1. 特征周期分区根据场地位置在《中国地震动参数区划图》（GB 18306—2001）上查取。

2. 括号内数值用于设计基本地震动加速度为 0.15g 和 0.30g 的地区。

地基抗震容许承载力调整系数 K_E 应按表 3-14 取值。

表 3-14　地基土抗震承载力调整系数

岩土名称和性状	K_E
岩石，密实的碎石土，密实的砾、粗（中）砂，$f_k\geqslant 300$ 的黏性土和粉土	1.5
中密、稍密的碎石土，中密和稍密的砾、粗（中）砂，密实和中密的细、粉砂，$150\leqslant f_k<300$ 的黏性土和粉土，坚硬黄土	1.3
稍密的细、粉砂，$100\leqslant f_k<150$ 的黏性土和粉土，可塑黄土	1.1
淤泥，淤泥质土，松散的砂，杂填土，新近堆积黄土及流塑黄土	1.0

注：f_k 为由载荷试验等方法得到的地基承载力特征值（kPa）。

当桩基内有液化土层时，液化土层的承载力（包括桩侧摩阻力）、土抗力（地基系数）、内摩擦角和内聚力等，可根据液化抵抗系数 C_e 予以折减。折减系数 α 应按表 3-15 采用。

表 3-15　土层液化影响折减系数 α

C_e	d_s/m	α
$C_e \leqslant 0.6$	$d_s \leqslant 10$	0
	$10 < d_s \leqslant 20$	1/3
$0.6 < C_e \leqslant 0.8$	$d_s \leqslant 10$	1/3
	$10 < d_s \leqslant 20$	2/3
$0.8 < C_e \leqslant 1.0$	$d_s \leqslant 10$	2/3
	$10 < d_s \leqslant 20$	1

注：表中 d_s 为标准贯入点深度（m）。

3.1.3.3　抗震分析

抗震分析时，可将桥梁划分为规则桥梁和非规则桥梁两类。简支梁及表 3-16 限定范围内的梁桥属于规则桥梁，不在此表限定范围内的桥梁属于非规则桥梁。

表 3-16　规则桥梁的定义

参数	参数值				
单跨最大跨径	$\leqslant$90m				
墩高	$\leqslant$30m				
单墩长细比	大于 2.5 且小于 10				
跨数	2	3	4	5	6
曲线桥梁圆心角 φ 及半径 R	单跨 $\varphi < 30°$ 且一联累计 $\varphi < 90°$，同时曲梁半径 $R \geqslant 20B_0$（B_0 为桥宽）				
跨与跨间最大跨长比	3	2	2	1.5	1.5
轴压比	$<$0.3				
跨与跨间桥墩最大刚度比	—	4	4	3	2
下部结构类型	桥墩为单柱墩、双柱框架墩、多柱排架墩				
地基条件	不易液化、侧向滑移或易冲刷的场地，远离断层				

3.2 桥梁的施工测量

平面控制则可采用三角测量和 GPS 测量。桥梁平面控制测量等级应符合表 3-17 的规定。

表 3-17 桥梁平面控制测量等级

多跨桥梁总长/m	单跨桥长/m	控制测量等级
$L \geqslant 3000$	$L \geqslant 500$	二等
$2000 \leqslant L < 3000$	$300 \leqslant L < 500$	三等
$1000 \leqslant L < 2000$	$150 \leqslant L < 300$	四等
$500 \leqslant L < 1000$	$L < 150$	一级
$L < 500$		二等

三角测量、水平角方向观测法和测距的技术要求以及测距精度应符合表 3-18～表 3-21 的规定。

表 3-18 三角测量技术要求

等级	平均边长/km	测角中误差/(″)	起始边边长相对中误差	最弱边边长相对中误差	测回数			三角形最大闭合差/(″)
					DJ_1	DJ_2	DJ_6	
二等	3.0	±10	≤1/250000	≤1/120000	12	—	—	±3.5
三等	20	±1.8	≤1/150000	≤1/70000	6	9	—	+7.0
四等	10	±2.5	≤1/100000	≤1/40000	4	6	—	±9.0
一级	0.5	±5.0	≤1/40000	≤1/20000	—	3	4	±15.0
二级	0.3	±10.0	≤1/20000	≤1/10000	—	1	3	±30.0

表 3-19 水平角方向观测法技术要求

等级	仪器型号	光学测微器两次重合读数之差/(″)	半测回归零差/(″)	一测回中 2 倍照准较差/(″)	同一方向值各测回较差/(″)
四等及以上	DJ_1	1	6	9	6
	DJ_2	3	8	13	9
一级及以下	DJ_2	—	12	18	12
	DJ_6	—	18	—	24

注：当观测方向的垂直角超过±3°的范围时，该方向测回中的 2 倍照准较差，可按同一观察时段内相邻测回同方向进行比较。

表 3-20 测距技术要求

平面控制网等级	测距仪精度等级	观测次数		总测回数	一测回读数较差/mm	单程各测回较差/mm	往返较差
		往	返				
二、三等	Ⅰ	1	1	6	≤5	≤7	≤2($a+bD$)
	Ⅱ			8	≤8	≤15	
四等	Ⅰ			4～6	≤5	≤7	
	Ⅱ			4～8	≤10	≤15	
一级	Ⅱ		—	2	≤10	≤15	—
	Ⅲ			4	≤20	≤30	—
二级	Ⅱ			1～2	≤10	≤15	—
	Ⅲ			2	≤20	≤30	—

注：1. 测回是指照准目标一次，试数 2～4 的前过程。

2. 根据具体情况，测边可采取不同时间段观测代替往近观测。

3. a 为标称精度中的固定误差（mm）；b 为标称精度中的比例误差系数（mm/km）；D 为测量长度崖（km）。

表 3-21 测距精度

测距仪精度等级	每公里测距中误差 m_D/mm	
Ⅰ级	$m_D \leqslant 5$	$m_D = \pm(a+bD)$
Ⅱ级	$5 < m_D \leqslant 10$	
Ⅲ级	$10 < m_D \leqslant 20$	

桥位轴线测量的精度要求应符合表 3-22 的规定。

表 3-22 桥位轴线测量精度

测量等级	桥轴线相对中误差
二等	1/130000
三等	1/70000
四等	1/40000
一级	1/20000
二级	1/10000

注：对特殊的桥梁结构，应根据结构特点确定桥轴线控制测量的等级与精度。

水准测量的主要技术要求应符合表 3-23 的规定。

表 3-23　水准测量的主要技术要求

等级	每公里高差中数中误差/mm		水准仪的型号	水准尺	观测次数		往返较差、附合或环线闭合差/mm
	偶然中误差 $M_{\triangle}$	全中误差 M_{w}			与已知点联测	附合或环线	
二等	±1	±2	DS_1	铟瓦	往返各一次	往返各一次	$\pm 4\sqrt{L}$
三等	±3	±6	DS_1	铟瓦	往返各一次	往一次	$\pm 12\sqrt{L}$
			DS_3	双面		往返各一次	
四等	±5	+10	DS_3	双面	往返各一次	往一次	$\pm 20\sqrt{L}$
五等	±8	±16	DS_3	单面	往返各一次	往一次	$\pm 30\sqrt{L}$

注：L 为往返测段、附合或环线的水准中线长度（km）。

3.3　城市桥梁工程施工

3.3.1　钢筋

3.3.1.1　钢筋加工

受力钢筋弯制和末端弯钩形状见表 3-24。

表 3-24　受力钢筋弯制和末端弯钩形状

弯曲部位	弯曲角度	形状图	钢筋牌号	弯曲直径 D	平直部分长度
末端弯钩	180°	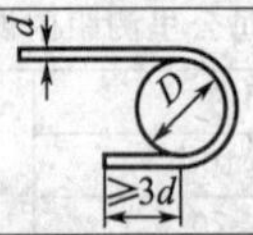	HPB235	≥2.5d	≥3d
	135°	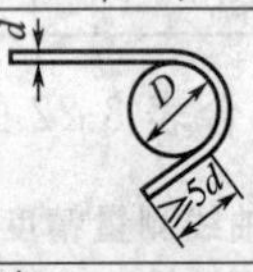	HRB335	ϕ8～ϕ25 ≥4d	≥5d
			HRB400	ϕ28～ϕ40 ≥5d	
	90°	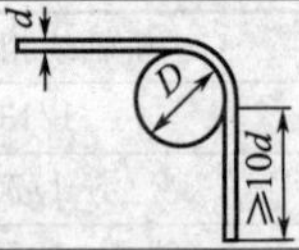	HRB335	ϕ8～ϕ25 ≥4d	≥10d
			HRB400	ϕ28～ϕ40 ≥5d	
中间弯钩	以下	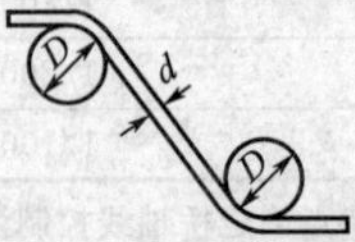	各类	≥20d	—

注：采用环氧树脂涂层时，除应满足表内规定外，当钢筋直径 $d \leqslant 20$mm 时，弯钩直径 D 不得小于 4d；当 $d > 20$mm 时，弯钩直径 D 不得小于 6d；直线段长度不得小于 5d。

箍筋末端弯钩的形式应符合设计要求，设计无规定时，可按表 3-25 所示形式加工。

表 3-25 箍筋末端弯钩

结构类别	弯曲角度	图示
一般结构	90°/180°	
	90°/90°	
抗震结构	135°/135°	

3.3.1.2 钢筋连接

在任一焊接或绑扎接头长度区段内，同一根钢筋不得有两个接头，在该区段内的受力钢筋，其接头的截面面积占总截面面积的百分率应符合表 3-26 规定。

表 3-26 接头长度区段内受力钢筋接头面积的最大百分率

接头类型	接头面积最大百分率/%	
	受拉区	受压区
主钢筋绑扎接头	25	50
主钢筋焊接接头	50	不限制

注：1. 焊接接头长度区段内是指 35*d*（*d* 为钢筋直径）长度范围内，但不得小于 500mm，绑扎接头长度区段是指 1.3 倍搭接长度。

2. 装配时构件连接处的受力钢筋焊接接头可不受此限制。

3. 环氧树脂涂层钢筋搭接长度，对受拉钢筋应至少为钢筋锚固长度的 1.5 倍且不小于 375mm；对受压钢筋为无涂层钢筋锚固长度的 1.0 倍且不小于 250mm。

冷弯试验芯棒直径和弯曲角度应符合表 3-27 的规定。

表 3-27 冷弯试验指标

钢筋牌号	芯棒直径	弯曲角/(°)
HRB335	4*d*	90
HRB400	5*d*	90

注：1. *d* 为钢筋直径。

2. 直径大于 25mm 的钢筋接头，芯棒直径应增加 1*d*。

施工中钢筋受力分不清受拉或受压时，应符合表 3-28 的规定。

表 3-28　受拉钢筋绑扎接头的搭接长度

钢筋牌号	混凝土强度等级		
	C20	C25	>C25
HRB235	35d	30d	25d
HRB335	45d	40d	35d
HRB400	—	50d	45d

注：1. 带肋钢筋直径 $d>25$mm，其受拉钢筋的搭接长度应按表中数值增加 5d 采用。

2. 当带肋钢筋直径 $d<25$mm 时，其受拉钢筋的搭接长度应按表中值减少 5d 采用。

3. 当混凝土在凝固过程中受力钢筋易扰动时，其搭接长度应适当增加。

4. 在任何情况下，纵向受力钢筋的搭接长度不得小于 300mm；受压钢筋的搭接长度不得小于 200mm。

5. 轻骨料混凝土的钢筋绑扎接头搭接长度应按普通混凝土搭接长度增加 5d。

6. 当混凝土强度等级低于 C20 时，HPB235、HRB335 的钢筋搭接长度应按表中 C20 的数值相应增加 10d。

7. 对有抗震要求的受力钢筋的搭接长度，当抗震裂度为 7 度（及以上）时增加 5d。

8. 两根直径不同的钢筋的搭接长度，以较细钢筋的直径计算。

3.3.1.3　钢筋骨架和钢筋网的组成与安装

组装时应按设计图纸放大样，放样时应考虑骨架预拱度。简支梁钢筋骨架预拱度应符合表 3-29 的规定。

表 3-29　简支梁钢筋骨架预拱度

跨度/m	工作台上预拱度/cm	骨架拼装时预拱度/cm	构件预拱度/cm
7.5	3	1	0
10～12.5	3～5	2～3	1
15	4～5	3	2
20	5～7	4～5	3

注：跨度大于 20m 时，应按设计规定预留拱度。

普通钢筋和预应力直线形钢筋最小混凝土保护层厚度应符合表 3-30 的规定。

表 3-30　普通钢筋和预应力直线形钢筋最小混凝土保护层厚度

单位：mm

构件类别		环境条件		
		Ⅰ	Ⅱ	Ⅲ、Ⅳ
基础、桩基承台	基坑底面有垫层或侧面有模板(受力主筋)	40	50	60
	基坑底面无垫层或侧面无模板(受力主筋)	60	75	85
墩台身、挡土结构、涵洞、梁、板、拱圈、拱上建筑(受力主筋)		30	40	45
缘石、中央分隔带、护栏等行车道构件(受力主筋)		30	40	45
人行道构件、栏杆(受力主筋)		20	25	30
箍筋				
收缩、温度、分布、防裂等表层钢筋		15	20	25

注：1. 环境条件：Ⅰ—温暖或寒冷地区的大气环境，与无腐蚀性的水或土接触的环境；Ⅱ—严寒地区的环境、使用除冰盐环境、滨海环境；Ⅲ—海水环境；Ⅳ—受腐蚀性物质影响的环境。

2. 对环氧树脂涂层钢筋，可按环境类别Ⅰ取用。

钢筋加工允许偏差应符合表 3-31 的规定。

表 3-31　钢筋加工允许偏差

检查项目	允许偏差/mm	检查频率		检查方法
		范围	点数	
受力钢筋顺长度方向全长的净尺寸	±10	按每工作日同一类型钢筋、同一加工设备抽查 3 件	3	用钢尺量
弯起钢筋的弯折	±10			
箍筋内净尺寸	±5			

钢筋网允许偏差应符合表 3-32 的规定。钢筋成形和安装允许偏差应符合表 3-33 的规定。

表 3-32　钢筋网允许偏差

检查项目	允许偏差/mm	检查频率		检查方法
		范围	点数	
网的长、宽	±10	每片钢筋网	3	用钢尺量两端和中间各 1 处
网眼尺寸	±10			用钢尺量任意 3 个网眼
网眼对角线差	15			用钢尺量任意 3 个网眼

表 3-33 钢筋成形和安装允许偏差

<table>
<tr><th colspan="3" rowspan="2">检查项目</th><th rowspan="2">允许偏差/mm</th><th colspan="2">检验频率</th><th rowspan="2">检验方法</th></tr>
<tr><th>范围</th><th>点数</th></tr>
<tr><td rowspan="4">受力钢筋间距</td><td colspan="2">两排以上排距</td><td>±5</td><td rowspan="11">每个构筑物或每个构件</td><td rowspan="4">3</td><td rowspan="4">用钢尺量,两端和中间各一个断面,每个断面连续量取钢筋间(排)距,取其平均值计1点</td></tr>
<tr><td rowspan="2">同排</td><td>梁板、拱肋</td><td>±10</td></tr>
<tr><td>基础、墩台、柱</td><td>±20</td></tr>
<tr><td colspan="2">灌注桩</td><td>±20</td></tr>
<tr><td colspan="3">箍筋、横向水平筋、螺旋筋间距</td><td>±10</td><td>5</td><td>连续量取5个间距,其平均值计1点</td></tr>
<tr><td colspan="2" rowspan="2">钢筋骨架尺寸</td><td>长</td><td>±10</td><td>3</td><td rowspan="2">用钢尺量,两端和中间各1处</td></tr>
<tr><td>宽、高或直径</td><td>±5</td><td>3</td></tr>
<tr><td colspan="3">弯起钢筋位置</td><td>±20</td><td>30%</td><td>用钢尺量</td></tr>
<tr><td colspan="2" rowspan="3">钢筋保护层厚度</td><td>墩台、基础</td><td>±10</td><td rowspan="3">10</td><td rowspan="3">沿模板周边检查,用钢尺量</td></tr>
<tr><td>梁、柱、桩</td><td>±5</td></tr>
<tr><td>板、墙</td><td>±3</td></tr>
</table>

3.3.2 模板、支架和拱架

钢筋混凝土结构的承重模板、支架和拱架的拆除，应符合设计要求。当设计无规定时，应符合表 3-34 规定。

表 3-34 现浇结构拆除底模时混凝土强度

结构类型	结构跨度/m	按设计混凝土强度标准值的百分率/%
板	≤2	50
	2～8	75
	>8	100
梁、拱	≤8	75
	>8	100
悬臂构件	≤2	75
	>2	100

注：构件混凝土强度必须通过同条件养护的试件强度确定。

模板制作允许偏差应符合表 3-35 的规定。模板、支架和拱架安装允许偏差应符合表 3-36 的规定。

表 3-35　模板制作允许偏差

<table>
<tr><th colspan="3" rowspan="2">项　　目</th><th rowspan="2">允许偏差/mm</th><th colspan="2">检验频率</th><th rowspan="2">检验方法</th></tr>
<tr><th>范围</th><th>点数</th></tr>
<tr><td rowspan="6">木模板</td><td colspan="2">模板的长度和宽度</td><td>±5</td><td rowspan="14">每个构筑物或每个构件</td><td rowspan="5">4</td><td>用钢尺量</td></tr>
<tr><td colspan="2">不刨光模板相邻两板表面高低差</td><td>3</td><td rowspan="2">用钢板尺和塞尺量</td></tr>
<tr><td colspan="2">刨光模板和相邻两板表面高低差</td><td>1</td></tr>
<tr><td colspan="2">平板模板表面最大的局部不平(刨光模板)</td><td>3</td><td rowspan="2">用 2m 直尺和塞尺量</td></tr>
<tr><td colspan="2">平板模板表面最大的局部不平(不刨光模板)</td><td>5</td></tr>
<tr><td colspan="2">榫槽嵌接紧密度</td><td>2</td><td>5</td><td rowspan="3">用钢尺量</td></tr>
<tr><td rowspan="8">钢模板</td><td colspan="2">模板的长度和宽度</td><td>0
−1</td><td>4</td></tr>
<tr><td colspan="2">肋高</td><td>±5</td><td>2</td></tr>
<tr><td colspan="2">面板端偏斜</td><td>0.5</td><td>2</td><td>用水平尺量</td></tr>
<tr><td rowspan="3">连接配件
(螺栓、片子等)
的孔眼位置</td><td>孔中心与板面的间距</td><td>±0.3</td><td rowspan="4">4</td><td rowspan="3">用钢尺量</td></tr>
<tr><td>板端孔中心与板端的间距</td><td>0
−0.5</td></tr>
<tr><td>沿板长宽方向的孔</td><td>±0.6</td></tr>
<tr><td colspan="2">板面局部不平</td><td>1.0</td><td>用 2m 直尺和塞尺量</td></tr>
<tr><td colspan="2">板面和板侧挠度</td><td>±1.0</td><td>1</td><td>用水准仪和拉线量</td></tr>
</table>

表 3-36 模板、支架和拱架安装允许偏差

项目		允许偏差/mm	检验频率		检验方法
			范围	点数	
相邻两板表面高低差	清水模板	2	每个构筑物或每个构件	4	用钢板尺和塞尺量
	混水模板	4			
	钢模板	2			
表面平整度	清水模板	3		4	用 2m 直尺和塞尺量
	混水模板	5			
	钢模板	3			
垂直度	墙、柱	H/1000，且不大于 6		2	用经纬仪或垂线和钢尺量
	墩、台	H/500，且不大于 20			
	塔柱	H/3000，且不大于 30			
模内尺寸	基础	±10		3	用钢尺量，长、宽、高各 1 点
	墩、台	+5 −8			
	梁、板、墙、柱、桩、拱	+3 −6			
轴线偏位	基础	15		2	用经纬仪测量，纵、横向各 1 点
	墩、台、墙	10			
	梁、柱、拱、塔柱	8			
	悬浇各梁段	8			
	横隔梁	5			

续表

项目			允许偏差/mm	检验频率		检验方法
				范围	点数	
支承面高程			+2 −5	每支承面	1	用水准仪测量
悬浇各梁段底面高程			+10 0	每个梁段	1	用水准仪测量
预埋件	支座板、锚垫板、连接板等	位置	5	每个预埋件	1	用钢尺量
		平面高差	2		1	用水准仪测量
	螺栓、锚筋等	位置	3		1	用钢尺量
		外露长度	±5		1	
预留孔洞	预应力筋孔道位置(梁端)		5	每个预留孔洞	1	用钢尺量
	其他	位置	8		1	用钢尺量
		孔径	+10 0		1	
梁底模拱度			±5 −2	每根梁、每个构件、每个安装段	1	沿底模全长拉线,用钢尺量
对角线差	板		7		1	用钢尺量
	墙板		5			
	桩		3			
侧向弯曲	板、拱肋、桁架		$L/1500$		1	沿侧模全长拉线,用钢尺量
	柱、桩		$L/1000$,且不大于10			
	梁		$L/2000$ 且不大于10			
支架、拱架	纵轴线的平面偏位		$L/2000$,且不大于30		3	用经纬仪测量
拱架高程			+20 −10			用水准仪测量

注：1. H 为构筑物高度（mm），L 为计算长度（mm）。

2. 支承面高程系指模板底模上表面支撑混凝土面的高程。

3.3.3 混凝土工程

3.3.3.1　混凝土配合比

混凝土的最大水胶比和最小水泥用量应符合表3-37的规定。

表3-37　混凝土的最大水胶比和最小水泥用量

混凝土结构所处环境	无筋混凝土		钢筋混凝土	
	最大水胶比	最小水泥用量/(kg/m³)	最大水胶比	最小水泥用量/(kg/m³)
温暖地区或寒冷地区，无侵蚀物质影响，与土直接接触	0.60	250	0.55	280
严寒地区或使用除冰盐的桥梁	0.55	280	0.50	300
受侵蚀性物质影响	0.45	300	0.40	325

注：1. 本表中的水胶比，系指水与水泥（包括矿物掺加料）用量的比值。

2. 本表中的最小水泥用量包括矿物掺合料，当掺用外加剂且能有效地改善混凝土的和易性时，水泥用量可减少25kg/m³。

3. 严寒地区系指最冷月份平均气温低于−10℃且平均温度在低于5℃的天气数大于145d的地区。

混凝土浇筑时的坍落度见表3-38。

表3-38　混凝土浇筑时的坍落度

结构类型	坍落度(振动器振捣)/mm
小型预制块和便于浇筑振捣的结构	0～20
桥梁基础、墩台等无筋或少筋的结构	10～30
普通配筋的混凝土结构	30～50
配筋较密、断面较小的钢筋混凝土结构	50～70
配筋较密、端面高面窄的钢筋混凝土结构	70～90

3.3.3.2　混凝土拌制和运输

混凝土最短搅拌时间见表3-39。

表 3-39 混凝土延续搅拌的最短时间

搅拌机类型	搅拌机容量/L	混凝土坍落度/mm		
		<30	30～70	>70
		混凝土最短搅拌时间/min		
强制式	≤400	1.5	1.0	1.0
	≤1500	2.5	1.5	1.5

注：1. 当掺入外加剂时，外加剂应调成适当浓度的溶液再掺入，搅拌时间宜延长。

2. 采用分次投料搅拌工艺时，搅拌时间按工艺要求办理。

3. 当采用其他形式的搅拌设备时，搅拌的最短时间应按设备说明书的规定办理，再经试验确定。

混凝土从加水搅拌至入模的延续时间不宜大于表 3-40 的规定。

表 3-40 混凝土从加水搅拌至入模的延续时间

搅拌机出料时的混凝土温度/℃	无搅拌设施运输/min	有搅拌设施运输/min
20～30	30	60
10～19	45	75
5～9	60	90

注：掺用外加剂或采用快硬水泥时，运输允许持续时间应根据试验确定。

3.3.3.3 混凝土浇筑

混凝土分层浇筑的厚度不宜超过表 3-41 的规定。

表 3-41 混凝土分层浇筑厚度

捣实方法	配筋情况	浇筑层厚度/mm
采用插入式振动器	—	300
采用附着式振动器	—	300
采用表面振动器	无筋或配筋稀疏时	250
	配筋较密时	150

注：表列规定可根据结构和振动器型号等情况适当调整。

混凝土运输、浇筑及间歇的全部允许时间应符合表 3-42 的规定。

表 3-42　混凝土运输、浇筑及间歇的全部允许时间

单位：min

混凝土强度等级	气温不高于 25℃	气温高于 25℃
≤C30	210	180
>C30	180	150

注：C50 以上混凝土和混凝土中掺有促凝剂或缓凝剂时，其允许间歇时间应根据试验结果确定。

3.3.3.4　预应力混凝土

预应力筋的锚固应在张拉控制应力处于稳定状态下进行，锚固阶段张拉端预应力筋的内缩量，当设计无规定时，应符合表 3-43 规定。

表 3-43　锚固阶段张拉端预应力筋的内缩量允许值　　单位：mm

锚具类别	内缩量允许值
支承式锚具(镦头锚、带有螺丝端杆的锚具等)	1
锥塞式锚具	5
夹片式锚具	5
每块后加的锚具垫板	1

注：内缩量值系指预应力筋锚固过程中，由于锚具零件之间和锚具与预应力之间的相对移动和局部塑性变形造成的回缩量。

张拉程序应符合设计要求，设计未规定时，其张拉程序应符合表 3-44 的规定。

表 3-44　先张法预应力筋张拉程序

预应力筋种类	张拉程序
钢筋	0→初应力→1.05σ_{con}→σ_{con}(锚固)
钢丝、钢绞线	0→初应力→1.05σ_{con}(持荷 2min)→0→σ_{con}(锚固)
	对于夹片式等具有自锚性能的锚具： 普通松弛力筋 0→初应力→1.03σ_{con}(锚固) 低松弛力筋 0→初应力→σ_{con}(持荷 2min 锚固)

张拉过程中，预应力筋的断丝、断筋数量不得超过表3-45的规定。

表3-45 先张法预应力筋断丝、断筋控制值

预应力筋种类	项目	控制值
钢丝、钢绞线	同一构件内断丝数不得超过钢丝总数量	1%
钢筋	断筋	不允许

预应力筋张拉程序应符合表3-46的规定。

表3-46 后张法预应力筋张拉程序

预应力筋种类		张拉程序
钢绞线束	对夹片式等有自锚性能的锚具	普通松弛力筋 0→初应力→1.03σ_{con}（锚固） 低松弛力筋 0→初应力→σ_{con}（持荷2min锚固）
	其他锚具	0→初应力→1.05σ_{con}（持荷2min）→σ_{con}（锚固）
钢丝束	对夹片式等有自锚性能的锚具	普通松弛力筋 0→初应力→1.03σ_{con}（锚固） 低松弛力筋 0→初应力→σ_{con}（持荷2min锚固）
	其他锚具	0→初应力→1.05σ_{con}（持荷2min）→0→σ_{con}（锚固）
精轧螺纹钢筋	直线配筋时	0→初应力→σ_{con}（持荷2min锚固）
	曲线配筋时	0→σ_{con}（持荷2min）→0（上述程序可反复几次）→初应力→σ_{con}（持荷2min锚固）

注：1. σ_{con}为张拉时的控制应力值，包括预应力损失值。

2. 梁的竖向预应力筋可一次张拉到控制应力，持荷5min锚固。

张拉过程中预应力筋断丝、滑丝、断筋的数量不得超过表3-47的规定。

表3-47 后张法预应力筋断丝、滑丝、断筋控制值

预应力筋种类	项目	控制值
钢丝、钢绞线	每束钢丝断丝、滑丝	1根
	每束钢绞线断丝、滑丝	1丝
	每个断面断丝之和不超过该断面钢丝总数的	1%
钢筋	断筋	不允许

注：1. 钢绞线断丝系指单根钢绞线内钢丝的断丝。

2. 超过表列控制数量时，原则上应更换，当不能更换时，在条件许可下，可采取补救措施，如提高其他钢丝的控制应力值，应满足设计上各阶段极限状态的要求。

预应力筋张拉允许偏差应分别符合表 3-48～表 3-50 的规定。

表 3-48 钢丝、钢绞线先张法允许偏差

项目		允许偏差/mm	检验频率	检验方法
镦头钢丝同束长度相对差	束长＞20m	L/5000，且不大于 5	每批抽查 2 束	用钢尺量
	束长 6～20m	L/3000，且不大于 4		
	束长＜6m	2		
张拉应力值		符合设计要求	全数	查张拉记录
张拉伸长率		±6%		
断丝数		不超过总数的 1%		

注：L 为束长（mm）。

表 3-49 钢筋先张法允许偏差

项目	允许偏差/mm	检验频率	检验方法
接头在同一平面内的轴线偏位	2，且不大于 1/10 直径	抽查 30%	用钢尺量
中心偏位	4%短边，且不大于 5		
张拉应力值	符合设计要求	全数	查张拉记录
张拉伸长率	±6%		

表 3-50 钢筋后张法允许偏差

项目		允许偏差/mm	检验频率	检验方法
管道坐标	梁长方向	30	抽查 30%，每根查 10 个点	用钢尺量
	梁高方向	10		
管道间距	同排	10	抽查 30%，每根查 5 个点	用钢尺量
	上下排	10		
张拉应力值		符合设计要求	全数	查张拉记录
张拉伸长率		±6%		
断丝滑丝数	钢束	每束一丝，且每断面不超过钢丝总数的 1%		
	钢筋	不允许		

3.3.3.5 抗冻、抗渗混凝土

水位变动区混凝土抗冻等级选定标准见表3-51。

表3-51 水位变动区混凝土抗冻等级选定标准

建筑物所在地区	海水环境		淡水环境	
	钢筋混凝土及预应力混凝土	无筋混凝土	钢筋混凝土及预应力混凝土	无筋混凝土
严重受冻地区(最冷月的月平均气温低于−8℃)	F350	F300	F250	F200
受冻地区(最冷月的月平均气温在−8～−4℃之间)	F300	F250	F200	F150
微冻地区(最冷月的月平均气温在−4～0℃之间)	F250	F200	F150	F100

注：1. 试验过程中试件所接触的介质应与建筑物实际接触的介质相近。

2. 墩、台身和防护堤等建筑物的混凝土应选用比同一地区高一级的抗冻等级。

3. 面层应选用比水位变动区抗冻等级低2～3级的混凝土。

抗冻混凝土必须掺入适量引气剂，其拌合物的含气量应符合表3-52的规定。

表3-52 抗冻混凝土拌合物含气量控制范围

骨料最大粒径/mm	含气量/%	骨料最大粒径/mm	含气量/%
10.0	5.0～8.0	40.0	3.0～6.0
20.0	4.0～7.0	63.0	3.0～5.0
31.5	3.5～6.5	—	—

最大水胶比应符合表3-53的规定。

表3-53 最大水胶比

抗渗等级	≤C30	>C30
P6	0.6	0.55
P8～P12	0.55	0.50
P12以上	0.50	0.45

注：1. 矿物掺合料取代量不宜大于20%。

2. 表中水胶比为水与水泥（包括矿物掺合料）用量的比值。

混凝土原材料每盘称量允许偏差应符合表3-54的规定。

表3-54 混凝土原材料每盘称量允许偏差

<table>
<tr><th rowspan="2">材料名称</th><th colspan="2">允许偏差</th></tr>
<tr><th>工地</th><th>工厂或搅拌站</th></tr>
<tr><td>水泥和干燥状态的掺合料</td><td>±2%</td><td>±1%</td></tr>
<tr><td>粗、细骨料</td><td>±3%</td><td>±2%</td></tr>
<tr><td>水、外加剂</td><td>±2%</td><td>±1%</td></tr>
</table>

注：1. 各种衡器应定期检定，每次使用前应进行零点校核，保证计量准确。

2. 当遇雨天或含水率有显著变化时，应增加含水率检测次数，并及时调整水和骨料的用量。

3.3.4 砌体与基础工程

3.3.4.1 砌体工程

砌体砌缝宽度、位置应符合表3-55的规定。

表3-55 砌体砌缝宽度、位置

<table>
<tr><th colspan="2" rowspan="2">项　　目</th><th rowspan="2">允许偏差/mm</th><th colspan="2">检查频率</th><th rowspan="2">检验方法</th></tr>
<tr><th>范围</th><th>点数</th></tr>
<tr><td rowspan="3">表面砌缝宽度</td><td>浆砌片石</td><td>≤40</td><td rowspan="5">每个构筑物、每个砌筑面或两条伸缩缝之间为一检验批</td><td rowspan="5">10</td><td rowspan="5">用钢尺量</td></tr>
<tr><td>浆砌块石</td><td>≤30</td></tr>
<tr><td>浆砌料石</td><td>15～20</td></tr>
<tr><td colspan="2">三块石料相接处的空隙</td><td>≤70</td></tr>
<tr><td colspan="2">两层间竖向错缝</td><td>≥80</td></tr>
</table>

3.3.4.2 基础工程

采用数根同时浇筑时，导管内径、作用半径和下口埋入深度宜符合表3-56的规定。

表3-56 导管作用范围

<table>
<tr><th>导管内径/mm</th><th>导管作用半径/m</th><th>导管下口埋入深度/m</th></tr>
<tr><td>250</td><td>1.1左右</td><td rowspan="3">2.0以上</td></tr>
<tr><td>300</td><td>1.3～2.2</td></tr>
<tr><td>300～500</td><td>2.2～4.0</td></tr>
</table>

基坑开挖允许偏差应符合表 3-57 的规定。

表 3-57　基坑开挖允许偏差

项目		允许偏差/mm	检验频率		检查方法
			范围	点数	
基底高程	土方	0 −20	每座基础	5	用水准仪测量四角和中心
	石方	+50 −200		5	
轴线偏位		50		4	用经纬仪测量，纵、横各 2 点
基坑尺寸		不小于设计规定		4	用钢尺量每边 1 点

当年筑路和管线上填土的压实度标准应符合表 3-58 的要求。

表 3-58　当年筑路和管线上填方的压实度标准

项目	允许偏差/mm	检验频率		检查方法
		范围	点数	
填土上当年筑路	符合国家现行标准《城镇道路工程施工与质量验收规范》(CJJ 1—2008)的有关规定	每个基坑	每层 4 点	用环刀或灌砂法
管线填土	符合现行管线施工标准的规定	每条管线	每层 1 点	

现浇混凝土基础允许偏差应符合表 3-59 的要求。

表 3-59　现浇混凝土基础允许偏差

项　目		允许偏差/mm	检验频率		检查方法
			范围	点数	
断面尺寸	长、宽	±20	每座基础	4	用钢尺量，长、宽各 2 点
顶面高程		±10		4	用水准仪测量
基础厚度		+10 0		4	用钢尺量，长、宽各 2 点
轴线偏位		15		4	用经纬仪测量，纵、横各 2 点

砌体基础的质量检验、砌体基础允许偏差应符合表 3-60 的要求。

表 3-60 砌体基础允许偏差

项目		允许偏差/mm	检验频率		检查方法
			范围	点数	
基础厚度	片石	+30 0	每座基础	4	用钢尺量,长、宽各 2 点
	料石、砌块	+15 0		4	
顶面高程		±25		4	用水准仪测量
轴线偏位		15		4	用经纬仪测量,纵、横各 2 点

钢筋混凝土和预应力混凝土桩的预制允许偏差应符合表 3-61 的规定。

表 3-61 钢筋混凝土和预应力混凝土桩的预制允许偏差

项目		允许偏差	检验频率		检查方法
			范围	点数	
实心桩	横截面边长	±5	每批抽查10%	3	用钢尺量相邻两边
	长度	±50		2	用钢尺量
	桩尖对中轴线的倾斜	10		1	用钢尺量
	桩轴线的弯曲矢高	≤0.1%桩长,且不大于 20	全数	1	沿构件全长拉线,用钢尺量
	桩顶平面对桩纵轴的倾斜	≤1%桩径(边长),且不大于 20	每批抽查10%	1	用垂线和钢尺量
	接桩的接头平面与桩轴平面垂直度	0.5%	每批抽查20%	4	用钢尺量
空心桩	内径	不小于设计	每批抽查10%	2	用钢尺量
	壁厚	0 −3		2	用钢尺量
	桩轴线的弯曲矢高	0.2%	全数	1	沿管节全长拉线,用钢尺量

钢管柱制作允许偏差应符合表 3-62 的规定。

表 3-62　钢管桩制作允许偏差

项　　目	允许偏差/mm	检验频率		检查方法
		范围	点数	
外径	±5	每批抽查10%	4	用钢尺量
长度	+10 0		1	
桩轴线的弯曲矢高	≤1%桩长，且不大于20	全数		沿桩身拉线，用钢尺量
端部平面度	2			用直尺和塞尺量
端部平面与桩身中心线的倾斜	≤1%桩径，且不大于3	每批抽查20%	2	用垂线和钢尺量

沉桩允许偏差应符合表 3-63 的规定。

表 3-63　沉桩允许偏差

项　　目			允许偏差/mm	检验频率		检查方法
				范围	点数	
桩位	群桩	中间桩	≤$d/2$，且不大于250	每排桩	20%	用经纬仪测量
		外缘桩	$d/4$			
	排架桩	顺桥方向	40			
		垂直桥方向	50			
桩尖高程			不高于设计高程	每根桩	全数	用水准仪测量
斜桩倾斜度			±15%$\tan\theta$			用垂线和钢尺量尚未沉入部分
直桩垂直度			1%			

注：1. d 为装的直径或短边尺寸（mm）。

2. θ 为斜桩设计纵轴线与铅垂线间夹角（°）。

接桩焊缝外观质量应符合表 3-64 的规定。

表 3-64　接桩外观允许偏差

项　　目		允许偏差/mm	检验频率		检查方法
			范围	点数	
咬边深度(焊缝)		0.5	每条焊道	1	用焊缝量规、钢尺量
加强层高度(焊缝)		+3			
加强层宽度(焊缝)		0			
钢管桩上下节错台	公称直径≥700mm	3			用钢板尺和塞尺量
	公称直径＜700mm	2			

混凝土灌注桩允许偏差应符合表3-65的规定。

表3-65 混凝土灌注桩允许偏差

<table>
<tr><th colspan="2" rowspan="2">项目</th><th rowspan="2">允许偏差/mm</th><th colspan="2">检验频率</th><th rowspan="2">检查方法</th></tr>
<tr><th>范围</th><th>点数</th></tr>
<tr><td rowspan="2">桩位</td><td>群桩</td><td>100</td><td rowspan="6">每根桩</td><td>1</td><td rowspan="2">用全站仪检查</td></tr>
<tr><td>排架桩</td><td>50</td><td>1</td></tr>
<tr><td rowspan="2">沉渣厚度</td><td>摩擦桩</td><td>符合设计要求</td><td>1</td><td rowspan="2">沉淀盒或标准测锤，在灌注前记录</td></tr>
<tr><td>支承桩</td><td>不大于设计要求</td><td>1</td></tr>
<tr><td rowspan="2">垂直度</td><td>钻孔桩</td><td>≤1%桩长，且不大于500</td><td>1</td><td>用测壁仪或钻杆垂线和钢尺量</td></tr>
<tr><td>挖孔桩</td><td>≤0.5%桩长，且不大于200</td><td>1</td><td>用垂线和钢尺量</td></tr>
</table>

注：此表适用于钻孔和挖孔。

混凝土沉井制作允许偏差应符合表3-66的规定。

表3-66 混凝土沉井制作允许偏差

<table>
<tr><th colspan="2" rowspan="2">项目</th><th rowspan="2">允许偏差/mm</th><th colspan="2">检验频率</th><th rowspan="2">检查方法</th></tr>
<tr><th>范围</th><th>点数</th></tr>
<tr><td rowspan="2">沉井尺寸</td><td>长、宽</td><td>±0.5%边长，大于24m时±120</td><td rowspan="6">每座</td><td>2</td><td>用钢尺量长、宽各1点</td></tr>
<tr><td>半径</td><td>±0.5%半径，大于12m时±60</td><td>4</td><td>用钢尺量，每侧1点</td></tr>
<tr><td colspan="2">对角线长度差</td><td>1%理论值，且不大于80</td><td>2</td><td>用钢尺量，圆井量两个直径</td></tr>
<tr><td rowspan="2">井壁厚度</td><td>混凝土</td><td>+40
−30</td><td rowspan="2">4</td><td rowspan="2">用钢尺量，每侧1点</td></tr>
<tr><td>钢壳和钢筋混凝土</td><td>±15</td></tr>
<tr><td colspan="2">平整度</td><td>8</td><td>4</td><td>用2m直尺和塞尺量，每侧各1点</td></tr>
</table>

就地制作沉井下沉就位允许偏差应符合表3-67的规定。

表 3-67 就地制作沉井下沉就位允许偏差

项　　目	允许偏差/mm	检验频率		检查方法
		范围	点数	
底面、顶面中心位置	$H/50$	每座	4	用经纬仪测量纵横各 2 点
垂直度	$H/50$		4	用经纬仪测量
平面扭角	1°		2	经纬仪检验纵横、线交点

注：H 为沉井高度（mm）。

浮式沉井下沉就位允许偏差应符合表 3-68 的规定。

表 3-68 浮式沉井下沉就位允许偏差

项　　目	允许偏差/mm	检验频率		检查方法
		范围	点数	
底面、顶面中心位置	$H/50+250$	每座	4	用经纬仪测量纵横各 2 点
垂直度	$H/50$		4	用经纬仪测量
平面扭角	2°		2	经纬仪检验纵、轴线交点

注：H 为沉井高度（mm）。

地下连续墙允许偏差应符合表 3-69 的规定。

表 3-69 地下连接墙允许偏差

项　　目	允许偏差/mm	检验频率		检查方法
		范围	点数	
轴线位置	30	每单元段或每槽段	2	用经纬仪测量
外形尺寸	+30 0		1	用钢尺量一个断面
垂直度	5%墙高		1	用超声波测槽仪检测
顶面高程	±10		2	用水准仪测量
沉渣厚度	符合设计要求		1	用重锤或沉积物测定仪(沉淀盒)

混凝土承台允许偏差应符合表 3-70 的规定。

表 3-70 混凝土承台允许偏差

项目		允许偏差/mm	检验频率		检查方法
			范围	点数	
断面尺寸	长、宽	±20	每座	4	用钢尺量，长、宽各 2 点
承台厚度		0 +10		4	用钢尺量
顶面高程		±10		4	用水准仪测量测量四角
轴线偏移		15		4	用经纬仪测量，纵、横各 2 点
预埋件位置		10	每件	2	经纬仪放线，用钢尺量

3.3.5 支座、墩台、混凝土梁板

3.3.5.1 支座

支座安装允许偏差应符合表 3-71 的规定。

表 3-71 支座安装允许偏差

项目	允许偏差/mm	检验频率		检查方法
		范围	点数	
支座高程	±5	每个支座	1	用水准仪测量
支座偏位	3		2	用经纬仪、钢尺量

3.3.5.2 墩台

砌筑墩台允许偏差应符合表 3-72 的规定。

表 3-72 砌筑墩台允许偏差

项目		允许偏差/mm		检验频率		检查方法
		浆砌块石	浆砌料石、砌块	范围	点数	
墩台尺寸	长	+20 −10	+10 0	每个墩台身	3	用钢尺量 3 个断面
	厚	±10	+10 0		3	用钢尺量 3 个断面
顶面高程		±15	±10		4	用水准仪测量
轴线偏位		15	10		4	用经纬仪测量，纵、横各 2 点
墙面垂直度		≤0.5%H，且不大于 20	≤0.3%H，且不大于 15		4	用经纬仪测量或垂线和钢尺量
墙面平整度		30	10		4	用 2m 直尺，塞尺量
水平缝平直		—	10		4	用 10m 小线，钢尺量
墙面坡度		符合设计要求	符合设计要求		4	用坡度板量

注：H 为墩台高度（mm）。

现浇混凝土墩台允许偏差应符合表3-73的规定。

表3-73 现浇混凝土墩台允许偏差

项目		允许偏差/mm	检验频率		检查方法
			范围	点数	
墩台身尺寸	长	+15 0	每个墩台或每个节段	2	用钢尺量
	厚	+10 −8		4	用钢尺量，每侧上、下各1点
顶面高程		±10		4	用水准仪测量
轴线偏位		10		4	用经纬仪测量，纵、横各2点
墙面垂直度		≤0.25%H，且不大于25		2	用经纬仪测量或垂线和钢尺量
墙面平整度		8		4	用2m直尺和塞尺量
节段间错台		5		4	用钢尺和塞尺量
预埋件位置		5	每件	4	经纬仪放线，用钢尺量

注：H为墩台高度（mm）。

现浇混凝土柱允许偏差应符合表3-74的规定。

表3-74 现浇混凝土柱允许偏差

项目		允许偏差/mm	检验频率		检查方法
			范围	点数	
断面尺寸	长、宽（直径）	±5	每根柱	2	用钢尺量，长宽各1点，圆柱量2点
顶面高程		±10		1	用水准仪测量
垂直度		≤0.2%H，且不大于15		2	用经纬仪测量或垂线和钢尺量
轴线偏位		8		2	用经纬仪测量
平整度		5		2	用2m直尺和塞尺量
节段间错台		3		4	用钢板尺和塞尺量

注：H为柱度（mm）。

现浇混凝土挡土墙允许偏差应符合表3-75的规定。

表3-75 现浇混凝土挡墙允许偏差

项目		允许偏差/mm	检验频率		检查方法
			范围	点数	
墙身尺寸	长	±5	每10m墙长度	3	用钢尺量
	厚	±5		3	用钢尺量
顶面高程		±5		3	用水准仪测量
垂直度		0.15%H，且不大于10		3	用经纬仪测量或垂线和钢尺量
轴线偏位		10		1	用经纬仪测量
直顺度		10		1	用10m小线，钢尺量
平整度		8		3	用2m直尺和塞尺量

注：H为挡墙高度（mm）。

预制混凝土柱制作允许偏差应符合表3-76的规定。

表3-76 预制混凝土柱制作允许偏差

项目		允许偏差/mm	检验频率		检查方法
			范围	点数	
断面尺寸	长、宽（直径）	±5	每个柱	4	用钢尺量，厚、宽各2点（圆断面量直径）
高度		±10		2	用钢尺量
预应力筋孔道位置		10	每个孔道	1	
侧向弯曲		$H/750$	每个柱	1	沿构件全高拉线，用钢尺量
平整度		3		2	用2m直尺和塞尺量

注：H为柱高（mm）。

预制柱安装允许偏差应符合表3-77规定。

表 3-77 预制柱安装允许偏差

项　　目	允许偏差/mm	检验频率		检查方法
		范围	点数	
平面位置	10	每个柱	2	用经纬仪测量，纵、横向各1点
埋入基础深度	不小于设计要求		1	用钢尺量
相邻间距	±10		1	用钢尺量
垂直度	≤0.5%H，且不大于20		2	用经纬仪测量或用垂线和钢尺量，纵横向各1点
墩、柱顶高程	±10		1	用水准仪测量
节段间错台	3		4	用钢板尺和塞尺量

注：H为柱高（mm）。

现浇混凝土盖梁允许偏差应符合表 3-78 的规定。

表 3-78 现浇混凝土盖梁允许偏差

项　　目		允许偏差/mm	检验频率		检查方法
			范围	点数	
盖梁尺寸	长	+20 −10	每个柱	2	用钢尺量，两侧各1点
	宽	+10 0		3	用钢尺量，两端及中间各1点
	高	±5		3	
盖梁轴线偏位		8		4	用经纬仪测量，纵横各2点
盖梁顶面高程		0 −5		3	用水准仪测量，两端及中间各1点
平整度		5		2	用2m直尺和塞尺量
支座垫石预留位置		10	每个	4	用钢尺量，纵横各2点
预埋件位置	高程	±2	每件	1	用水准仪测量
	轴线	5		1	用经纬仪放线，用钢尺量

人行天桥钢墩柱制作允许偏差应符合表 3-79 的规定。

表 3-79 人行天桥钢墩柱制作允许偏差

项　目	允许偏差/mm	检验频率		检查方法
		范围	点数	
柱底面到柱顶支承面的距离	±5	每件	2	用钢尺量
柱身截面	±3			用钢尺量
柱身轴线与柱顶支承面垂直度	±5			用直角尺和钢尺量
柱顶支承面几何尺寸	±3			用钢尺量
柱身挠曲	≤H/1000，且不大于 10			沿全高拉线，用钢尺量
柱身接口错台	3			用钢板尺和塞尺量

注：H 为墩柱高度（mm）。

人行天桥钢墩柱安装允许偏差应符合表 3-80 的规定。

表 3-80 人行天桥钢墩柱安装允许偏差

项　目		允许偏差/mm	检验频率		检查方法
			范围	点数	
钢柱轴线对行、列定位轴线的偏位		5	每件	2	用经纬仪测量
柱基标高		+10 −5			用水准仪测量
挠曲矢高		≤H/1000 且不大于 10			沿全长拉线，用钢尺量
钢柱轴线的垂直度	H≤10m	10			用经纬仪测量或垂线和钢尺量
	H＞10m	≤H/100， 且不大于 25			

注：H 为墩柱高度（mm）。

3.3.5.3 混凝土梁板

整体浇筑钢筋混凝土梁、板允许偏差应符合表 3-81 的规定。

表 3-81　整体浇筑钢筋混凝土梁、板允许偏差

<table>
<tr><th colspan="2" rowspan="2">项　目</th><th rowspan="2">允许偏差/mm</th><th colspan="2">检验频率</th><th rowspan="2">检查方法</th></tr>
<tr><th>范围</th><th>点数</th></tr>
<tr><td colspan="2">轴线偏位</td><td>10</td><td rowspan="9">每跨</td><td>3</td><td>用经纬仪测量</td></tr>
<tr><td colspan="2">梁板顶面高程</td><td>±10</td><td>3～5</td><td>用水准仪测量</td></tr>
<tr><td rowspan="3">断面尺寸/mm</td><td>高</td><td>+5
−10</td><td rowspan="3">1～3 个断面</td><td rowspan="3">用钢尺量</td></tr>
<tr><td>宽</td><td>±30</td></tr>
<tr><td>顶、底、腹板厚</td><td>+10
0</td></tr>
<tr><td colspan="2">长度</td><td>+5
−10</td><td>2</td><td>用钢尺量</td></tr>
<tr><td colspan="2">横坡/%</td><td>±0.15</td><td>1～3</td><td>用水准仪测量</td></tr>
<tr><td colspan="2">平整度</td><td>8</td><td>顺桥向每侧面每 10m 测 1 点</td><td>用 2m 直尺和塞尺量</td></tr>
</table>

预制梁、板允许偏差应符合表 3-82 的规定。

表 3-82　预制梁、板允许偏差

<table>
<tr><th colspan="2" rowspan="2">项　目</th><th colspan="2">允许偏差/mm</th><th colspan="2">检验频率</th><th rowspan="2">检查方法</th></tr>
<tr><th>梁</th><th>板</th><th>范围</th><th>点数</th></tr>
<tr><td rowspan="3">断面尺寸</td><td>高</td><td>0
−10</td><td>0
−10</td><td rowspan="7">每个构件</td><td>5</td><td rowspan="3">用钢尺量，端部、L/4 处和中间各 1 点</td></tr>
<tr><td>宽</td><td>±5</td><td>—</td><td>5</td></tr>
<tr><td>顶、底、腹板厚</td><td>±5</td><td>±5</td><td>5</td></tr>
<tr><td colspan="2">长度</td><td>0
−10</td><td>0
−10</td><td>4</td><td>用钢尺量，两侧上、下各 1 点</td></tr>
<tr><td colspan="2">侧向弯曲</td><td>L/1000 且不大于 10</td><td>L/1000 且不大于 10</td><td>2</td><td>沿构件全长拉线，用钢尺量，左右各 1 点</td></tr>
<tr><td colspan="2">对角线长度差</td><td>15</td><td>15</td><td>1</td><td>用钢尺量</td></tr>
<tr><td colspan="2">平整度</td><td colspan="2">8</td><td>2</td><td>用 2m 直尺和塞尺量</td></tr>
</table>

注：L 构件长度（mm）。

架、板安装允许偏差应符合表 3-83 的规定。

表 3-83　梁、板安装允许偏差

<table>
<tr><th colspan="2" rowspan="2">项　目</th><th rowspan="2">允许偏差/mm</th><th colspan="2">检验频率</th><th rowspan="2">检查方法</th></tr>
<tr><th>范围</th><th>点数</th></tr>
<tr><td rowspan="2">平面位置</td><td>顺桥纵轴线方向</td><td>10</td><td rowspan="2">每个构件</td><td>1</td><td rowspan="2">用经纬仪测量</td></tr>
<tr><td>垂直桥纵轴线方向</td><td>5</td><td>1</td></tr>
<tr><td colspan="2">焊接横隔梁相对位置</td><td>10</td><td rowspan="2">每处</td><td>1</td><td rowspan="3">用钢尺量</td></tr>
<tr><td colspan="2">湿接横隔梁相对位置</td><td>20</td><td>1</td></tr>
<tr><td colspan="2">伸缩缝宽度</td><td>＋10
－5</td><td rowspan="3">每个构件</td><td>1</td></tr>
<tr><td rowspan="2">支座板</td><td>每块位置</td><td>5</td><td>2</td><td>用钢尺量，纵、横各 1 点</td></tr>
<tr><td>每块边缘高差</td><td>1</td><td>2</td><td>用钢尺量，纵、横各 1 点</td></tr>
<tr><td colspan="2">焊缝长度</td><td>不小于设计要求每处</td><td>每处</td><td>1</td><td>抽查焊缝的 10%</td></tr>
<tr><td colspan="2">相邻两构件支点处顶面高差</td><td>10</td><td rowspan="2">每个构件</td><td>2</td><td rowspan="2">用钢尺量</td></tr>
<tr><td colspan="2">块体拼装立缝宽度</td><td>＋10
－5</td><td>1</td></tr>
<tr><td colspan="2">垂直度</td><td>1.2%</td><td>每孔 2 片梁</td><td>2</td><td>用垂线和钢尺量</td></tr>
</table>

悬臂浇筑预应力混凝土梁允许偏差应符合表 3-84 的规定。

表 3-84　悬臂浇筑预应力混凝土梁允许偏差

<table>
<tr><th colspan="2" rowspan="2">项　目</th><th rowspan="2">允许偏差/mm</th><th colspan="2">检验频率</th><th rowspan="2">检查方法</th></tr>
<tr><th>范围</th><th>点数</th></tr>
<tr><td rowspan="2">轴线偏位</td><td>$L \leqslant 100$m</td><td>10</td><td rowspan="2">节段</td><td rowspan="2">2</td><td rowspan="2">用全站仪/经纬仪测量</td></tr>
<tr><td>$L > 100$m</td><td>$L/10000$</td></tr>
<tr><td rowspan="3">顶面高程</td><td>$L \leqslant 100$m</td><td>±20</td><td rowspan="3">节段</td><td rowspan="2">2</td><td rowspan="2">用水准仪测量</td></tr>
<tr><td>$L > 100$m</td><td>$\pm L/5000$</td></tr>
<tr><td>相邻节段高差</td><td>10</td><td>3～5</td><td>用钢尺量</td></tr>
<tr><td rowspan="3">断面尺寸</td><td>高</td><td>＋5
－10</td><td rowspan="3">节段</td><td rowspan="3">一个断面</td><td rowspan="3">用钢尺量</td></tr>
<tr><td>宽</td><td>±30</td></tr>
<tr><td>顶、底、腹板厚</td><td>＋10
0</td></tr>
</table>

续表

项目		允许偏差/mm	检验频率		检查方法
			范围	点数	
合龙后同跨对称点高程差	$L\leq100$m	20	每跨	5～7	用水准仪测量
	$L>100$m	$L/5000$			
横坡/%	±0.15		节段	1～2	用水准仪测量
平整度	8		检查竖直、水平两个方向，每侧面每10m梁长	1	用2m直尺和塞尺量

注：L为桥梁跨度（mm）。

预制梁段允许偏差应符合表3-85的规定。

表3-85　预制梁段允许偏差

项目		允许偏差/mm	检验频率		检查方法
			范围	点数	
断面尺寸	宽	0 −10	每段	5	用钢尺量，端部、1/4处和中间各1点
	高	±5		5	
	顶底腹板厚	±5		5	
长度		±20		4	用钢尺量，两侧上下各1点
横隔梁轴线		5		2	用经纬仪测量，两端各1点
侧向弯曲		$\leq L/1000$，且不大于10		2	沿梁段全长拉线，用钢尺量，左右各1点
平整度		8		2	用2m直尺和塞尺量

注：L为梁段长度（mm）。

悬臂拼装预应力混凝土梁允许偏差应符合表3-86的规定。

表3-86　悬臂拼装预应力混凝土梁允许偏差

项目		允许偏差/mm	检验频率		检查方法
			范围	点数	
轴线偏位	$L\leq100$m	10	节段	2	用全站仪/经纬仪测量
	$L>100$m	$L/10000$			

续表

项目		允许偏差/mm	检验频率		检查方法
			范围	点数	
顶面高程	$L\leqslant 100$m	±20	节段	2	用水准仪测量
	$L>100$m	$\pm L/5000$			
	相邻节段高差	10	节段	3～5	用钢尺量
合龙后同跨对称点高程差	$L\leqslant 100$m	20	每跨	5～7	用水准仪测量
	$L>100$m	$L/5000$			

注：L 为桥梁跨度（mm）。

顶推施工梁允许偏差应符合表 3-87 的规定。

表 3-87　顶推施工梁允许偏差

项目		允许偏差/mm	检验频率		检查方法
			范围	点数	
轴线偏位		10	节段	2	用经纬仪测量
落梁反力		不大于 1.1 设计反力		次	用千斤顶油压计算
支座顶面高程		±5		全数	用水准仪测量
支座高差	相邻纵向支点	5 或设计要求			
	固墩两侧支点	2 或设计要求			

3.3.6　结合梁、钢梁

3.3.6.1　结合梁

结合梁现浇混凝土结构允许偏差应符合表 3-88 的规定。

表 3-88　结合梁现浇混凝土结构允许偏差

项目	允许偏差/mm	检验频率		检查方法
		范围	点数	
长度	±15	每段每跨	3	用钢尺量，两侧和轴线
厚度	+10 0		3	用钢尺量，两侧和中间
高程	±20		1	用水准仪测量，每跨测 3～5 处
横坡/%	±0.15		1	用水准仪测量，每跨测 3～5 个断面

3.3.6.2　钢梁

焊缝的外观质量应符合表 3-89 的规定。

表 3-89　焊缝外观质量标准

项　　目	焊缝种类	质量标准/mm
气孔	横向对接焊缝	不允许
	纵向对接焊缝、主要角焊缝	直径小于 1.0，每米不多于 2 个，间距不小于 20
	其他焊缝	直径小于 1.5，每米不多于 3 个，间距不小于 20
咬边	受拉杆件横向对接焊缝及竖加劲肋角焊缝（腹板侧受拉区）	不允许
	受压杆件横向对接焊缝及竖加劲肋角焊缝（腹板侧受压区）	≤0.3
	纵向对接焊缝及主要角焊缝	≤0.5
	其他焊缝	≤1.0
焊脚余高	主要角焊缝	$^{+2.0}_{0}$
	其他角焊缝	$^{+2.0}_{-1.0}$
焊波	角焊缝	≤2.0（任意 25mm 范围内高低差）
余高	对接焊缝	≤3.0（焊缝宽 b≤12 时）
		≤4.0（12<b≤25 时）
		≤4b/25（b>25 时）
余高铲磨后表面	横向对接焊缝	不高于母材 0.5
		不低于母材 0.3
		粗糙度 R_a50

采用超声波探伤检验时，其内部质量分级应符合表 3-90 的规定。

表 3-90　焊缝超声波探伤内部质量等级

项　　目	质量等级	适用范围
对接焊缝	Ⅰ	主要杆件受拉横向对接焊缝
	Ⅱ	主要杆件受压横向对接焊缝、纵向对接焊缝
角焊缝	Ⅱ	主要角焊缝

焊缝超声波探伤范围和检验等级应符合表 3-91 规定。

表 3-91 焊缝超声波探伤范围和检验等级

<table>
<tr><th>项　目</th><th>探伤数量</th><th>探伤部位/mm</th><th>板厚/mm</th><th>检验等级</th></tr>
<tr><td rowspan="2">Ⅰ、Ⅱ级横向对接焊缝</td><td rowspan="6">全部焊缝</td><td rowspan="2">全长</td><td>10～45</td><td>B</td></tr>
<tr><td>>46～56</td><td>B(双面双侧)</td></tr>
<tr><td rowspan="2">Ⅱ级纵向对接焊缝</td><td rowspan="2">两端各 1000</td><td>10～45</td><td>B</td></tr>
<tr><td>>46～56</td><td>B(双面双侧)</td></tr>
<tr><td rowspan="2">Ⅱ级角焊缝</td><td rowspan="2">两端螺栓孔部位并延长 500，板梁主梁及纵、横梁跨中加探 1000</td><td>10～45</td><td>B</td></tr>
<tr><td>>46～56</td><td>B(双面双侧)</td></tr>
</table>

钢梁制作允许偏差应分别符合表 3-92～表 3-94 的规定。

表 3-92 钢板梁制作允许偏差

<table>
<tr><th rowspan="2" colspan="2">项　目</th><th rowspan="2">允许偏差/mm</th><th colspan="2">检验频率</th><th rowspan="2">检查方法</th></tr>
<tr><th>范围</th><th>点数</th></tr>
<tr><td rowspan="4">梁高 h</td><td>主梁梁高 $h \leqslant 2m$</td><td>±2</td><td rowspan="16">每件</td><td rowspan="4">4</td><td rowspan="4">用钢尺测量两端腹板处高度，每端 2 点</td></tr>
<tr><td>主梁梁高 $h > 2m$</td><td>±4</td></tr>
<tr><td>横梁</td><td>±1.5</td></tr>
<tr><td>纵梁</td><td>±1.0</td></tr>
<tr><td colspan="2">跨度</td><td>±8</td><td rowspan="4">2</td><td>测量两支座中心距</td></tr>
<tr><td colspan="2">全长</td><td>±15</td><td>用全站仪或钢尺测量</td></tr>
<tr><td colspan="2">纵梁长度</td><td>+0.5
−1.5</td><td rowspan="2">用钢尺量两端角铁背至背之间距离</td></tr>
<tr><td colspan="2">横梁长度</td><td>±1.5</td></tr>
<tr><td colspan="2">纵、横梁旁弯</td><td>3</td><td rowspan="4">1</td><td>梁立置时在腹板一侧主焊缝 100mm 处拉线测量</td></tr>
<tr><td rowspan="2">主梁拱度</td><td>不设拱度</td><td>+3
0</td><td rowspan="2">梁卧置时在下盖板外侧拉线测量</td></tr>
<tr><td>设拱度</td><td>+10
−3</td></tr>
<tr><td colspan="2">两片主梁拱度差</td><td>4</td><td>用水准仪测量</td></tr>
<tr><td colspan="2">主梁腹板平面度</td><td>≤h/350，且不大于 8</td><td rowspan="2">1</td><td rowspan="2">用钢板尺和塞尺量（h 为梁高）</td></tr>
<tr><td colspan="2">纵横梁腹板平面度</td><td>≤h/500，且不大于 5</td></tr>
<tr><td rowspan="2">主梁、纵横梁盖板对腹板的垂直度</td><td>有孔部位</td><td>0.5</td><td rowspan="2">5</td><td rowspan="2">用直角尺和钢尺量</td></tr>
<tr><td>其余部位</td><td>1.5</td></tr>
</table>

表 3-93　钢桁梁节段制作允许偏差

项　　目	允许偏差/mm	检验频率		检查方法
		范围	点数	
节段长度	±5	每节段	4～6	用钢尺量
节段高度	±2		4	
节段宽度	±3			
节间长度	±2	每节间	2	
对角线长度差	3			
桁片平面度	3	每节段	1	沿节段全长拉线，用钢尺量
挠度	±3			

表 3-94　钢箱形梁制作允许偏差

项　　目		允许偏差/mm	检验频率		检查方法
			范围	点数	
梁高 h	$h\leqslant 2$m	±2	每件	2	用钢尺量两端腹板处高度
	$h>2$m	±4			
跨度 L		$\pm(5+0.1L)$			用钢尺量两支座中心距，L 按 m 计
全长		±15			用全站仪或钢尺量
腹板中心距		±3			用钢尺量
盖板宽度 b		±4			用钢尺量
横断面对角线长度差		4			
旁弯		$3+0.1L$			沿全长拉线，用钢尺量，L 按 m 计
拱度		+10 −5			用水平仪或拉线用钢尺量
支点高度差		5			用水平仪或拉线用钢尺量
腹板平面度		$\leqslant h'/250$， 且不大于 8			用钢板尺和塞尺量
扭曲		每米≤1， 且每段≤10			置于平台，四角中三角接触平台，用钢尺量另一角与平台间隙

注：1. 分段分块制造的箱形梁拼接处，梁高及腹板中心距允许偏差按施工文件要求办理。

2. 箱形梁其余各项检查方法可参照板梁检查方法。

3. h'为盖板与加筋肋或加筋肋与加筋肋之间的距离。

钢梁安装允许偏差应符合表 3-95 的规定。

表 3-95　钢梁安装允许偏差

<table>
<tr><th colspan="2" rowspan="2">项　目</th><th rowspan="2">允许偏差/mm</th><th colspan="2">检验频率</th><th rowspan="2">检查方法</th></tr>
<tr><th>范围</th><th>点数</th></tr>
<tr><td rowspan="2">轴线偏位</td><td>钢梁中线</td><td>10</td><td rowspan="4">每件或每个安装段</td><td rowspan="2">2</td><td rowspan="2">用经纬仪测量</td></tr>
<tr><td>两孔相邻横梁中线相对偏差</td><td>5</td></tr>
<tr><td rowspan="2">梁底标高</td><td>墩台处梁底</td><td>±10</td><td rowspan="2">4</td><td rowspan="2">用水准仪测量</td></tr>
<tr><td>两孔相邻横梁相对高差</td><td>5</td></tr>
</table>

3.3.7　拱部与拱上结构

砌筑拱圈允许偏差应符合表 3-96 的规定。

表 3-96　砌筑拱圈允许偏差

<table>
<tr><th colspan="2" rowspan="2">检测项目</th><th rowspan="2">允许偏差/mm</th><th colspan="2">检验频率</th><th rowspan="2">检验方法</th></tr>
<tr><th>范围</th><th>点数</th></tr>
<tr><td rowspan="2">轴线与砌体外平面偏差</td><td>有镶面</td><td>+20
−10</td><td rowspan="7">每跨</td><td rowspan="3">5</td><td rowspan="2">用经纬仪测量，拱脚、拱顶、L/4 处</td></tr>
<tr><td>无镶面</td><td>+30
−10</td></tr>
<tr><td colspan="2">拱圈厚度</td><td>+3%设计厚度
0</td><td>用钢尺量，拱脚、拱顶、L/4 处</td></tr>
<tr><td rowspan="2">镶面石表面错台</td><td>粗料石、砌块</td><td>3</td><td rowspan="2">10</td><td rowspan="2">用钢板尺和塞尺量</td></tr>
<tr><td>块石</td><td>5</td></tr>
<tr><td rowspan="2">内弧线偏离设计弧线</td><td>L≤30m</td><td>20</td><td rowspan="2">5</td><td rowspan="2">用水准仪测量，拱脚、拱顶、L/4 处</td></tr>
<tr><td>L>30m</td><td>L/500</td></tr>
</table>

注：L 为跨径。

现浇混凝土拱圈允许偏差应符合表 3-97 的规定。

表 3-97　现浇混凝土拱圈允许偏差

项目		允许偏差/mm	检验频率		检验方法
			范围	点数	
轴线偏位	板拱	10	每跨每肋	5	用经纬仪测量，拱脚、拱顶、L/4 处
	肋拱	5			
内弧线偏离设计弧线	跨径 L≤30m	20			用水准仪测量，拱脚、拱顶、L/4 处
	跨径 L>30m	L/1500			
断面尺寸	高度	±5			用钢尺量，拱脚、拱顶、L/4 处
	顶、底、腹板厚	+10 0			
拱肋间距		±5			用钢尺量
拱宽	板拱	±20			用钢尺量，拱脚、拱顶、L/4 处
	肋拱	±10			

注：L 为跨径。

劲性骨架制作及安装允许偏差应符合表 3-98、表 3-99 的规定。

表 3-98　劲性骨架制作允许偏差

检查项目	允许偏差/mm	检验频率		检验方法
		范围	点数	
杆件截面尺寸	不小于设计要求	每段	2	用钢尺量两端
骨架高、宽	±10		5	用钢尺量两端、中间、L/4 处
内弧偏离设计弧线	10		3	用样板量两端、中间
每段的弧长	±10		2	用钢尺量两侧

表 3-99　劲性骨架安装允许偏差

检查项目		允许偏差/mm	检验频率		检验方法
			范围	点数	
轴线偏差		L/6000	每跨每肋	5	用经纬仪测量，每肋拱脚、拱顶、L/4 处
高程		±L/3000		3+各接头点	用水准仪测量，拱脚、拱顶及各接头点
对称点相对高差	允许	L/3000		各接头点	用水准仪测量
	极值	L/1500，且反向			

注：L 为跨径。

劲性骨架混凝土拱圈允许偏差应符合表3-100的规定。

表 3-100　劲性骨架混凝土拱圈允许偏差

<table>
<tr><th colspan="2" rowspan="2">检查项目</th><th colspan="2" rowspan="2">允许偏差/mm</th><th colspan="2">检查频率</th><th rowspan="2">检查方法</th></tr>
<tr><th>范围</th><th>点数</th></tr>
<tr><td colspan="2" rowspan="3">轴线偏位</td><td>$L\leqslant 60$m</td><td>10</td><td rowspan="7">每跨
每肋</td><td rowspan="7">5</td><td rowspan="3">用经纬仪测量,拱脚、拱顶、$L/4$处</td></tr>
<tr><td>$L=200$m</td><td>50</td></tr>
<tr><td>$L>200$m</td><td>$L/4000$</td></tr>
<tr><td colspan="2">高程</td><td colspan="2">$\pm L/3000$</td><td rowspan="3">用水准仪测量,拱脚、拱顶、$L/4$处</td></tr>
<tr><td rowspan="2">对称点
相对高差</td><td>允许</td><td colspan="2">$L/3000$</td></tr>
<tr><td>极值</td><td colspan="2">$L/1500$,且反向</td></tr>
<tr><td colspan="2">断面尺寸</td><td colspan="2">±10</td><td>用钢尺量拱脚、拱顶、$L/4$处</td></tr>
</table>

注：1. L为跨径。

2. L在60～200m之间时，轴线位移允许偏差内插。

预制拱圈质量检验允许偏差应符合表3-101的规定。

表 3-101　预制拱圈质量检验允许偏差

<table>
<tr><th colspan="2" rowspan="2">检查项目</th><th colspan="2" rowspan="2">规定值或
允许偏差/mm</th><th colspan="2">检验频率</th><th rowspan="2">检验方法</th></tr>
<tr><th>范围</th><th>点数</th></tr>
<tr><td colspan="2">混凝土抗压强度</td><td colspan="2">符合设计要求</td><td rowspan="11">每肋
每片</td><td colspan="2">按现行国家标准《混凝土强度检验评定标准》(GB/T 50107—2010)</td></tr>
<tr><td colspan="2">每段拱箱内弧长</td><td colspan="2">0,−10</td><td>1</td><td>用钢尺量</td></tr>
<tr><td colspan="2">内弧偏离设计弧线</td><td colspan="2">±5</td><td>1</td><td>用样板检查</td></tr>
<tr><td rowspan="2">断面
尺寸</td><td>顶底腹板厚</td><td colspan="2">+10,0</td><td>2</td><td rowspan="2">用钢尺量</td></tr>
<tr><td>宽度及高度</td><td colspan="2">+10,−5</td><td>2</td></tr>
<tr><td rowspan="2">轴线
偏位</td><td>肋拱</td><td colspan="2">5</td><td>3</td><td rowspan="2">用经纬仪测量</td></tr>
<tr><td>箱拱</td><td colspan="2">10</td><td>3</td></tr>
<tr><td colspan="2">拱箱接头尺寸及倾角</td><td colspan="2">±5</td><td>1</td><td>用钢尺量</td></tr>
<tr><td colspan="2" rowspan="2">预埋件
位置</td><td>肋拱</td><td>5</td><td>1</td><td rowspan="2">用钢尺量</td></tr>
<tr><td>箱拱</td><td>10</td><td>1</td></tr>
</table>

悬臂拼装的桁架拱允许偏差应符合表 3-102 的规定。

表 3-102 悬臂拼装的桁架拱允许偏差

<table>
<tr><th colspan="2" rowspan="2">检查项目</th><th colspan="2" rowspan="2">允许偏差/mm</th><th colspan="2">检查频率</th><th rowspan="2">检验方法</th></tr>
<tr><th>范围</th><th>点数</th></tr>
<tr><td colspan="2" rowspan="2">轴线偏位</td><td>$L \leqslant 60\mathrm{m}$</td><td>10</td><td rowspan="9">每跨每肋每片</td><td rowspan="2">5</td><td rowspan="2">用经纬仪测量，拱脚、拱顶、$L/4$处</td></tr>
<tr><td>$L > 60\mathrm{m}$</td><td>$L/6000$</td></tr>
<tr><td colspan="2" rowspan="2">高程</td><td>$L \leqslant 60\mathrm{m}$</td><td>±20</td><td rowspan="2">5</td><td rowspan="2">用水准仪测量，拱脚、拱顶、$L/4$处</td></tr>
<tr><td>$L > 60\mathrm{m}$</td><td>$\pm L/3000$</td></tr>
<tr><td colspan="2">相邻拱片高差</td><td colspan="2">15</td><td rowspan="4">5</td><td rowspan="4">用水准仪测量，拱脚、拱顶、$L/4$处</td></tr>
<tr><td rowspan="3">对称点相对高差</td><td rowspan="2">允许</td><td>$L \leqslant 60\mathrm{m}$</td><td>20</td></tr>
<tr><td>$L > 60\mathrm{m}$</td><td>$L/3000$</td></tr>
<tr><td>极值</td><td colspan="2">允许偏差的2倍，且反向</td></tr>
<tr><td colspan="2">拱片竖向垂直度</td><td colspan="2">≤1/300 高度，且不大于 20</td><td>2</td><td>用经纬仪测量或垂线和钢尺量</td></tr>
</table>

注：L 为跨径。

腹拱安装允许偏差应符合表 3-103 的规定。

表 3-103 腹拱安装允许偏差

<table>
<tr><th rowspan="2">检测项目</th><th rowspan="2">允许偏差/mm</th><th colspan="2">检验频率</th><th rowspan="2">检验方法</th></tr>
<tr><th>范围</th><th>点数</th></tr>
<tr><td>轴线偏位</td><td>10</td><td rowspan="3">每跨每肋</td><td>2</td><td>用经纬仪测量拱脚</td></tr>
<tr><td>拱顶高程</td><td>±20</td><td>2</td><td>用水准仪测量</td></tr>
<tr><td>相邻块件高差</td><td>5</td><td>3</td><td>用钢尺量</td></tr>
</table>

拱圈安装允许偏差应符合表 3-104 的规定。

表 3-104　拱圈安装允许偏差

<table>
<tr><th colspan="2" rowspan="2">检查项目</th><th colspan="2" rowspan="2">允许偏差/mm</th><th colspan="2">检验频率</th><th rowspan="2">检验方法</th></tr>
<tr><th>范围</th><th>点数</th></tr>
<tr><td colspan="2" rowspan="2">轴线偏位</td><td>$L\leqslant 60$m</td><td>10</td><td rowspan="4">每跨
每肋</td><td rowspan="4">5</td><td rowspan="2">用经纬仪测量，拱脚、拱顶、$L/4$ 处</td></tr>
<tr><td>$L>60$m</td><td>$L/6000$</td></tr>
<tr><td colspan="2" rowspan="2">高程</td><td>$L\leqslant 60$m</td><td>±20</td><td rowspan="2">用水准仪测量，拱脚、拱顶、$L/4$ 处</td></tr>
<tr><td>$L>60$m</td><td>$\pm L/3000$</td></tr>
<tr><td rowspan="3">对称点
相对高差</td><td rowspan="2">允许</td><td>$L\leqslant 60$m</td><td>20</td><td rowspan="2">每段、每
个接头</td><td rowspan="2">1</td><td rowspan="2">用水准仪测量</td></tr>
<tr><td>$L>60$m</td><td>$L/3000$</td></tr>
<tr><td>极值</td><td colspan="2">允许偏差的
2 倍，且反向</td><td></td><td></td><td></td></tr>
<tr><td colspan="2" rowspan="2">各拱肋相对高差</td><td>$L\leqslant 60$m</td><td>20</td><td rowspan="3">各肋</td><td rowspan="3">5</td><td rowspan="2">用水准仪测量，拱脚、拱顶、$L/4$ 处</td></tr>
<tr><td>$L>60$m</td><td>$L/3000$</td></tr>
<tr><td colspan="2">拱肋间距</td><td colspan="2">±10</td><td>用钢尺量，拱脚、拱顶、$L/4$ 处</td></tr>
</table>

注：L 为跨径。

吊杆的制作与安装允许偏差应符合表 3-105 的规定。

表 3-105　吊杆的制作与安装允许偏差

<table>
<tr><th colspan="2" rowspan="2">检查项目</th><th rowspan="2">允许偏差/mm</th><th colspan="2">检验频率</th><th rowspan="2">检查方法</th></tr>
<tr><th>范围</th><th>数量</th></tr>
<tr><td colspan="2">吊杆长度</td><td>$\pm l/1000$，且±10</td><td rowspan="6">每吊
杆每
吊点</td><td>1</td><td>用钢尺量</td></tr>
<tr><td rowspan="2">吊杆
拉力</td><td>允许</td><td>应符合设计要求</td><td rowspan="2">1</td><td rowspan="2">用测力仪(器)检查每吊杆</td></tr>
<tr><td>极值</td><td>下承式拱吊杆拉力偏差 20%</td></tr>
<tr><td colspan="2">吊点位置</td><td>10</td><td>1</td><td>用经纬仪测量</td></tr>
<tr><td rowspan="2">吊点
高程</td><td>高程</td><td>±10</td><td rowspan="2">1</td><td rowspan="2">用水准仪测量</td></tr>
<tr><td>两侧高差</td><td>20</td></tr>
</table>

注：l 为吊杆长度。

钢管拱肋制作与安装允许偏差应符合表 3-106 的规定。

表 3-106 钢管拱肋制作与安装允许偏差

检查项目		允许偏差/mm	检查频率		检查方法
			范围	点数	
钢管直径		±D/500,且±5	每跨每肋每段	3	用钢尺量
钢管中距		±5		3	用钢尺量
内弧偏离设计弧线		8		3	用样板量
拱肋内弧长		0 −10		1	用钢尺分段量
节段端部平面度		3		1	拉线、用塞尺量
竖杆节间长度		±2	每跨每肋每段	1	用钢尺量
轴线偏位		L/6000		5	用经纬仪测量,端、中、L/4 处
高程		±L/3000		5	用水准仪测量,端、中、L/4 处
对称点相对高差	允许	L/3000		1	用水准仪测量各接头点
	极值	L/1500,且反向			
拱肋接缝错边		≤0.2 壁厚, 且不大于 2	每个	2	用钢板尺和塞尺量

注:1. D 为钢骨直径(mm)。

2. L 为跨径。

钢管混凝土拱肋允许偏差应符合表 3-107 的规定。

表 3-107 钢管混凝土拱肋允许偏差

检查项目		允许偏差/mm	检验频率		检验方法
			范围	点数	
轴线偏位	L≤60m	10	每跨每肋	5	用经纬仪测量,拱脚、拱顶、L/4 处
	L=200m	50			
	L>200m	L/4000			
高程		±L/3000		5	用水准仪测量,拱脚、拱顶、L/4 处
对称点相对高差	允许	L/3000		1	用水准仪测量各接头点
	极值	L/1500,且反向			

注:L 为跨径。

柔性系杆张拉应力和伸长率应符合表3-108的规定。转体施工拱允许偏差应符合表3-109的规定。

表3-108　柔性系杆张拉应力和伸长率

检查项目	规定值	检验频率		检查方法
		范围	数量	
张拉应力/MPa	符合设计要求	每根	1	查油压表读数
张拉伸长率/%	符合设计规定		1	用钢尺量

表3-109　转体施工拱允许偏差

检查项目	允许偏差/mm	检验频率		检查方法
		范围	数量	
轴线偏位	$L/6000$	每跨每肋	5	用经纬仪测量，拱脚、拱顶、$L/4$处
拱顶高程	±20		2～4	用水准仪测量
同一横截面两侧或相邻上部构件高差	10		5	用水准仪测量

注：L为跨径。

3.3.8　桥面系

桥面泄水口位置允许偏差应符合表3-110的规定。

表3-110　桥面泄水口位置允许偏差

项　目	允许偏差/mm	检验频率		检查方法
		范围	点数	
高程	0 −10	每孔	1	用水准仪测量
厚度	±100		1	用钢尺量

混凝土桥面防水层粘接质量和施工允许偏差应符合表3-111的规定。

表 3-111 混凝土桥面防水层粘接质量和施工允许偏差

项目	允许偏差/mm	检验频率		检验方法
		范围	点数	
卷材接茬搭接宽度	不小于规定	每 20 延米	1	用钢尺量
防水涂膜厚度	符合设计要求;设计未规定时±0.1	每 200m²	4	用测厚仪检测
粘接强度/MPa	不小于设计要求,且≥0.3(常温),≥0.2(气温≥35℃)	每 200m²	4	拉拔仪(拉拔速度:10mm/min)
抗剪强度/MPa	不小于设计要求,且≥0.4(常温),≥0.3(气温≥35℃)	1组	3个	剪切仪(剪切速度:10mm/min)
剥离强度/(N/mm)	不小于设计要求,且≥0.3(常温),≥0.2(气温≥35℃)	1组	3个	90°剥离仪(剪切速度:100mm/min)

钢桥面防水粘接层质量应符合表 3-112 的规定。

表 3-112 钢桥面防水粘接层质量

项目	允许偏差/mm	检验频率		检验方法
		范围	点数	
钢桥面清洁度	符合设计要求	全部		GB 8923 规定标准图片对照检查
粘接层厚度	符合设计要求	每洒布段	6	用测厚仪检测
粘接层与基层结合力/MPa	不小于设计要求	每洒布段	6	用拉拔仪检测
防水层总厚度	不小于设计要求	每洒布段	6	用测厚仪检测

桥面铺装面层允许偏差应符合表 3-113～表 3-115 的规定。

表 3-113 水泥混凝土桥面铺装面层允许偏差

项目	允许偏差	检验频率		检验方法
		范围	点数	
厚度	±5mm	每 20 延米	3	用水准仪对比浇筑前后标高
横坡	±0.15%		1	用水准仪测量 1 个断面
平整度	符合城市道路面层标准	按城市道路工程检测规定执行		
抗滑构造深度	符合设计要求	每 200m	3	铺砂法

注：跨度小于 20m 时，检验频率按 20m 计算。

表 3-114　沥青混凝土桥面铺装面层允许偏差

项　目	允许偏差/mm	检验频率		检验方法
		范围	点数	
厚度	±5mm	每 20 延米	3	
横坡	±0.3%		1	
平整度	符合道路面层标准	按城市道路工程检测规定执行		
抗滑构造深度	符合设计要求	每 200m	3	铺砂法

注：跨度小于 20m 时，检验频率按 20m 计算。

表 3-115　人行天桥塑胶桥面铺装面层允许偏差

项　目	允许偏差	检验频率		检验方法
		范围	点数	
厚度	不小于设计要求	每铺装段、每次拌合料量	1	取样法
平整度	±3mm	每 20m²	1	用 3m 直尺、塞尺检查
坡度	符合设计要求	每铺装段	3	用水准仪测量主梁纵轴高程

伸缩装置安装允许偏差应符合表 3-116 的规定。

表 3-116　伸缩装置安装允许偏差

项　目	允许偏差/mm	检验频率		检验方法
		范围	点数	
顺桥平整度	符合道路标准	每条缝		按道路检验标准检测
相邻板差	2		每车道 1 点	用钢板尺和塞尺量
缝宽	符合设计要求			用钢尺量，任意选点
与桥面高差	2			用钢板尺和塞尺量
长度	符合设计要求		2	用钢尺量

预制地袱、挂板、缘石允许偏差应符合表 3-117 的规定。

表 3-117 预制地袱、挂板、缘石允许偏差

项目		允许偏差/mm	检验频率		检验方法
			范围	点数	
断面尺寸	宽	±3	每件(抽查10%,且不少于5件)	1	用钢尺量
	高			1	
长度		0 −10		1	用钢尺量
侧向弯曲		L/750		1	沿构件全长拉线用钢尺景(L为构件长度)

安装允许偏差应符合表 3-118 的规定。

表 3-118 地袱、缘石、挂板安装允许偏差

项目	允许偏差/mm	检验频率		检验方法
		范围	点数	
直顺度	5	每跨侧	1	用10m线和钢尺量
相邻板块高差	3	每接缝(抽查10%)	1	用钢板尺和塞尺量

注：两个伸缩缝之间的为一个验收批。

预制混凝土栏杆允许偏差应符合表 3-119 的规定。

表 3-119 预制混凝土栏杆允许偏差

项目		允许偏差/mm	检验频率		检验方法
			范围	点数	
断面尺寸	宽	±4	每件(抽查10%,且不少于5件)	1	用钢尺量
	高			1	
长度		0 −10		1	用钢尺量
侧向弯曲		L/750		1	沿构件全长拉线,用钢尺量(L为构件长度)

栏杆安装允许偏差应符合表 3-120 的规定。

表 3-120 栏杆安装允许偏差

项目		允许偏差/mm	检验频率		检验方法
			范围	点数	
直顺度	扶手	4	每跨侧	1	用10m线和钢尺量
垂直度	栏杆柱	3	每柱(抽查10%)	2	用垂线和钢尺量,顺、横桥轴方向各1点
栏杆间距		±3	每柱(抽查10%)	1	用钢尺量
相邻栏杆扶手高差	有柱	4	每处(抽查10%)		
	无柱	2			
栏杆平面偏位		4	每30m	1	用经纬仪和钢尺量

注：现场浇筑的栏杆、扶手和钢结构栏杆、扶手的允许偏差可按本表执行。

防撞护栏、防撞墩、隔离墩允许偏差应符合表3-121的规定。

表 3-121 防撞护栏、防撞墩、隔离墩允许偏差

项目	允许偏差/mm	检验频率		检验方法
		范围	点数	
直顺度	5	每20m	1	用20m线和钢尺量
平面偏位	4	每20m	1	经纬仪放线,用钢尺量
预埋件位置	5	每件	2	经纬仪放线,用钢尺量
断面尺寸	±5	每20m	1	用钢尺量
相邻高差	3	抽查20%	1	用钢板尺和钢尺量
顶面高程	±10	每20m	1	用水准仪测量

防护网安装允许偏差应符合表3-122的规定。人行道铺装允许偏差应符合表3-123的规定。

表 3-122 防护网安装允许偏差

项目	允许偏差/mm	检验频率		检验方法
		范围	点数	
防护网直顺度	5	每10m	1	用10m线和钢尺量
立柱垂直度	5	每柱(抽查20%)	2	用垂线和钢尺量,顺、横桥轴方向各1点
立柱中距	±10	每处(抽查20%)	1	用钢尺量
高度	±5			

表 3-123　人行道铺装允许偏差

项　　目	允许偏差/mm	检验频率		检验方法
		范围	点数	
人行道边缘平面偏位	5	每 20m 一个断面	2	用 20m 线和钢尺量
纵向高程	+10 0		2	用水准仪测量
接缝两侧高差	2		2	
横坡	±0.3%		3	
平整度	5		3	用 3m 直尺、塞尺量

3.3.9　斜拉桥

混凝土斜拉桥墩顶梁段允许偏差应符合表 3-124 的规定。

表 3-124　混凝土斜拉桥墩顶梁段允许偏差

检测项目		允许偏差/mm	检验频率		检验方法
			范围	点数	
轴线偏位		跨径/10000	每段	2	用经纬仪或全站仪测量，纵桥向 2 点
顶面高程		±20		1	用水准仪测量
断面尺寸	高度	+5，-10		2	用钢尺量，2 个断面
	顶宽	±30			
	底宽或肋间宽	±20			
	顶、底、腹板厚或肋宽	+10 0			
横坡/%		0.15		3	用水准仪测量，3 个断面
平整度		8		—	用 2m 直尺和塞尺量，检查竖直、水平两个方向，每侧面每 10m 梁长测 1 处
预埋件位置		5	每件	2	经纬仪放线，用钢尺量

现浇混凝土索塔允许偏差应符合表 3-125 的规定。

表 3-125 现浇混凝土索塔允许偏差

项目	允许偏差/mm	检验频率		检验方法
		范围	点数	
地面处轴线偏位	10	每对索距	2	用经纬仪测量，纵、横各 1 点
垂直度	$\leqslant H/3000$，且不大于 30 或设计要求		2	用经纬仪、钢尺量测，纵、横各 1 点
断面尺寸	±20		2	用钢尺量，纵、横各 1 点
塔柱壁厚	±5		1	用钢尺量，每段每侧面 1 处
拉索锚固点高程	±10	每索	1	用水准仪测量
索管轴线偏位	10，且两端同向		1	用经纬仪测量
横梁断面尺寸	±10	每根横梁	5	用钢尺量，端部、$L/2$ 和 $L/4$ 各 1 点
横梁顶面高程	±10		4	用水准仪测量
横梁轴线偏位	10		5	用经纬仪、钢尺测量
横梁壁厚	±5		1	用钢尺量，每侧面 1 处（检查 3～5 个断面，取最大值）
预埋件位置	5		2	用钢尺量
分段浇筑时，接缝错台	5	每侧面，每接缝	1	用钢板尺和塞尺量

注：H 为塔高；L 为横梁长度。

悬臂浇筑混凝土主梁允许偏差应符合表 3-126 的规定。

悬臂拼装混凝土主梁允许偏差应符合表 3-127 的规定。

钢箱梁段制作允许偏差应符合表 3-128 的规定。

表 3-126 悬臂浇筑混凝土主梁允许偏差

检测项目		允许偏差/mm	检验频率		检验方法
			范围	点数	
轴线偏位	$L \leqslant 200m$	10	每段	2	用经纬仪测量
	$L > 200m$	$L/20000$			
断面尺寸	宽度	+5 −8		3	用钢尺量端部和 $L/2$ 处
	高度	+5 −8		3	用钢尺量端部和 $L/2$ 处
	壁厚	+5 0		4	用钢尺量前端
长度		±10		4	用钢尺量顶板和底板两侧
节段高差		5		3	用钢尺量底板两侧和中间
预应力筋轴线偏位		10	每个每道	1	用钢尺量
拉索索力		符合设计和施工控制要求	每索	1	用测力计测量
索管轴线偏位		10	每索	1	用经纬仪测量
横坡/%		±0.15	每段	1	用水准仪测量
平整度		8	每段	1	用2m直尺和塞尺量，竖直、水平两个方向，每侧每10m梁长测1点
预埋件位置		5	每件	2	经纬仪放线，用钢尺量

注：L 为节段长度。

表 3-127 悬臂拼装混凝土主梁允许偏差

检测项目	允许偏差/mm	检验频率		检验方法
		范围	点数	
轴线偏位	10	每段	2	用经纬仪测量
节段高差	5		3	用钢尺量底板，两侧和中间
预应力筋轴线偏位	10	每个管道	1	用钢尺量
拉索索力	符合设计和施工控制要求	每索	1	用测力计
索管轴线偏位	10	每索	1	用经纬仪测量

表 3-128　钢箱梁段制作允许偏差

项目		允许偏差/mm	检验频率		检验方法
			范围	点数	
梁段长		±2	每段每索	3	用钢尺量,中心线及两侧
梁段桥面板四角高差		4		4	用水准仪测量
风嘴直线度偏差		$L/2000$,且≤6		2	拉线、用钢尺量检查各风嘴边缘
端口尺寸	宽度	±4		2	用钢尺量两端
	中心高	±2		2	用钢尺量两端
	边高	±3		4	用钢尺量两端
	横断面对角线长度差	≤4		2	用钢尺量两端
锚箱	锚点坐标	±4		6	用经纬仪、垂球量测
	斜拉索轴线角度/(°)	0.5		2	用经纬仪、垂球量测
梁段匹配性	纵桥向中心线偏差	1		2	用钢尺量
	顶、底、腹板对接间隙	+3 -1		2	用钢尺量
	顶、底、腹板对接错台	2		2	用钢板尺和塞尺量

注：L 为梁段长度。

钢箱梁悬臂拼装允许偏差应符合表 3-129 的规定。

表 3-129　钢箱梁悬臂拼装允许偏差

项目		允许偏差/mm		检验频率		检验方法
				范围	点数	
轴线偏位		$L\geqslant200$m	10	每段	2	用经纬仪测量
		$L>200$m	$L/20000$			
拉索索力		符合设计和施工控制要求		每索	1	用测力计
梁锚固点高程或梁顶高程	梁段	满足施工控制要求		每段	1	用水准仪测量每个锚固点或梁段两端中点
	合龙段	$L\leqslant200$m	±20			
		$L>200$m	$\pm L/10000$			
梁顶水平度		20			4	用水准仪测量梁顶四角
相邻节段匹配高差		2			1	用钢尺量

注：L 为跨度。

钢箱梁在支架上安装允许偏差应符合表 3-130 的规定。

表 3-130 钢箱梁在支架上安装允许偏差

项目	允许偏差/mm	检验频率		检验方法
		范围	点数	
轴线偏位	10	每段	2	用经纬仪测量
梁段的纵向位置	10		1	用经纬仪测量
梁顶高程	±10		2	水准仪测量梁段两端中点
梁顶水平度	10		4	用水准仪测量梁顶四角
相邻节段匹配高差	2		1	用钢尺量

工字钢梁段制作允许偏差应符合表 3-131 的规定。

表 3-131 工字钢梁段制作允许偏差

检测项目		允许偏差/mm	检验频率		检验方法
			范围	点数	
梁高	主梁	±2	每段每索	2	用钢尺量
	横梁	±1.5			
梁长	主梁	±3		3	用钢尺量，每节段两侧和中间
	横梁	±1.5		3	用钢尺量
梁宽	主梁	±1.5		2	用钢尺量
	横梁	±1.5			
梁腹板平面度	主梁	$h/350$，且不大于 8		3	用 2m 直尺、塞尺量
	横梁	$h/500$，且不大于 5			
锚箱	锚点坐标	±4		6	用经纬仪、垂球量测
	斜拉索轴线角度/(°)	0.5		2	用经纬仪、垂球量测
梁段顶、底、腹板对接错台		2		2	用钢板尺和塞尺量

注：h 为梁高。

工字梁悬臂拼装允许偏差应符合表3-132的规定。

表3-132 工字梁悬臂拼装允许偏差

检测项目		允许偏差/mm	检验频率		检验方法
			范围	点数	
轴线偏位	$L\leqslant200\text{m}$	10	每段每索	2	用经纬仪测量
	$L>200\text{m}$	$L/20000$			
拉索索力		符合设计要求		1	用测力计
锚固点高程或梁顶高程	梁段	满足施工控制要求		1	用水准仪测量每个锚固点或梁段两端中点
	两主梁高差	10			

注：L为分段长度。

平行钢丝斜拉索制作与防护允许偏差应符合表3-133的规定。

表3-133 平行钢丝斜拉索制作与防护允许偏差

检测项目		允许偏差/mm	检验频率		检验方法
			范围	点数	
斜拉索长度	$\leqslant100\text{m}$	±20	每根每件每孔	1	用钢尺量
	$>100\text{m}$	±1/5000索长			
PE防护厚度		+10，−0.5		1	用钢尺量或测厚仪检测
锚板孔眼直径D		$d<D<1.1d$		1	用量规检测
镦头尺寸		镦头直径$\geqslant1.4d$，镦头高度$\geqslant d$		10	用游标卡尺检测，每种规格检查10个
锚具附近密封处理		符合设计要求		1	观察

注：d为钢丝直径。

结合梁混凝土板允许偏差应符合表3-134的规定。

表 3-134　结合梁混凝土板允许偏差

项目		允许偏差/mm	检验频率		检验方法
			范围	点数	
混凝土板断面尺寸	宽度	±15	每段每索	3	用钢尺量端部和 $L/2$ 处
	厚度	+10 0		3	用钢尺量前端，两侧和中间
拉索索力		符合设计和施工控制要求		1	用测力计
高程	$L\leqslant200$m	±20		1	用水准仪测量，每跨测 5～15 处，取最大值
	$L>200$m	$\pm L/10000$			
横坡/%		±0.15		1	用水准仪测量，每跨测 3～8 个断面，取最大值

注：L 为分段长度。

3.3.10　悬索桥

预应力锚固系统制作允许偏差应符合表 3-135 的规定。

表 3-135　预应力锚固系统制作允许偏差

检测项目		允许偏差/mm	检验频率		检验方法
			范围	点数	
连接器	拉杆孔至锚固孔中心距	±10	每件	1	游标卡尺
	主要孔径	+1.0 0		1	游标卡尺
	孔轴线与顶、地面垂直度/(″)	0.3		2	量具
	底面平面度	0.08		1	量具
	拉杆孔顶、底面平行度	0.15		2	量具
拉杆同轴度		0.04		1	量具

刚架锚固系统制作允许偏差应符合表 3-136 的规定。

表 3-136 刚架锚固系统制作允许偏差

检测项目	允许偏差/mm	检验频率		检验方法
		范围	点数	
刚架杆件长度	±2	每件	1	用钢尺量
刚架杆件中心距	±2		1	用钢尺量
锚杆长度	±3		1	用钢尺量
锚梁长度	±3		1	用钢尺量
连接	符合设计要求		30%	超声波或测力扳手

预应力锚固系统安装允许偏差应符合表 3-137 的规定。

表 3-137 预应力锚固系统安装允许偏差

检测项目	允许偏差/mm	检验频率		检验方法
		范围	点数	
前锚面孔道中心坐标偏差	±10	每件	1	用全站仪测量
前锚面孔道角度/(°)	±0.2		1	用经纬仪或全站仪测量
拉杆轴线偏位	5		2	用经纬仪或全站仪测量
连接器轴线偏位	5		2	用经纬仪或全站仪测量

刚架锚固系统安装允许偏差应符合表 3-138 的规定。

表 3-138 刚架锚固系统安装允许偏差

项目		允许偏差/mm	检验频率		检验方法
			范围	点数	
刚架中心线偏差		10	每件	2	用经纬仪测量
刚架安装锚杆之平联高差		+5 -2		1	用水准仪测量
锚杆偏位	纵	10		2	用经纬仪测量
	横	5			
锚固点高程		±5		1	用水准仪测量
后锚梁偏位		5		2	用经纬仪测量
后锚梁高程		±5		2	用水准仪测量

锚碇结构允许偏差应符合表 3-139 的规定。

表 3-139　锚碇结构允许偏差

<table>
<tr><th colspan="2" rowspan="2">项　目</th><th rowspan="2">允许偏差
/mm</th><th colspan="2">检验频率</th><th rowspan="2">检验方法</th></tr>
<tr><th>范围</th><th>点数</th></tr>
<tr><td rowspan="2">轴线偏位</td><td>基础</td><td>20</td><td rowspan="7">每座</td><td rowspan="2">4</td><td rowspan="2">用经纬仪或全站仪测量</td></tr>
<tr><td>槽口</td><td>10</td></tr>
<tr><td>断面尺寸</td><td colspan="2">±30</td><td>4</td><td>用钢尺量</td></tr>
<tr><td rowspan="2">基础底面高程</td><td>土质</td><td>±50</td><td rowspan="3">10</td><td rowspan="3">用水准仪测量</td></tr>
<tr><td>石质</td><td>+50
−200</td></tr>
<tr><td colspan="2">基础顶面高程</td><td>±20</td></tr>
<tr><td colspan="2">大面积平整度</td><td>5</td><td>1</td><td>用 2m 直尺和塞尺量，
每 $20m^2$ 测一处</td></tr>
<tr><td colspan="2">预埋件位置</td><td>符合设计规定</td><td>每件</td><td>2</td><td>经纬仪放线,用钢尺量</td></tr>
</table>

散索鞍、主索鞍安装允许偏差应符合表 3-140、表 3-141 的规定。

表 3-140　散索鞍安装允许偏差

<table>
<tr><th rowspan="2">检测项目</th><th rowspan="2">允许偏差
/mm</th><th colspan="2">检验频率</th><th rowspan="2">检验方法</th></tr>
<tr><th>范围</th><th>点数</th></tr>
<tr><td>底板轴线纵横向偏差</td><td>5</td><td rowspan="5">每件</td><td>1</td><td>用经纬仪或全站仪测量</td></tr>
<tr><td>底板中心高程</td><td>±5</td><td>1</td><td>用水准仪测量</td></tr>
<tr><td>底板扭转</td><td>2</td><td>1</td><td>用经纬仪或全站仪测量</td></tr>
<tr><td>安装基线扭转</td><td>2</td><td>1</td><td>用经纬仪或全站仪测量</td></tr>
<tr><td>散索鞍竖向倾斜角</td><td>符合设计规定</td><td>1</td><td>用经纬仪或全站仪测量</td></tr>
</table>

表 3-141　主索鞍安装允许偏差

项　　目		允许偏差/mm	检验频率		检验方法
			范围	点数	
最终偏差	顺桥向	符合设计规定	每件	2	用经纬仪或全站仪测量
	横桥向	10			
高程		+20 0		1	用全站仪测量
四角高差		2		4	用水准仪测量

索股和锚头允许偏差应符合表 3-142 的规定。

表 3-142　索股和锚头允许偏差

项　　目	允许偏差/mm	检验频率		检验方法
		范围	点数	
索股基准丝长度	±基准丝长/15000	每丝每索	1	用钢尺量
成品索股长度	±索股长/10000		1	用钢尺量
热铸锚合金灌铸率/%	>92		1	量测计算
锚头顶压索股外移量(按规定顶压力,持荷 5min)	符合设计要求		1	用百分表量测
索股轴线与锚头端面垂直度/(°)	±5		1	用仪器量测

注：外移量允许偏差应在扣除初始外移量之后进行量测。

主缆防护允许偏差应符合表 3-143 的规定。

表 3-143　主缆防护允许偏差

项　目	允许偏差	检验频率		检验方法
		范围	点数	
缠丝间距	1mm	每索	1	用插板,每两索夹间随机量测 1m 长
缠丝张力	±0.3kN		1	标定检测,每盘抽查 1 处
防护涂层厚度	符合设计要求		1	用测厚仪,每 200m 检测 1 点

主缆架设允许偏差应符合表 3-144 的规定。

表 3-144　主缆架设允许偏差

项目			允许偏差/mm	检验频率		检验方法
				范围	点数	
索股标高	基准	中跨跨中	±L/20000	每索	1	用全站仪测量跨中
		边跨跨中	±L/10000		1	用全站仪测量跨中
		上下游基准	+10		1	用全站仪测量跨中
	一般	相对于基准索股	+5 0		1	用全站仪测量跨中
锚跨索股力与设计的偏差			符合设计规定		1	用测力计
主缆空隙率/%			±2		1	量直径和周长后计算，测索夹处和两索夹间
主缆直径不圆率			直径的5%，且不大于2		1	紧缆后横竖直径之差，与设计直径相比，测两索夹间

注：L为跨度。

索夹允许偏差应符合表3-145的规定。

表 3-145　索夹允许偏差

项目	允许偏差/mm	检验频率		检验方法
		范围	点数	
索夹内径偏差	±2	每件	1	用量具检测
耳板销孔位置偏差	±1		1	用量具检测
耳板销孔内径偏差	+1 0		1	用量具检测
螺杆孔直线度	L/500		1	用量具检测
壁厚	符合设计要求		1	用量具检测
索夹内壁喷锌厚度	不小于设计要求		1	用测厚仪检测

注：L为螺杆孔长度。

索夹和吊索安装允许偏差应符合表3-146的规定。

表 3-146　索夹和吊索安装允许偏差

项目		允许偏差/mm	检验频率		检验方法
			范围	点数	
索夹偏位	纵向	10	每件	2	用全站仪和钢尺量
	横向	3			
上、下游吊点高差		20		1	用水准仪测量
螺杆紧固力/kN		符合设计要求		1	用压力表检测

吊索和锚头允许偏差应符合表 3-147 的规定。

表 3-147　吊索和锚头允许偏差

项目		允许偏差/mm	检验频率		检验方法
			范围	点数	
吊索调整后长度(销孔之间)	≤5m	±2	每件	1	用钢尺量
	>5m	±L/500			
销轴直径偏差		0 −0.15		1	用量具检测
叉形耳板销孔位置偏差		±5		1	用量具检测
热铸锚合金灌铸率/%		>92		1	量测计算
锚头顶压后吊索外移量(按规定顶压力,持荷 5min)		符合设计要求		1	用量具检测
吊索轴线与锚头端面垂直度/(°)		0.5		1	用量具检测
锚头喷涂厚度		符合设计要求		1	用测厚仪检测

注：1. L 为吊索长度。

2. 外移量允许偏差应在扣除初始外移量后进行量测。

钢加劲梁段拼装允许偏差应符合表 3-148 的规定。

表 3-148　钢加劲梁段拼装允许偏差

项　目	允许偏差/mm	检验频率		检验方法
		范围	点数	
吊点偏位	20	每件每段	1	用全站仪测量
同一梁段两侧对称吊点处梁顶高差	20		1	用水准仪测量
相邻节段匹配高差	2		2	用钢尺量

悬索桥钢箱梁段制作允许偏差应符合表 3-149 的规定。

表 3-149　悬索桥钢箱梁段制作允许偏差

检测项目		允许偏差/mm	检验频率		检验方法
			范围	点数	
梁长		±2	每件每段	3	用钢尺量，中心线及两侧
梁段桥面板四角高差		4		4	用水准仪测量
风嘴直线度偏差		≤L/200，且不大于 6		2	拉线、用钢尺量封嘴边缘
端口尺寸	宽度	±4		2	用钢尺量两端
	中心高	±2		2	用钢尺量两端
	边高	±3		4	用钢尺量两侧、两端
	横断面对角线长度差	4		2	用钢尺量两端
吊点位置	吊点中心距桥中心线距离偏差	±1		2	用钢尺量
	同一梁段两侧吊点相对高差	5		1	用水准仪测量
	相邻梁段吊点中心距偏差	2		1	用钢尺量
	同一梁段两侧吊点中心连接线与桥轴线垂直度误差/(′)	2		1	用经纬仪测量
梁段匹配性	纵桥向中心线偏差	1		2	用钢尺量
	顶、底、腹板对接间隙	+3 −1		2	用钢尺量
	顶、底、腹板对接错台	2		2	用钢板尺和塞尺量

注：L 为量测长度。

3.3.11　附属结构

防眩板安装允许偏差应符合表 3-150 的规定。

表 3-150　防眩板安装允许偏差

项　　目	允许偏差/mm	检验频率		检验方法
		范围	点数	
防眩板直顺度	8	每跨侧	1	用 10m 线和钢尺量
垂直度	5	每柱(抽查 10%)	2	用垂线和钢尺量，顺、横桥各 1 点
立柱中距	±10	每处(抽查 10%)	1	用钢尺量
高度				

声屏障安装允许偏差应符合表 3-151 的规定。

表 3-151　声屏障安装允许偏差

项　　目	允许偏差/mm	检验频率		检验方法
		范围	点数	
中线偏位	10	每柱(抽查 30%)	1	用经纬仪和钢尺量
顶面高程	±20	每柱(抽查 30%)	1	用水准仪测量
金属立柱中距	±10	每处(抽查 30%)		用钢尺量
金属立柱垂直度	3	每柱(抽查 30%)	2	用垂线和钢尺量，顺、横桥各 1 点
屏体厚度	±2	每处(抽查 15%)	1	用游标卡尺量
屏体宽度、高度	±10	每处(抽查 15%)	1	用钢尺量

混凝土梯道允许偏差应符合表 3-152 的规定。

表 3-152　混凝土梯道允许偏差

项　　目	允许偏差/mm	检验频率		检验方法
		范围	点数	
踏步高度	±5	每跑台阶抽查 10%	2	用钢尺量
踏面宽度	±5		2	用钢尺量
防滑条位置	5		2	用钢尺量
防滑条高度	±3		2	用钢尺量
台阶平台尺寸	±5	每个	2	用钢尺量
坡道坡度	±2%	每跑	2	用坡度尺量

注：应保证平台不积水，雨水可由上向下自流出。

钢梯道梁制作允许偏差应符合表 3-153 的规定。

表 3-153 钢梯道梁制作允许偏差

项目	允许偏差/mm	检验频率		检验方法
		范围	点数	
梁高	±2	每件	2	用钢尺量
梁宽	±3		2	
梁长	±5		2	
梯道梁安装孔位置	±3		2	
对角线长度差	4		2	
梯道梁踏步间距	±5		2	
梯道梁纵向挠曲	≤L/1000,且不大于 10		2	沿全长拉线,用钢尺量
踏步板不平直度	1/100		2	

注:L 为梁长(mm)。

钢梯道安装允许偏差应符合表 3-154 的规定。

表 3-154 钢梯道安装允许偏差

检测项目	允许偏差/mm	检验频率		检验方法
		范围	点数	
梯道平台高程	±15	每件	2	用水准仪测量
梯道平台水平度	15			
梯道侧向弯曲	10			沿全长拉线,用钢尺量
梯道轴线对定位轴线的偏位	5			用经纬仪测量
梯道栏杆高度和立杆间距	±3	每道		用钢尺量
无障碍 C 形坡道和螺旋梯道高程	±15			用水准仪测量

注:梯道平台水平度应保证梯道平台不积水,雨水可由上向下流出梯道。

桥头搭板允许偏差应符合表 3-155 的规定。

表 3-155 混凝土桥头搭板（预制或现浇）允许偏差

项目	允许偏差/mm	检验频率		检验方法
		范围	点数	
宽度	±10	每块	2	用钢尺量
厚度	±5		2	
长度	±10		2	
顶面高程	±2		3	用水准仪测量，每端 3 点
轴线偏位	10		2	用经纬仪测量
板顶纵坡	±0.3%		3	用水准仪测量，每端 3 点

锥坡、护坡、护岸允许偏差应符合表 3-156 的规定。

表 3-156 锥坡、护坡、护岸允许偏差

项目	允许偏差/mm	检验频率		检验方法
		范围	点数	
顶面高程	±50	每个，50m	3	用水准仪测量
表面平整度	30	每个，50m	3	用 2m 直尺、钢尺量
坡度	不陡于设计	每个，50m	3	用钢尺量
厚度	不小于设计	每个，50m	3	用钢尺量

注：1. 不足 50m 部分，取 1～2 点。
2. 海墁结构允许偏差可按本表 1、2、4 项执行。

导流结构允许偏差应符合表 3-157 的规定。

表 3-157 导流结构允许偏差

项目		允许偏差/mm	检验频率		检验方法
			范围	点数	
平面位置		30	每个	2	用经纬仪测量
长度		0 -100		1	用钢尺量
断面尺寸		不小于设计		5	用钢尺量
高程	基底	不高于设计		5	用水准仪测量
	顶面	±30			

照明设施安装允许偏差应符合表3-158的规定。

表3-158　照明设施安装允许偏差

项目		允许偏差/mm	检验频率		检验方法
			范围	点数	
灯杆地面以上高度		±40	每杆(柱)	1	用钢尺量
灯杆(柱)竖直度		$H/500$			用经纬仪测量
平面位置	纵向	20			经纬仪放线,用钢尺量
	横向	10			

注：表中H为灯杆高度。

第 4 章　给水排水管道工程

4.1　给水排水常用管材

4.1.1　钢管

4.1.1.1　低压流体输送用焊接钢管

低压流体输送用焊接钢管管端用螺纹和沟槽连接的钢管尺寸参见表 4-1。

表 4-1　钢管的公称直径与钢管的外径、壁厚对照

单位：mm

公称直径	外径	壁厚	
		普通钢管	加厚钢管
6	10.2	2.0	2.5
8	13.5	2.5	2.8
10	17.2	2.5	2.8
15	21.3	2.8	3.5
20	26.9	2.8	3.5
25	33.7	3.2	4.0
32	42.4	3.5	4.0
40	48.3	3.5	4.5
50	60.3	3.8	4.5
65	76.1	4.0	4.5
80	88.9	4.0	5.0
100	114.3	4.0	5.0
125	139.7	4.0	5.5
150	168.3	4.5	6.0

注：表中的公路直径系近似内径的名义尺寸，不表示外径减去两个壁厚所得的内径。

低压流体输送用焊接钢管力学性能要求应符合表 4-2 的规定。

表 4-2　低压流体输送用焊接钢管力学性能

牌号	屈服强度 R_{eL}/(N/mm²) ≥		抗拉强度 R_m /(N/mm²) ≥	断后伸长率 A/% ≥	
	t≤16mm	t>16mm		D≤168.3mm	D>168.3m
Q195	195	185	315	15	20
Q215A、Q215B	215	205	335		
Q235A、Q235B	235	225	370		
Q295A、Q295B	295	275	390	13	18
Q345A、Q345B	345	325	470		

注：1in=25.4mm，下同。

钢管外径和壁厚的允许偏差应符合表 4-3 的规定。根据需方要求，经供需双方协商，并在合同中注明，可供应表 4-3 规定以外允许偏差的钢管。

表 4-3　低压流体输送用焊接钢管的外径和壁厚的允许偏差

单位：mm

外径(D_e)	外径允许偏差		壁厚(t)允许偏差
	管体	管端(距管端 100mm 范围内)	
D_e≤48.3	±0.5	—	±10%t
48.3<D_e≤273.1	±1%D	—	
273.1<D_e≤508	±0.75%D	+2.4；−0.8	±10%t
D_e>508	±1%D 或±10.0，两者取最小值	+3.2；−0.8	

4.1.1.2　建筑给水系统使用的薄壁不锈钢管

Ⅰ系列卡压式管件连接用薄壁不锈钢管管材规格见表 4-4。

表 4-4 Ⅰ系列卡压式管件连接用薄壁不锈钢管管材规格

单位：mm

<table>
<tr><th rowspan="2">公称直径 DN</th><th rowspan="2">管外径 D_e</th><th colspan="2">公称压力 PN1.6MPa</th></tr>
<tr><th>壁厚 t</th><th>计算内径 d_j</th></tr>
<tr><td>15</td><td>18.0</td><td>1.0</td><td>16.0</td></tr>
<tr><td>20</td><td>22.0</td><td rowspan="2">1.2</td><td>19.6</td></tr>
<tr><td>25</td><td>28.0</td><td>25.6</td></tr>
<tr><td>32</td><td>35.0</td><td rowspan="4">1.5</td><td>32.0</td></tr>
<tr><td>40</td><td>42.0</td><td>39.0</td></tr>
<tr><td>50</td><td>54.0</td><td>51.0</td></tr>
<tr><td>65</td><td>76.1</td><td>73.1</td></tr>
<tr><td>80</td><td>88.9</td><td rowspan="3">2.0</td><td>84.9</td></tr>
<tr><td>100</td><td>108.0</td><td>104.0</td></tr>
<tr><td>125</td><td>133.0</td><td>129.0</td></tr>
<tr><td>150</td><td>159.0</td><td>3.0</td><td>153.0</td></tr>
</table>

注：公称直径 DN 大于 100mm 的薄壁不锈钢管，采用法兰连接。

Ⅱ系列卡压式管件连接用薄壁不锈钢管管材规格见表 4-5。

表 4-5 Ⅱ系列卡压式管件连接用薄壁不锈钢管管材规格

单位：mm

<table>
<tr><th rowspan="2">公称直径 DN</th><th rowspan="2">管外径 D_e</th><th colspan="2">公称压力 PN1.6MPa</th></tr>
<tr><th>壁厚 t</th><th>计算内径 d_j</th></tr>
<tr><td>15</td><td>15.88</td><td>0.6</td><td>14.68</td></tr>
<tr><td>20</td><td>22.22</td><td rowspan="2">0.8</td><td>20.62</td></tr>
<tr><td>25</td><td>28.58</td><td>26.98</td></tr>
<tr><td>32</td><td>34.00</td><td rowspan="3">1.0</td><td>32.00</td></tr>
<tr><td>40</td><td>42.70</td><td>40.70</td></tr>
<tr><td>50</td><td>48.60</td><td>46.60</td></tr>
</table>

注：公称直径大于 50mm 的薄壁不锈钢管，采用Ⅰ系列卡压式管件。

压缩式管件用薄壁不锈钢管管材规格见表 4-6。

表 4-6　压缩式管件用薄壁不锈钢管管材规格 单位：mm

公称直径 DN	管外径 D_e	公称压力 PN1.6MPa	
		壁厚 t	计算内径 d_j
10	10	0.6	8.8
15	14		12.8
20	20		18.8
25	25.4	0.8	23.8
32	35	1.0	33.0
40	42		38.0
50	60		58.0
65	67	1.2	64.6
80	76.1	1.5	73.1
100	102		99.0
125	133	2.0	129.0
150	159	3.0	153.0

注：公称直径 DN 大于 50mm 的薄壁不锈钢管，采用法兰等其他连接方式连接。

4.1.2　铜管

建筑给水铜管管材规格见表 4-7。

表 4-7　建筑给水铜管管材规格 单位：mm

公称直径 DN	外径 D_e	工作压力 1.0MPa		工作压力 1.6MPa		工作压力 2.5MPa	
		壁厚 δ	计算内径 d_j	壁厚 δ	计算内径 d_j	壁厚 δ	计算内径 d_j
6	8	0.6	6.8	0.6	6.8	—	—
8	10	0.6	8.8	0.6	8.8		
10	12	0.6	10.8	0.6	10.8		
15	15	0.7	13.6	0.7	13.6		
20	22	0.9	20.2	0.9	20.2		
25	28	0.9	26.2	0.9	26.2		
32	35	1.2	32.6	1.2	32.6		
40	42	1.2	39.6	1.2	39.6		
50	54	1.2	51.6	1.2	51.6		
65	67	1.2	64.6	1.5	64.0		
80	85	1.5	82	1.5	82		
100	108	1.5	105	2.5	103	3.5	101
125	133	1.5	130	3.0	127	3.5	126
150	159	2.0	155	3.0	153	4.0	151
200	219	4.0	211	4.0	211	5.0	209
250	267	4.0	259	5.0	257	6.0	255
300	325	5.0	315	6.0	313	8.0	309

注：外径允许偏差应采用高精级。

铜管沟槽连接时铜管的最小壁厚见表 4-8。

表 4-8　铜管沟槽连接时铜管的最小壁厚　　单位：mm

公称直径 DN	外径 D_e	最小壁厚 δ	公称直径 DN	外径 D_e	最小壁厚 δ
50	54	2.0	150	159	4.0
65	67	2.0	200	219	6.0
80	85	2.5	250	267	6.0
100	108	3.5	300	325	6.0
125	133	3.5	125	133	3.5

4.1.3　铸铁管

4.1.3.1　连续铸铁管

图 4-1 所示为连续铸铁管。

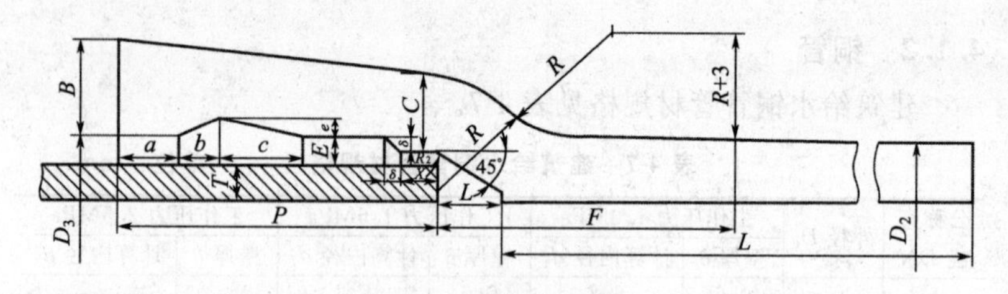

图 4-1　连续铸铁管

连续铸铁管承插口连接部分尺寸见表 4-9。

表 4-9　连续铸铁管承插口连接部分尺寸　　单位：mm

公称直径	各部尺寸			
DN	a	b	c	e
75～450	15	10	20	6
500～800	18	12	25	7
900～1200	20	14	30	8

注：$R=C+2E$；$R_2=E$。

连续铸铁管的壁厚及质量见表 4-10。

表 4-10　连续铸铁管的壁厚及质量

公称直径 DN/mm	外径 D_2/mm	壁厚 T/mm			承口凸部质量/kg	直部 1m 质量/kg			有效长度 L/mm 4000 总质量/kg			5000			6000		
		LA 级	A 级	B 级		LA 级	A 级	B 级	LA 级	A 级	B 级	LA 级	A 级	B 级	LA 级	A 级	B 级
75	93.0	9.0	9.0	9.0	4.8	17.1	17.0	17.1	73.2	73.2	73.2	90.3	90.3	90.3	—	—	—
100	118.0	9.0	9.0	9.0	6.23	22.2.	22.2	22.2	95.1	95.1	95.1	117	117	117	—	—	—
150	169.0	9.0	9.2	10.0	9.09	32.6	33.3	36.0	139.5	142.3	153.1	172.1	175.6	189	205	209	225
200	220.0	9.2	10.1	11.0	12.56	43.9	48.0	52.0	188.2	204.6	220.6	232.1	252.6	273	276	301	325
250	271.6	10.0	11.0	12.0	16.54	59.2	64.8	70.5	255.3	275.7	298.5	312.5	340.5	369	372	405	440
300	322.8	10.8	11.9	13.0	21.86	76.2	83.7	91.1	326.7	356.7	386.3	402.9	440.4	471	479	524	568
350	374.0	11.7	12.8	14.0	26.96	95.9	104.6	114.0	410.6	445.4	483	506.5	550	597	602	655	711
400	425.6	12.5	13.8	15.0	32.78	116.8	128.5	139.3	500	546.8	590	616.8	675.3	729	734	804	869
450	475.8	13.3	14.7	16.0	40.14	139.4	153.7	166.8	597.7	654.9	707.3	737.1	808.6	874	877	962	1041
500	528.0	14.2	15.6	17.0	46.88	165.0	180.8	196.5	706.9	770	832.9	871.9	951	1029	1037	1132	1226
600	630.8	15.8	17.4	19.0	62.71	219.8	241.4	262.9	941.9	1028	1114	1162	1270	1377	1382	1511	1640
700	733.0	17.5	19.3	21.0	81.19	283.2	311.6	338.2	1214	1328	1434	1497	1639	1772	1780	1951	2110
800	835.0	19.2	21.1	23.0	102.63	354.7	388.9	423.0	1521	1658	1795	1876	2047	2218	2231	2436	2641
900	939.0	20.8	22.9	25.0	127.05	432.0	474.5	516.9	1855	2025	2195	2287	2499	2712	2719	2974	3228
1000	1041.0	22.5	24.8	27.0	156.46	518.4	570.0	619.3	2230	2436	2634	2748	3006	3253	3266	3576	3872
1100	1144.0	24.2	25.6	29.0	194.04	613.0	672.3	731.4	2646	2883	3120	3259	3556	3851	3872	4228	4582
1200	1246.0	25.8	28.4	31.0	223.46	712.0	782.2	852.0	3071	3352	3631	3783	4134	4483	4495	4916	5335

注：1. 计算质量时，铸铁相对密度采用 7.20，承口质量为近似值。

2. 总质量＝直部 1m 质量×有效长度＋承口凸部质量（计算结果四舍五入，保留三位有效数字）。

连续铸铁管承口尺寸见表4-11。

表 4-11 连续铸铁管承口尺寸　　单位：mm

公称直径 DN	承口内径 D_3	B	C	E	P	l	F	δ	X	R
75	113.0	26	12	10	90	9	75	5	13	32
100	138.0	26	12	10	95	10	75	5	13	32
150	189.0	26	12	10	100	10	75	5	13	32
200	240.0	28	13	10	100	11	77	5	13	33
250	293.0	32	15	11	105	12	83	5	18	37
300	344.8	33	16	11	105	13	85	5	18	38
350	396.0	34	17	11	110	13	87	5	18	39
400	447.6	36	18	11	110	14	89	5	24	40
450	498.8	37	19	11	115	14	91	5	24	41
500	552.0	40	21	12	115	15	97	6	24	45
600	654.8	44	23	12	120	16	101	6	24	47
700	757.0	48	26	12	125	17	105	6	24	50
800	860.0	51	28	12	130	18	111	6	24	52
900	963.0	56	31	12	135	19	115	6	24	55
1000	1067.0	60	33	13	140	21	121	6	24	59
1100	1170.0	64	36	13	145	22	126	6	24	62
1200	1272.0	68	38	13	150	23	130	6	24	64

4.1.3.2 建筑排水用卡箍式铸铁管

图4-2所示为建筑排水用卡箍式铸铁管示意。

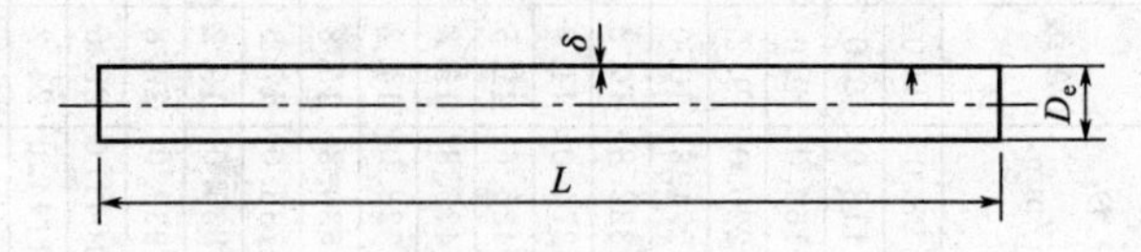

图4-2 建筑排水用卡箍式铸铁管示意

卡箍式铸铁管直管尺寸和质量见表4-12。

表 4-12　卡箍式铸铁管直管尺寸和质量　　单位：mm

公称直径	外径		壁厚				直管单位质量/(kg/m)
			直管		管件		
DN	D_e	外径公差	δ	公差	δ	公差	
50	58	+2.0 −1.0	3.5	−0.5	4.2	−0.7	13.0
75	83		3.5	−0.5	4.2	−0.7	18.9
100	110		3.5	−0.5	4.2	−0.7	25.2
125	135	±2.0	4.0	−0.5	4.7	−1.0	35.4
150	160	±2.0	4.0	−0.5	5.3	−1.3	42.2
200	210		5.0	−1.0	6.0	−1.5	69.3
250	274	+2.0 −2.5	5.5	−1.0	7.0	−1.5	99.8
300	326		6.0	−1.0	8.0	−1.5	129.7

4.1.3.3　建筑排水用承插式铸铁管

图 4-3 所示为承插式铸铁管承插口型式示意。

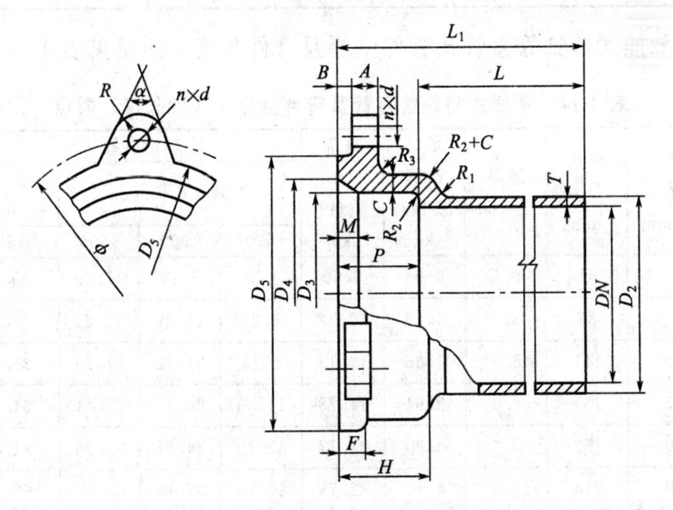

图 4-3　承插式铸铁管承插口型式示意

承插式铸铁管承插口尺寸见表 4-13。

表 4-13　承插式铸铁管承插口尺寸　　单位：mm

公称 直径 DN	插口 外径 D_2	承口 内径 D_3	D_4	D_5	ϕ	C	H	A	T	M	B	F	P	R_1	R_2	R_3	R	$n\times d$	α
50	61	67	78	94	108	6	44	16	5.5	5.5	4	14	38	8	5	7	13	3×10	60°
75	86	92	103	117	137	6	45	17	5.5	5.5	4	16	39	8	5	7	14	3×12	60°
100	111	117	128	143	166	6	46	18	5.5	5.5	4	16	40	8	5	7	15	3×14	60°
125	137	145	159	173	205	7	48	20	6.0	70	5	16	40	10	6	8	2	3×14 4×14	90°
150	162	170	184	199	227	7	48	24	6.0	7.0	5	18	42	10	6	8	20	3×16 4×16	90°
200	214	224	244	258	284	8	58	27	7.0	10	6	18	50	10	6	8	22	3×16 4×16	90°
250	268	290	310	335	370	12	69	28	9.0	10	6	25	58	12	8	10	25	6×20	90°
300	320	352	378	396	4.4	14	78	30	10	13	6	28	68	15	8	10	25	8×20	90°

承插式铸铁管直管及管件壁厚及管件长度、质量见表 4-14。

表 4-14　承插式铸铁管直管及管件壁厚及管件长度、质量

公称直径 DN/mm	外径 D_2/mm	壁厚 T/mm	承口凸部质量/kg	直部 1m 质量/kg	理论质量/kg			
					有效长度 L/mm			总长度 L_1/mm
					500	1000	1500	1830
50	61	5.5	0.94	6.90	4.35	7.84	11.29	13.30
75	86	5.5	1.20	10.82	6.21	11.22	16.21	19.16
100	111	5.5	1.56	13.13	8.15	14.72	21.25	25.19
125	137	6.0	2.64	17.78	11.53	20.42	29.41	34.43
150	162	6.0	3.20	21.17	13.79	24.37	31.96	41.05
200	214	7.0	4.40	32.78	20.75	37.18	53.57	62.75
250	268	9.0	—	52.73	26.36	52.73	79.09	96.5
300	320	10.0	—	70.10	35.05	70.10	115.15	128.28

4.1.4 复合管

4.1.4.1 给水用钢骨架聚乙烯塑料复合管

复合管公称内径、公称压力、公称壁厚及极限偏差见表 4-15。

表 4-15 复合管公称内径、公称压力、公称壁厚及极限偏差

公称内径/mm	公称压力/MPa			
	1.0	1.6	2.5	4.0
	公称壁厚及极限偏差/mm			
50	—	—	$9_{0}^{+1.4}$	$10.6_{0}^{+1.6}$
65	—	—	$9_{0}^{+1.4}$	$10.6_{0}^{+1.6}$
80	—	—	$9_{0}^{+1.4}$	$11.7_{0}^{+1.8}$
100	—	$9_{0}^{+1.4}$	$11.7_{0}^{+1.8}$	—
125	—	$10_{0}^{+1.5}$	$11.8_{0}^{+1.8}$	—
150	$12_{0}^{+1.8}$	$12_{0}^{+1.8}$	—	—
200	$12.5_{0}^{+1.9}$	$12.5_{0}^{+1.9}$	—	—
250	$12.5_{0}^{+1.9}$	$15_{0}^{+2.4}$	—	—
300	$12.5_{0}^{+1.9}$	$15_{0}^{+2.4}$	—	—
350	$15_{0}^{+2.3}$	$15_{0}^{+2.9}$	—	—
400	$15_{0}^{+2.3}$	$15_{0}^{+2.9}$	—	—
450	$16_{0}^{+2.4}$	$16_{0}^{+3.1}$	—	—
500	$16_{0}^{+2.4}$	$16_{0}^{+3.1}$	—	—
600	20_{0}^{+3}	—	—	—

注：同一规格不同压力等级的复合管的钢丝材料、钢丝直径、网格间距等会有所不同。

4.1.4.2 排水用硬聚氯乙烯（PVC-U）玻璃微珠复合管

图 4-4 所示为硬聚氯乙烯（PVC-U）玻璃微珠复合管管材截面

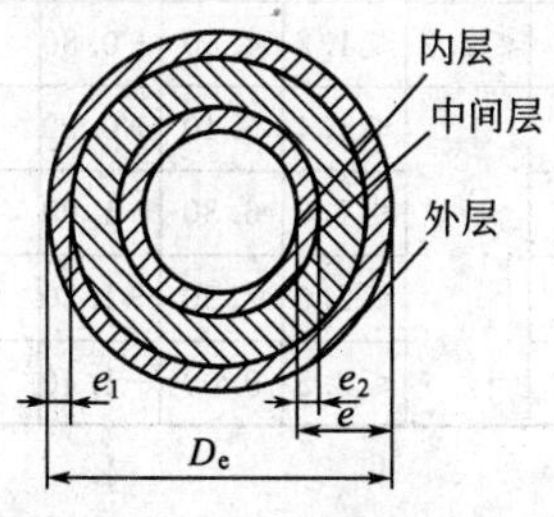

图 4-4 硬聚氯乙烯（PVC-U）玻璃微珠复合管管材截面尺寸

尺寸。

硬聚氯乙烯（PVC-U）玻璃微珠复合管管材规格见表4-16。

表4-16 硬聚氯乙烯（PVC-U）玻璃微珠复合管管材规格

单位：mm

公称外径 D_e	壁厚 e		公称外径 D_e	壁厚 e	
	S_0	S_1		S_0	S_1
40	2.0	—	160	3.2	4.0
50	2.0	2.5	200	3.9	4.9
75	2.5	3.0	250	4.9	6.2
90	3.0	3.2	315	6.2	7.7
110	3.0	3.2	400	—	9.8
125	3.0	3.2	—	—	—

4.1.4.3 铝塑复合管（PAP管）

（1）内层熔接型铝塑复合管

熔接铝塑管结构尺寸见表4-17。

表4-17 熔接铝塑管结构尺寸 单位：mm

公称外径 d_n	平均外径		参考内径 d_n	外径不圆度		管壁厚 e_m		内层塑料最小壁厚 e_i	外层塑料最小壁厚 e_w	铝管层最小壁厚 e_a
	$d_{em,min}$	$d_{em,max}$		盘管	直管	最小值	公差			
16	18.6	18.9	11.8	≤1.2	≤0.6	3.10	+0.60	1.8	0.2	0.18
20	22.6	22.9	15.4	≤1.5	≤0.8	3.30		2.0		
25	27.6	27.9	19.7	≤1.8	≤1.0	3.60	+0.70	2.3		
32	35.4	35.7	25.4	≤2.2	≤1.2	4.60	+0.80	2.9		0.23
40	43.4	43.7	31.7		≤1.4	5.40	+0.90	3.7		0.25
50	53.4	53.7	39.8		≤1.6	6.30	+1.00	4.6		0.28
63	66.4	66.8	50.2		≤2.0	7.50	+1.20	5.8		
75	78.4	79.0	59.0		≤2.5	9.00	+1.40	7.3		

熔接铝塑管与关键热熔承插连接的尺寸要求见表4-18。

表 4-18　熔接铝塑管与关键热熔承插连接的尺寸要求

单位：mm

公称外径 d_n	管件最小壁厚	熔接铝塑管内层塑料最小外径 d_{im}	最大承插深度 L_1	最小承插深度 L_2
16	3.3	16.0	13.0	9.8
20	4.1	20.0	14.5	11.0
25	5.1	25.0	16.0	12.5
32	6.5	32.0	18.1	14.6
40	8.1	40.0	20.5	17.0
50	10.1	50.0	23.5	20.0
63	12.7	63.0	27.4	23.9
75	15.1	75.0	31.0	27.5

（2）外层熔接型铝塑复合管

外层熔接型铝塑复合管管材的尺寸见表 4-19。

表 4-19　管材的尺寸　　单位：mm

公称外径 d_n	平均外径		外径不圆度		管壁厚 e_m		内层塑料最小壁厚 e_i	外层塑料最小壁厚 e_o	铝管层最小壁厚 e_a
	$d_{em,min}$	$d_{em,max}$	盘管	直管	e_{min}	e_{max}			
16	16.0	16.3	≤1.0	≤0.5	2.75	3.10	0.80	1.60	0.20
20	20.0	20.3	≤1.2	≤0.6	3.00	3.40	0.90	1.70	0.25
25	25.0	25.3	≤1.5	≤0.8	3.25	3.65	1.00	1.80	0.30
32	32.0	32.3	≤2.0	≤1.0	4.00	4.50	1.10	2.10	0.35
40	40.0	40.4	—	≤1.2	5.00	5.60	1.50	2.60	0.40
50	50.0	50.5	—	≤1.5	5.50	6.10	1.80	3.00	0.50
63	63.0	63.6	—	≤1.9	7.00	7.80	2.40	3.80	0.60
75	75.0	75.7	—	≤2.3	8.50	9.50	2.60	4.80	0.70

4.1.5 钢筋混凝土管

钢筋混凝土排水管规格见表4-20。

表4-20 钢筋混凝土排水管规格 单位：mm

轻型钢筋混凝土管			重型钢筋混凝土管		
公称内径	最小壁厚	最小管长	公称内径	最小壁厚	最小管长
100	25	2000	—	—	2000
150	25		—	—	
200	27		—	—	
250	28		—	—	
300	30		300	58	
350	33		350	60	
400	35		400	65	
450	40		450	67	
500	42		550	75	
600	50		650	80	
700	55		750	90	
800	65		850	95	
900	70		950	100	
1000	75		1050	110	
1100	85		1300	125	
1200	90		1550	175	
1350	100		—	—	
1500	115		—	—	
1650	125		—	—	
1800	140		—	—	

4.1.6 常用非金属管

PVC-U排水管规格见表4-21。

表 4-21　PVC-U 排水管规格

公称外径/mm	壁厚/mm		长度/m	公称外径/mm	壁厚/mm		长度/m
	普通管	压力管			普通管	压力管	
32	1.8	—	4～6	160	4.0	5.0	4～6
40	1.9	—		200	4.5	6.0	
50	2.2	—		250	6.1	8.0	
75	2.3	—		315	7.7	—	
110	3.2	4.0		400	9.8	—	

PVC-U 饮用水直管规格见表 4-22。

表 4-22　PVC-U 饮用水直管规格

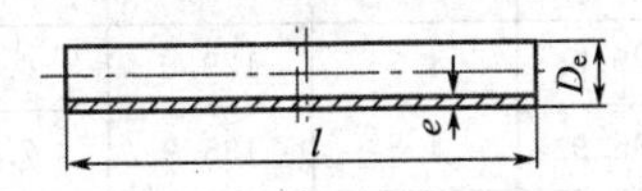

公称外径 D_e/mm	e/mm			L/m
	0.6MPa	1.0MPa	1.6MPa	
20	—	2.1	2.3	4～6
25	—	2.1	2.3	
32	—	2.3	2.5	
40	—	2.3	3.0	
50	—	2.5	3.7	
63	2.3	3.0	4.7	
75	2.5	3.6	5.6	
90	3.0	4.3	6.7	
110	3.5	4.8	7.2	
160	4.7	7.0	9.5	
200	5.9	8.7	11.9	

PVC-U 饮用水扩口管规格见表 4-23。

表 4-23　PVC-U 饮用水扩口管规格

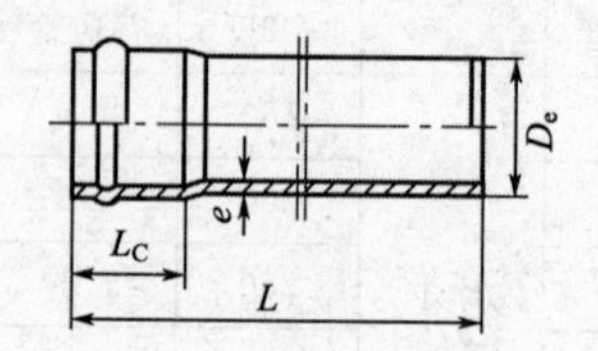

公称外径 D_e/mm	0.6MPa		1.0MPa		1.6MPa		L/mm
	e/mm	L_C/mm	e/mm	L_C/mm	e/mm	L_C/mm	
63	2.3	117.2	3.0	117.2	4.7	117.2	4～6
75	2.5	123.2	3.6	123.2	5.6	123.2	
90	3.0	129.0	4.3	129.0	6.7	129.0	
110	3.5	135.9	4.8	135.9	7.2	135.9	4～6
160	4.7	153.3	7.0	153.3	9.5	153.3	
200	5.9	164.3	8.7	164.3	11.9	164.3	
250	7.3	181.4	10.9	181.4	14.8	181.4	
315	9.2	205.2	13.7	205.2	18.7	205.2	
400	10.6	233.0	15.3	233.0	23.7	233.0	
500	13.3	268.0	19.1	268.0	—	—	
630	16.7	308.0	24.1	308.0	—	—	
710	18.9	333.0	27.2	333.0	—	—	
800	19.6	377.0	—	—	—	—	

4.2　室内给水设计与施工

4.2.1　室内给水排水设计

4.2.1.1　用水定额和水压

住宅的最高日生活用水定额及小时变化系数，可根据住宅类别、卫生器具设置标准按表 4-24 确定。

表 4-24　住宅最高日生活用水定额及小时变化系数

住宅类别		卫生器具设置标准	用水定额/[L/(人·d)]	小时变化系数 K_h
普通住宅	Ⅰ	有大便器、洗涤盆	85～150	3.0～2.5
	Ⅱ	有大便器、洗脸盆、洗涤盆、洗衣机、热水器和沐浴设备	130～300	2.8～2.3
	Ⅲ	有大便器、洗脸盆、洗涤盆、洗衣机、集中热水供应(或家用热水机组)和沐浴设备	180～320	2.5～2.0
别墅		有大便器、洗脸盆、洗涤盆、洗衣机、洒水栓，家用热水机组和沐浴设备	200～350	2.3～1.8

注：1. 当地主管部门对住宅生活用水定额有具体规定时，应按当地规定执行。

2. 别墅用水定额中含庭院绿化用水和汽车洗车用水。

宿舍、旅馆等公共建筑的生活用水定额及小时变化系数，根据卫生器具完善程度和区域条件，可按表 4-25 确定。

表 4-25　宿舍、旅馆和公共建筑生活用水定额及小时变化系数

序号	建筑物名称	单位	最高日生活用水定额/L	使用时间/h	小时变化系数 K_h
1	宿舍 Ⅰ类、Ⅱ类 Ⅲ类、Ⅳ类	 每人每日 每人每日	 150～200 100～150	 24 24	 3.0～2.5 3.5～3.0
2	招待所、培训中心、普通旅馆 设公用盥洗室 设公用盥洗室、淋浴室 设公用盥洗室、淋浴室、洗衣室 设单独卫生间、公用洗衣室	 每人每日 每人每日 每人每日 每人每日	 50～100 80～130 100～150 120～300	24	3.0～2.5
3	酒店式公寓	每人每日	200～300	24	2.5～2.0
4	宾馆客房 旅客 员工	 每床位每日 每人每日	 250～400 80～100	24	2.5～2.0

续表

序号	建筑物名称	单位	最高日生活用水定额/L	使用时间/h	小时变化系数 K_h
5	医院住院部				
	设公用盥洗室	每床位每日	100～200	24	2.5～2.0
	设公用盥洗室、淋浴室	每床位每日	150～250	24	2.5～2.0
	设单独卫生间	每床位每日	250～400	24	2.5～2.0
	医务人员	每人每班	150～250	8	2.0～1.5
	门诊部、诊疗所	每病人每次	10～15	8～12	1.5～1.2
	疗养院、休养所住房部	每床位每日	200～300	24	2.0～1.5
6	养老院、托老所				
	全托	每人每日	100～150	24	2.5～2.0
	日托	每人每日	50～80	10	2.0
7	幼儿园、托儿所				
	有住宿	每儿童每日	50～100	24	3.0～2.5
	无住宿	每儿童每日	30～50	10	2.0
8	公共浴室				2.0～1.5
	淋浴	每顾客每次	100	12	
	浴盆、淋浴	每顾客每次	120～150	12	
	桑拿浴(淋浴、按摩池)	每顾客每次	150～200	12	
9	理发室、美容院	每顾客每次	40～100	12	2.0～1.5
10	洗衣房	每 kg 干衣	40～80	8	1.5～1.2
11	餐饮业				1.5～1.2
	中餐酒楼	每顾客每次	40～60	10～12	
	快餐店、职工及学生食堂	每顾客每次	20～25	12～16	
	酒吧、咖啡馆、茶座、卡拉 OK 房	每顾客每次	5～15	8～18	
12	商场 员工及顾客	每平方米营业厅面积每日	5～8	12	1.5～1.2
13	图书馆	每人每次	5～10	8～10	1.5～1.2
14	书店	每平方米营业厅面积每日	3～6	8～12	1.5～1.2
15	办公楼	每人每班	30～50	8～10	1.5～1.2
16	教学、实验楼				
	中小学校	每学生每日	20～40	8～9	1.5～1.2
	高等院校	每学生每日	40～50	8～9	1.5～1.2

续表

序号	建筑物名称	单位	最高日生活用水定额/L	使用时间/h	小时变化系数 K_h
17	电影院、剧院	每观众每场	3～5	3	1.5～1.2
18	会展中心(博物馆、展览馆)	每平方米展厅每日	3～6	8～16	1.5～1.2
19	健身中心	每人每次	30～50	8～12	1.5～1.2
20	体育场(馆) 运动员淋浴 观众	 每人每次 每人每场	 30～40 3	 4 4	 3.0～2.0 1.2
21	会议厅	每座位每次	6～8	4	1.5～1.2
22	航站楼、客运站旅客	每人次	3～6	8～16	1.5～1.2
23	菜市场地面冲洗及保鲜用水	每平方米每日	10～20	8～10	2.5～2.0
24	停车库地面冲洗水	每平方米每次	2～3	6～8	1.0

注：1. 除养老院、托儿所、幼儿园的用水定额中含食堂用水，其他均不含食堂用水。

2. 除注明外，均不含员工生活用水，员工用水定额为每人每班40～60L。

3. 医疗建筑用水中已含医疗用水。

4. 空调用水应另计。

汽车冲洗用水定额应根据冲洗方式，以及车辆用途、道路路面等级和沾污程度等确定，可按表4-26计算。

表4-26 汽车冲洗用水定额 单位：L/(辆·次)

冲洗方式	高压水枪冲洗	循环用水冲洗补水	抹车、微水冲洗	蒸汽冲洗
轿车	40～60	20～30	10～15	3～5
公共汽车 载重汽车	80～120	40～60	15～30	—

注：当汽车冲洗设备用水定额有特殊要求时，其值应按产品要求确定。

卫生器具的给水额定流量、当量、连接管径和最低工作压力应按表4-27确定。

表 4-27　卫生器具的给水额定流量、当量、连接管公称管径和最低工作压力

序号	给水配件名称	额定流量/(L/s)	当量	连接管公称管径/mm	最低工作压力/MPa
1	洗涤盆、拖布盆、盥洗槽				0.050
	单阀水嘴	0.15～0.20	0.75～1.00	15	
	单阀水嘴	0.30～0.40	1.50～2.00	20	
	混合水嘴	0.15～0.20(0.14)	0.75～1.00(0.70)	15	
2	洗脸盆				0.050
	单阀水嘴	0.15	0.75	15	
	混合水嘴	0.15(0.10)	0.75(0.50)	15	
3	洗手盆				0.050
	感应水嘴	0.10	0.75	15	
	混合水嘴	0.15(0.10)	0.75(0.50)	15	
4	浴盆				
	单阀水嘴	0.20	1.00	15	0.050
	混合水嘴(含带淋浴转换器)	0.24(0.20)	1.20(1.00)	15	0.05～0.07
5	淋浴器				
	混合阀	0.15(0.10)	0.75(0.50)	15	0.05～0.07
6	大便器				
	冲洗水箱浮球阀	0.10	0.50	15	0.020
	延时自闭式冲洗阀	1.20	6.00	25	0.10～0.15
7	小便器				
	手动或自动自闭式冲洗阀	0.10	0.50	15	0.050
	自动冲洗水箱进水阀	0.10	0.50	15	0.020
8	小便槽穿孔冲洗管(每米长)	0.05	0.25	15～20	0.015
9	净身盆冲洗水嘴	0.10(0.07)	0.50(0.35)	15	0.050
10	医院倒便器	0.20	1.00	15	0.050
11	实验室化验水嘴(鹅颈)				
	单联	0.07	0.35	15	0.020
	双联	0.15	0.75	15	0.020
	三联	0.20	1.00	15	0.020
12	饮水器喷嘴	0.05	0.25	15	0.050

续表

序号	给水配件名称	额定流量/(L/s)	当量	连接管公称管径/mm	最低工作压力/MPa
13	洒水栓	0.40 0.70	2.00 3.50	20 25	0.05～0.10 0.05～0.10
14	室内地面冲洗水嘴	0.20	1.00	15	0.050
15	家用洗衣机水嘴	0.20	1.00	15	0.050

注：1. 表中括弧内的数值系在有热水供应时，单独计算冷水或热水时使用。

2. 当浴盆上附设淋浴器时，或混合水嘴有淋浴器转换开关时，其额定流量和当量只计水嘴，不计淋浴器。但水压应按淋浴器计。

3. 家用燃气热水器，所需水压按产品要求和热水供应系统最不利配水点所需工作压力确定。

4. 绿地的自动喷灌应按产品要求设计。

5. 当卫生器具给水配件所需额定流量和最低工作压力有特殊要求时，其值应按产品要求确定。

4.2.1.2 设计流量和管道水力计算

卫生器具的同时给水百分数按表 4-28～表 4-30 采用。

表 4-28 宿舍（Ⅲ类、Ⅳ类）、工业企业生活间、公共浴室、影剧院、体育场馆等卫生器具同时给水百分数 单位：%

卫生器具名称	宿舍(Ⅲ类、Ⅳ类)	工业企业生活间	公共浴室	影剧院	体育场馆
洗涤盆(池)	—	33	15	15	15
洗手盆	—	50	50	50	70(50)
洗脸盆、盥洗槽水嘴	5～100	60～100	60～100	50	80
浴盆	—	—	50	—	—
无间隔淋浴器	20～100	100	100	—	100
有间隔淋浴器	5～80	80	60～80	(60～80)	(60～100)
大便器冲洗水箱	5～70	30	20	50(20)	70(20)
大便槽自动冲洗水箱	100	100	—	100	100
大便器自闭式冲洗阀	1～2	2	2	10(2)	5(2)

续表

卫生器具名称	宿舍(Ⅲ类、Ⅳ类)	工业企业生活间	公共浴室	影剧院	体育场馆
小便器自闭式冲洗阀	2～10	10	10	50(10)	70(10)
小便器(槽)自动冲洗水箱	—	100	100	100	100
净身盆	—	33	—	—	—
饮水器	—	30～60	30	30	30
小卖部洗涤盆	—	—	50	50	50

注：1. 表中括号内的数值系电影院、剧院的化妆间，体育场馆的运动员休息室使用。

2. 健身中心的卫生间，可采用本表体育场管运动员休息室的同时给水百分率。

表 4-29　职工食堂、营业餐馆厨房设备同时给水百分数

单位：%

厨房设备名称	同时给水百分数	厨房设备名称	同时给水百分数
洗涤盆(池)	70	开水器	50
煮锅	60	蒸汽发生器	100
生产性洗涤机	40	灶台水嘴	30
器皿洗涤机	90		

注：职工或学生饭堂的洗碗台水嘴，按100%同时给水，但不与厨房用水叠加。

表 4-30　实验室化验水嘴同时给水百分数　单位：%

化验水嘴名称	同时给水百分数	
	科研教学实验室	生产实验室
单联化验水嘴	20	30
双联或三联化验水嘴	30	50

生活给水管道的水流速度见表 4-31。

表 4-31　生活给水管道的水流速度

公称直径/mm	15～20	25～40	50～70	≥80
水流速度/(m/s)	≤1.0	≤1.2	≤1.5	≤1.8

4.2.2 热水及饮水供应设计

4.2.2.1 热水用水定额、水温和水质

热水用水定额根据卫生器具完善程度和地区条件，应按表 4-32 确定。

表 4-32 热水用水定额

序号	建筑物名称	单位	最高日用水定额/L	使用时间/h
1	住宅			
	有自备热水供应和沐浴设备	每人每日	40～80	24
	有集中热水供应和沐浴设备	每人每日	60～100	24
2	别墅	每人每日	70～110	24
3	酒店式公寓	每人每日	80～100	24
4	宿舍			
	Ⅰ类、Ⅱ类	每人每日	70～100	24 或定时供应
	Ⅲ类、Ⅳ类	每人每日	40～80	
5	招待所、培训中心、普通旅馆			24 或定时供应
	设公用盥洗室	每人每日	25～40	
	设公用盥洗室、淋浴室、	每人每日	40～60	
	设公用盥洗室、淋浴室、洗衣室	每人每日	50～80	
	设单独卫生间、公用洗衣室	每人每日	60～100	
6	宾馆、客房			
	旅客	每床位每日	120～160	24
	员工	每人每日	40～50	
7	医院住院部			
	设公用盥洗室	每床位每日	60～100	24
	设公用盥洗室、淋浴室	每床位每日	70～130	
	设单独卫生间	每床位每日	110～200	
	医务人员	每人每班	70～130	8
	门诊部、诊疗所	每病人每次	7～13	24
	疗养院、休养所住房部	每床位每日	100～160	
8	养老院	每床位每日	50～70	24
9	幼儿园、托儿所			
	有住宿	每儿童每日	20～40	24
	无住宿	每儿童每日	10～15	10

续表

序号	建筑物名称	单位	最高日用水定额/L	使用时间/h
10	公共浴室 淋浴 淋浴、浴盆 桑拿浴(淋浴、按摩池)	 每顾客每次 每顾客每次 每顾客每次	 40～60 60～80 70～100	12
11	理发室、美容院	每顾客每次	10～15	12
12	洗衣房	每公斤干衣	15～30	8
13	餐饮厅 营业餐厅 快餐店、职工及学生食堂 酒吧、咖啡厅、茶座、卡拉OK房	 每顾客每次 每顾客每次 每顾客每次	 15～20 7～10 3～8	 10～12 12～16 8～18
14	办公楼	每人每班	5～10	8
15	健身中心	每人每次	15～25	12
16	体育场(馆) 运动员淋浴	 每人每次	 17～26	 4
17	会议厅	每座位每次	2～3	4

注：热水温度按60℃计。

卫生器具的一次和小时热水用水量和水温应按表4-33确定。

表4-33　卫生器具的一次和小时热水用水定额及水温

序号	卫生器具名称	一次用水量/L	小时用水量/L	使用水温/℃
1	住宅、旅馆、别墅、宾馆、酒店式公寓 带有淋浴器的浴盆 无淋浴器的浴盆 淋浴器 洗脸盆、盥洗槽水嘴 洗涤盆(池)	 150 125 70～100 3 —	 300 250 140～200 30 180	 40 40 37～40 30 50
2	宿舍、招待所、培训中心 淋浴器：有淋浴小间 无淋浴小间 盥洗槽水嘴	 70～100 — 3～5	 210～300 450 50～80	 37～40 37～40 30

续表

序号	卫生器具名称	一次用水量/L	小时用水量/L	使用水温/℃
3	餐饮业			
	洗涤盆(池)	—	250	50
	洗脸盆(工作人员用)	3	60	30
	顾客用	—	120	30
	淋浴器	40	400	37～40
4	幼儿园、托儿所			
	浴盆:			
	幼儿园	100	400	35
	托儿所	30	120	35
	淋浴器:			
	幼儿园	30	180	35
	托儿所	15	90	35
	盥洗槽水嘴	15	25	30
	洗涤盆(池)	—	180	50
5	医院、疗养院、休养所			
	洗手盆	—	15～25	35
	洗涤盆(池)	—	300	50
	淋浴器	—	200～300	37～40
	浴盆	125～150	250～300	40
6	公共浴室			
	浴盆	125	250	40
	淋浴器:有淋浴小间	100～150	200～300	37～40
	无淋浴小间	—	450～540	37～40
	洗脸盆	5	50～80	35
7	办公楼 洗手盆	—	50～100	35
8	理发室 美容院 洗脸盆	—	35	35
9	实验室			
	洗脸盆	—	60	50
	洗手盆	—	15～25	30
10	剧场			
	淋浴器	60	200～400	37～40
	演员用洗脸盆	5	80	35
11	体育场馆 淋浴器	30	300	35

续表

序号	卫生器具名称	一次用水量/L	小时用水量/L	使用水温/℃
12	工业企业生活间 淋浴器： 一般车间 脏车间 洗脸盆或盥洗槽水龙头： 一般车间 脏车间	 40 60 3 5	 360～540 180～480 90～120 100～150	 37～40 40 30 35
13	净身器	10～15	120～180	30

注：一般车间指现行国家标准《工业企业设计卫生标准》(GBZ 1—2010) 中规定的3、4级卫生特征的车间，脏车间指该标准中规定的1、2级卫生特征的车间。

冷水的计算温度，应以当地最冷月平均水温资料确定。当无水温资料时，可按表4-34采用。

表4-34　冷水计算温度　　单位：℃

区域	省、市、自治区、行政区		地面水	地下水	区域	省、市、自治区、行政区		地面水	地下水
东北	黑龙江		4	6～10	东南	江苏	偏北	4	10～15
	吉林		4	6～10			大部	5	15～20
	辽宁	大部	6～10	6～10		江西大部		5	15～20
		南部	4	10～15		安徽大部		5	15～20
华北	北京		4	10～15		福建	北部	5	15～20
	天津		4	10～15			南部	10～15	20
	河北	北部	4	6～10		台湾		10～15	20
		大部	4	10～15	海南	北部		4	10～15
	山西	北部	4	6～10		南部		5	15～20
		大部	4	10～15		东部		5	15～20
	内蒙古		4	6～10		西部		7	15～20
西北	陕西	偏北	6～10	6～10	西南	重庆		7	15～20
		大部	4	10～15		贵州		7	15～20
		秦岭以南	7	15～20		四川大部		7	15～20
	甘肃	南部	4	10～15		云南	大部	7	15～20
		秦岭以南	7	15～20			南部	10～15	20
	青海	偏东	4	10～15		广西	大部	10～15	20
	宁夏	偏东	4	6～10			偏北	7	15～20
		南部	4	10～15	西藏			—	5
	新疆	北疆	5	10～11	东南	山东		4	10～15
		南疆	—	12		上海		5	15～20
		乌鲁木齐	8	12		浙江		5	15～20

直接供应热水的热水锅炉、热水机组或水加热器出口的最高水温和配水点的最低水温可按表 4-35 采用。

表 4-35 加热设备出口的最高水温和配水点的最低水温

水质处理情况	热水锅炉、热水机组或水加热器	配水点最低水温/℃
原水水质无需软化处理，原水水质需水质处理且有水质处理	75	50
原水水质需水质处理但未进行水质处理	60	50

注：当热水供应系统只供淋浴和盥洗用水，不供洗涤盆（池）洗涤用水时，配水点最低水温可不低于 40℃。

盥洗用、沐浴用和洗涤用的热水水温可按表 4-36 采用。

表 4-36 盥洗用、沐浴用和洗涤用的热水水温

用水对象	热水水温/℃
盥洗用(包括洗脸盆、盥洗槽、洗手盆用水)	30～35
沐浴用(包括浴盆、淋浴器用水)	37～40
洗涤用(包括洗涤盆、洗涤池用水)	≈50

4.2.2.2 耗热量、热水量和加热设备供热量的计算

热水小时变化系数 K_h 值可按表 4-37 采用。

表 4-37 热水小时变化系数 K_h 值

类别	热水用水定额/[L/(人(床)·d)]	使用人(床)数	K_h
住宅	60～100	100～6000	4.8～2.75
别墅	70～110	100～6000	4.21～2.47
酒店式公寓	80～100	150～1200	4.00～2.58
宿舍(Ⅰ、Ⅱ类)	70～100	150～1200	4.80～3.20
招待所培训中心、普通旅馆	25～50 40～60 50～80 60～100	150～1200	3.84～3.00
宾馆	120～160	150～1200	3.33～2.60

续表

类别	热水用水定额/[L/(人(床)·d)]	使用人(床)数	K_h
医院、疗养院	60～100 70～130 110～200 100～160	50～1000	3.63～2.56
幼儿园托儿所	20～40	50～1000	4.80～3.20
养老院	50～70	50～1000	3.20～2.74

注：1. K_h 应根据热水用水定额高低、使用人（床）数多少取值，当热水用水定额高、使用人（床）数多时取低值，反之取高值，使用人（床）数小于等于下限值及大于等于上限值的，K_h 就取下限值及上限值，中间值可用内插法求得。

2. 设有全日集中热水供应系统的办公楼、公共浴室等表中未列入的其他类建筑的 K_h 值可按给水的小时变化系数选值。

普通容积式水加热器 K 值可按表 4-38 采用。

表 4-38 普通容积式水加热器 *K* 值

热媒种类		热媒流速/(m/s)	被加热水流速/(m/s)	K/[kJ/(m²·℃·h)]	
				钢盘管	铜盘管
蒸汽压力/MPa	≤0.07	—	<0.1	640～698	756～814
	>0.07	—	<0.1	698～756	814～872
热水温度 70～150/℃		<0.5	<0.1	326～349	384～407

注：表中 K 值是按盘管内通过热媒和盘管外通过被加热水。

快速式水加热器 K 值可按表 4-39 采用。

表 4-39 快速式水加热器 *K* 值

被加热水流速/(m/s)	传热系数/[kJ/(m²·℃·h)]							
	热媒为热水时,热水流速/(m/s)						热媒为蒸汽时,蒸汽压力/MPa	
	0.5	0.75	1.0	1.5	2.0	2.5	≤100	>100
0.5	1105	1279	1400	1512	1628	1686	2733/2152	2588/2035
0.75	1244	1454	1570	1745	1919	1977	3431/2675	3198/2500
1.0	1337	1570	1745	1977	2210	2326	3954/3082	3663/2908

续表

被加热水流速/(m/s)	传热系数/[kJ/(m²·℃·h)]							
	热媒为热水时,热水流速/(m/s)						热媒为蒸汽时,蒸汽压力/MPa	
	0.5	0.75	1.0	1.5	2.0	2.5	≤100	>100
1.5	1512	1803	2035	2326	2558	2733	4536/3722	4187/3489
2.0	1628	1977	2210	2558	2849	3024	—/4361	—/4129
2.5	1745	2093	2384	2849	3198	3489	—	—

注：表中热媒为蒸汽，分子为两回程汽-水快速式水加热器将被加热水温度升高20～30℃时的传热系数，分母为两回程汽-水快速式水加热器将被加热水温度升高60～65℃时的传热系数。

4.2.3 建筑消防给水设计

4.2.3.1 工业和民用建筑室外消防用水量

工厂、仓库、堆场、储罐（区）和民用建筑在同一时间内的火灾次数不应小于表4-40中的规定。

表4-40 工厂、仓库、堆场、储罐（区）和民用建筑在同一时间内的火灾次数

名　称	基地面积/ha	附有居住区人数/万人	同一时间内的火灾次数/次	备　注
工厂	≤100	≤1.5	1	按需水量最大的一座建筑物(或堆场、储罐)计算
		>1.5	2	工厂、居住区各一次
	>100	不限	2	按需水量最大的两座建筑物(或堆场、储罐)之和计算
仓库、民用建筑	不限	不限	1	按需水量最大的一座建筑物(或堆场、储罐)计算

注：1. 采矿、选矿等工业企业当各分散基地有单独的消防给水系统时，可分别计算。

2. $1ha=10^4m^2$。

工厂、仓库和民用建筑一次灭火的室外消火栓用水量不应小于表4-41中的规定。

表 4-41　工厂、仓库和民用建筑一次灭火的室外消火栓用水量

单位：L/s

<table>
<tr><th rowspan="3">耐火等级</th><th rowspan="3" colspan="2">建筑物类别</th><th colspan="6">建筑物体积 V/m^3</th></tr>
<tr><th>$V \leqslant$</th><th>1500<</th><th>3000<</th><th>5000<</th><th>20000<</th><th>V</th></tr>
<tr><th>1500</th><th>$V \leqslant 3000$</th><th>$V \leqslant 5000$</th><th>$V \leqslant 20000$</th><th>$V \leqslant 50000$</th><th>>50000</th></tr>
<tr><td rowspan="10">一、二级</td><td rowspan="3">厂房</td><td>甲、乙类</td><td>10</td><td>15</td><td>20</td><td>25</td><td>30</td><td>35</td></tr>
<tr><td>丙类</td><td>10</td><td>15</td><td>20</td><td>25</td><td>30</td><td>40</td></tr>
<tr><td>丁、戊类</td><td>10</td><td>10</td><td>10</td><td>15</td><td>15</td><td>20</td></tr>
<tr><td rowspan="3">仓库</td><td>甲、乙类</td><td>15</td><td>15</td><td>25</td><td>25</td><td>—</td><td>—</td></tr>
<tr><td>丙类</td><td>15</td><td>15</td><td>25</td><td>25</td><td>35</td><td>45</td></tr>
<tr><td>丁、戊类</td><td>10</td><td>10</td><td>10</td><td>15</td><td>15</td><td>20</td></tr>
<tr><td rowspan="3">民用建筑</td><td>单层或多层</td><td>10</td><td>15</td><td>15</td><td>20</td><td>25</td><td>30</td></tr>
<tr><td>除住宅建筑外的一类高层</td><td colspan="6">30</td></tr>
<tr><td>一类高层住宅建筑、二类高层</td><td colspan="6">20</td></tr>
<tr><td rowspan="3">三级</td><td rowspan="2">厂房（仓库）</td><td>乙、丙类</td><td>15</td><td>20</td><td>30</td><td>40</td><td>45</td><td>—</td></tr>
<tr><td>丁、戊类</td><td>10</td><td>10</td><td>15</td><td>20</td><td>25</td><td>35</td></tr>
<tr><td colspan="2">民用建筑</td><td>10</td><td>15</td><td>20</td><td>25</td><td>30</td><td>—</td></tr>
<tr><td rowspan="2">四级</td><td colspan="2">丁、戊类厂房（仓库）</td><td>10</td><td>15</td><td>20</td><td>25</td><td>—</td><td>—</td></tr>
<tr><td colspan="2">民用建筑</td><td>10</td><td>15</td><td>20</td><td>25</td><td>—</td><td>—</td></tr>
</table>

注：1. 室外消火栓用水量应按消防用水量最大的一座建筑物计算。成组布置的建筑物应按消防用水量较大的相邻两座计算。

2. 国家级文物保护单位的重点砖木或木结构的建筑物，其室外消火栓用水量应按三级耐火等级民用建筑的消防用水量确定。

3. 铁路车站、码头和机场的中转仓库其室外消火栓用水量可按丙类仓库确定。

4. 建筑高度不超过 50m 且设置有自动喷水灭火系统的高层民用建筑，其室外消防用水量可按本表减少 5L/s。

4.2.3.2　城市、居住区室外消防用水量

城市、居住区的室外消防用水量应按同一时间内的火灾次数和一次灭火用水量确定。同一时间内的火灾次数和一次灭火用水量不应小于表 4-42 中的规定。

表 4-42　城市、居住区同一时间内的火灾次数和一次灭火用水量

人数 N/万人	同一时间内的火灾次数/次	一次灭火用水量/(L/s)
$N \leqslant 1.0$	1	10
$1.0 < N \leqslant 2.5$	1	15
$2.5 < N \leqslant 5.0$	2	25
$5.0 < N \leqslant 10.0$	2	35
$10.0 < N \leqslant 20.0$	2	45
$20.0 < N \leqslant 30.0$	2	55
$30.0 < N \leqslant 40.0$	2	65
$40.0 < N \leqslant 50.0$	3	75
$50.0 < N \leqslant 60.0$	3	85
$60.0 < N \leqslant 70.0$	3	90
$70.0 < N \leqslant 80.0$	3	95
$80.0 < N \leqslant 100.0$	3	100

注：1. 城市的室外消防用水量应包括居住区、工厂、仓库、堆场、储罐（区）和民用建筑的室外消火栓用水量。

2. 当工厂、仓库和民用建筑的室外消火栓用水量按表中的规定计算，其值与按本表计算不一致时，应取较大值。

4.2.3.3　其他建筑的室内消火栓用水量

高层民用建筑的室内消火栓用水量不应小于表 4-43 的规定。

表 4-43　高层民用建筑的室内消火栓用水量

建筑类别	建筑高度/m	消火栓用水量/(L/s)	每根竖管最小流量/(L/s)
普通住宅建筑	≤50	10	10
	>50	20	10
二类高层民用建筑和除普通住宅建筑外的其他高层住宅建筑	≤50	20	10
	>50	30	15
一类高层公共建筑和除住宅建筑外的其他一类高层居住建筑	≤50	30	15
	>50	40	15

其他建筑的室内消火栓用水量应根据水枪充实水柱长度和同时使用水枪数量经计算确定，且不应小于表 4-44 的规定。

表 4-44　其他建筑的室内消火栓用水量

建筑物名称	高度 h/m、层数、体积 $V(m^3)$ 或座位数 n(个)		消火栓用水量 /(L/s)	同时使用水枪数量 /支	每根竖管最小流量 /(L/s)
厂房	$h \leqslant 24$	$V \leqslant 10000$	5	2	5
		$V > 10000$	10	2	10
	$24 < h \leqslant 50$		25	5	15
	$h > 50$		30	6	15
仓库	$h \leqslant 24$	$V \leqslant 5000$	5	1	5
		$V > 5000$	10	2	10
	$24 < h \leqslant 50$		30	6	15
	$h > 50$		40	8	15
科研楼、试验楼	$h \leqslant 24, V \leqslant 10000$		10	2	10
	$h \leqslant 24, V > 10000$		15	3	10
车站、码头、机场的候车(船、机)楼和展览建筑等	$5000 < V \leqslant 25000$		10	2	10
	$25000 < V \leqslant 50000$		15	3	10
	$V > 50000$		20	4	15
剧院、电影院、会堂、礼堂、体育馆建筑等	$800 < n \leqslant 1200$		10	2	10
	$1200 < n \leqslant 5000$		15	3	10
	$5000 < n \leqslant 10000$		20	4	15
	$n > 10000$		30	6	15
商店、旅馆建筑等	$5000 < V \leqslant 10000$		10	2	10
	$10000 < V \leqslant 25000$		15	3	10
	$V > 25000$		20	4	15
病房楼、门诊楼等	$5000 < V \leqslant 10000$		5	2	5
	$10000 < V \leqslant 25000$		10	2	10
	$V > 25000$		15	3	10
办公楼、教学楼等其他民用建筑	$h \geqslant 6$ 层或 $V > 10000$		15	3	10

续表

建筑物名称	高度h(m)、层数、体积V(m^3)或座位数n(个)	消火栓用水量/(L/s)	同时使用水枪数量/支	每根竖管最小流量/(L/s)
国家级文物保护单位的重点砖木或木结构的古建筑	$V\leqslant10000$ $V>10000$	20 25	4 5	10 15
住宅建筑	建筑高度大于24m	5	2	5

注：1. 建筑高度不超过50m，室内消火栓用水量超过20L/s，且设置有自动喷水灭火系统的建筑物，其室内消防用水量可按高层民用建筑的室内消火栓用水量减少5L/s。

2. 丁、戊类高层厂房（仓库）室内消火栓的用水量可按其他建筑的室内消火栓用水量减少10L/s，同时使用水枪数量可按本表减少2支。

4.2.4 室内给水系统安装

4.2.4.1 支吊架安装

钢管管道支架的最大间距见表4-45。

表4-45 钢管管道支架的最大间距

公称直径/mm	支架的最大间距/m		公称直径/mm	支架的最大间距/m	
	保温管	不保温管		保温管	不保温管
15	2	2.5	80	4	6
20	2.5	3	100	4.5	6.5
25	2.5	3.5	125	6	7
32	2.5	4	150	7	8
40	3	4.5	200	7	9.5
50	3	5	250	8	11
70	4	6	300	8.5	12

塑料管及复合管管道支架的最大间距见表4-46。

表 4-46 塑料管及复合管管道支架的最大间距 单位：mm

管径/mm	最大间距/m			管径/mm	最大间距/m		
	立管	水平管			立管	水平管	
		冷水管	热水管			冷水管	热水管
12	0.5	0.4	0.2	40	1.3	0.9	0.5
14	0.6	0.4	0.2	50	1.6	1.0	0.6
16	0.7	0.5	0.25	63	1.8	1.1	0.7
18	0.8	0.5	0.3	75	2.0	1.2	0.8
20	0.9	0.6	0.3	90	2.2	1.35	—
25	1.0	0.7	0.35	110	2.4	1.55	—
32	1.1	0.8	0.4	—	—	—	—

铜管管道支架的最大间距见表 4-47。

表 4-47 铜管管道支架的最大间距

公称直径/mm	支架的最大间距/m		公称直径/mm	支架的最大间距/m	
	垂直管	水平管		垂直管	水平管
15	1.8	1.2	65	3.5	3.0
20	2.4	1.8	80	3.5	3.0
25	2.4	1.8	100	3.5	3.0
32	3.0	2.4	125	3.5	3.0
40	3.0	2.4	150	4.0	3.5
50	3.0	2.4	200	4.0	3.5

薄壁不锈钢管活动支架的最大间距见表 4-48。

表 4-48 薄壁不锈钢管活动支架的最大间距 单位：mm

公称直径 *DN*	10～15	20～25	32～40	50～65
水平管	1000	1500	2000	2500
立管	1500	2000	2500	3000

硬聚氯乙烯管支架间距见表 4-49。

表 4-49　硬聚氯乙烯管支架间距

管路外径/mm	最大支撑间距/m		管路外径/mm	最大支撑间距/m	
	立管	横管		立管	横管
40	—	0.4	110	2.0	1.10
50	1.5	0.5	160	2.0	1.60
75	2.0	0.75	—	—	—

4.2.4.2　金属管材安装

给水管预留孔洞尺寸及固定支架间距见表 4-50。

表 4-50　给水管预留洞、墙槽尺寸　　单位：mm

管道名称	管子规格	明管留洞尺寸（长×宽）	暗管墙槽尺寸（宽×深）
给水立管	$DN\leqslant25$	100×100	130×130
	$32\leqslant DN\leqslant50$	150×150	150×130
	$70\leqslant DN\leqslant100$	200×200	200×200
2 根给水立管并列	$DN\leqslant32$	150×100	200×130
1 根给水立管和 1 根排水立管并列	$DN\leqslant50$	200×150	200×130
	$75\leqslant DN\leqslant100$	250×200	250×200
2 根给水立管和 1 根排水立管并列	$DN\leqslant50$	200×150	250×200
	$75\leqslant DN\leqslant100$	350×200	380×200
给水支管	$DN\leqslant25$	100×100	60×60
	$32\leqslant DN\leqslant40$	150×130	150×100
给水引入管	$DN\leqslant100$	300×200	—

注：1. 给水引入管，管顶上部净空一般不小于 100mm。

2. 排水排出管，管顶上部净空一般不小于 150mm。

管与管及建筑构件之间的最小净距见表 4-51。

表 4-51　管与管及建筑构件之间的最小净距

管道名称	间　距
引入管	在平面上与排水管间的净距≥1mm
	在立面上需安装在排水管上方，净距≥150mm

续表

管道名称	间距
横干管	与其他管道的净距≥100mm
	与墙、地沟壁的净距≥100mm
	与梁、柱、设备的净距≥50mm
	与排水管的水平净距≥500mm
	与排水管的垂直净距≥150mm
立管	管中心距柱表面≥50mm
	当管径<32mm,至墙面的净距≥25mm
	当管径 32～50mm,至墙面的净距≥35mm
	当管径 75～100mm,至墙面的净距≥50mm
	当管径 125～150mm,至墙面的净距≥60mm
用具支管	管中心距墙面(按标准安装图集确定)
煤气引入管	与给水管道及供热管道的水平距离≥1m
	与排水管道的水平距离≥1.5mm

管道支承件最大间距见表 4-52。

表 4-52 管道支承件最大间距

公称外径 DN/mm	最大间距/m			
	冷水管		热水管	
	横管	立管	横管	立管
20	0.6	0.85	0.3	0.78
25	0.70	0.98	0.35	0.90
32	0.80	1.10	0.40	1.05
40	0.9	1.30	0.50	1.18
50	1.0	1.60	0.60	1.30
63	1.10	1.80	0.70	1.49
75	1.20	2.00	0.80	1.60
90	1.35	2.20	0.95	1.75
110	1.55	2.40	1.10	1.95
125	1.70	2.60	1.25	2.05
160	1.90	2.80	1.50	2.20

给水管道及设备保温的允许偏差和检验方法见表4-53。

表4-53 给水管道及设备保温的允许偏差和检验方法

项目		允许偏差/mm	检验方法
厚度		+0.1δ −0.05δ	用钢针刺入
表面平整度	卷材	5	用2m靠尺和楔形塞尺检查
	涂抹	10	

管道和阀门安装的允许偏差见表4-54。

表4-54 管道和阀门安装的允许偏差

项目			允许偏差/mm	检验方法
水平管道纵横方向弯曲	钢管	每米	1	用水平尺、直尺、拉线和尺量检查
		全长25m以上	≤25	
	塑料管 复合管	每米	1.5	
		全长25m以上	≤25	
	铸铁管	每米	2	
		全长25m以上	≤25	
立管垂直度	钢管	每米	3	吊线和尺量检查
		5m以上	≤8	
	塑料管 复合管	每米	2	
		5m以上	≤8	
	铸铁管	每米	3	
		5m以上	≤10	
成排管段和成排阀门		在同一平面上间距	3	尺量检查

钢管沟槽标准深度及公差见表4-55。

表4-55 钢管沟槽标准深度及公差

管径	沟槽深	公差	管径	沟槽深	公差
≤80	2.20	+0.3	200～250	2.50	+0.3
100～150	2.20	+0.3	300	3.0	+0.5

注：沟槽过深，则应作废品处理。

铜管焊口允许偏差见表4-56。

表 4-56 铜管焊口允许偏差

<table>
<tr><th colspan="3">项 目</th><th>允许偏差</th></tr>
<tr><td>焊口平直度</td><td colspan="2">管壁厚 10mm 以内</td><td>管壁厚 1/4</td></tr>
<tr><td rowspan="2">焊缝加强面</td><td colspan="2">高度</td><td rowspan="2">＋1mm</td></tr>
<tr><td colspan="2">宽度</td></tr>
<tr><td rowspan="3">咬边</td><td colspan="2">深度</td><td>小于 0.5mm</td></tr>
<tr><td rowspan="2">长度</td><td>连续长度</td><td>25mm</td></tr>
<tr><td>总长度(两侧)</td><td>小于焊缝长度的 10%</td></tr>
</table>

4.2.4.3 非金属管材安装

给水硬聚乙烯连接管材插入承口深度见表 4-57。

表 4-57 给水硬聚乙烯连接管材插入承口深度

管材公称直径/mm	管端插入承口深度/mm	管材公称直径/mm	管端插入承口深度/mm
20	15.0	75	42.5
25	17.5	90	50.5
32	21.0	110	60.0
40	25.0	125	67.5
50	30.0	140	75.0
63	36.5	160	85.0

给水硬聚乙烯管连接胶黏剂标准用量见表 4-58。

表 4-58 给水硬聚乙烯管连接胶黏剂标准用量

管材公称外径/mm	胶黏剂用量/(g/接口)	管材公称外径/mm	胶黏剂用量/(g/接口)
20	0.40	75	4.10
25	0.58	90	5.73
32	0.88	110	8.34
40	1.31	125	10.75
50	1.94	140	13.37
63	2.97	160	17.28

注：1. 使用量是按表面积 200g/m^2 计算的。

2. 表中数值为插口和承口两表面的使用量。

给水硬聚乙烯管粘接静置固化时间见表 4-59。

表 4-59　给水硬聚乙烯管粘接静置固化时间

公称外径/mm	管材表面温度		
	45～75℃	18～40℃	5～18℃
63 以下	12	20	30
63～110	30	45	60
110～160	45	60	90

给水硬聚乙烯管橡胶圈连接最小插入长度见表 4-60。

表 4-60　给水硬聚乙烯管橡胶圈连接最小插入长度

管材公称外径/mm	插入深度/mm	管材公称外径/mm	插入深度/mm
63	64	180	90
75	67	200	94
90	70	225	100
110	75	250	105
125	78	280	112
140	81	315	113
160	86		

PP-R 管热熔连接技术要求见表 4-61。

表 4-61　PP-R 管热熔连接技术要求

公称外径/mm	热熔深度/mm	加热时间/s	加工时间/s	冷却时间/min
20	14	5	4	3
25	16	7	4	3
32	20	8	4	4
40	21	12	6	4
50	22.5	18	6	5
63	24	24	6	6
90	32	40	10	8
110	38.5	50	15	10

注：若环境温度小于 5℃，加热时间应延长 50%。

4.2.5 室内消防系统安装

4.2.5.1 水泵接合器

室内消防水泵接合器的选用参数见表4-62。室内消防水泵接合器的尺寸见表4-63。

表4-62 水泵接合器的选用参数

室内消防流量 Q/(L/s)	水泵接合器		
	单个流量/(L/s)	公称直径/mm	个数/个
10	10	100	1
15	10	100	2
20	10	100	2
25	15	150	2
30	15	150	2
40	15	150	3

表4-63 水泵接合器的尺寸

公称直径 DN/mm		100	150
结构尺寸/mm	B_1	300	350
	B_2	350	480
	B_3	220	310
	H_1	700	700
	H_2	800	800
	H_3	210	325
	H_4	318	465
	L	130	160
法兰/mm	D	220	285
	D_1	180	240
	D_2	158	212
	d	17.5	22
	n	8	8
消防接口		KWS65	KWS80

4.2.5.2　水箱布置间距

室内消防水箱布置间距见表4-64。

表4-64　水箱布置间距　　单位：m

水箱形式	水箱外壁至墙面的距离			水箱之间的距离	水箱至建筑结构最低点的距离
	有管道一侧	且管道外壁与建筑本体墙面之间的通道宽度不宜小于0.6m	无管道一侧		
圆形	0.8		0.6	0.7	0.8
方形或矩形	1.0		0.7	0.7	0.8

4.2.5.3　消防喷头安装

直立型、下垂型喷头的布置，包括同一根配水支管上喷头的间距及相邻配水支管的间距，应根据系统的喷水强度、喷头的流量系数和工作压力确定，并不应大于表4-65中的规定，且不宜小于2.4m。

表4-65　同一根配水支管上喷头的间距及相邻配水支管的间距

喷水强度/[L/(min·m²)]	正方形布置的边长/m	矩形或平行四边形布置的长边边长/m	一只喷头的最大保护面积/m²	喷头与端墙的最大距离/m
4	4.4	4.5	20.0	2.2
6	3.6	4.0	12.5	1.8
8	3.4	3.6	11.5	1.7
≥12	3.0	3.6	9.0	1.5

注：1. 仅在走道设置单排喷头的闭式系统，其喷头间距应按走道地面不留漏喷空白点确定。

2. 货架内喷头的间距不应小于2m，并不应大于3m。

早期抑制快速响应喷头的溅水盘与顶板的距离，应符合表4-66中的规定。

表4-66　早期抑制快速响应喷头的溅水盘与顶板的距离　　单位：mm

喷头安装方式	直立型		下垂型	
	不应小于	不应大于	不应小于	不应大于
溅水盘与顶板的距离	100	150	150	360

喷头与被保护对象的水平距离，不应小于0.3m；喷头溅水盘

与保护对象的最小垂直距离不应小于表 4-67 中的规定。

表 4-67 喷头溅水盘与保护对象的最小垂直距离 单位：m

喷头类型	标准喷头	其他喷头
最小垂直距离	0.45	0.90

边墙型标准喷头的最大保护跨度与间距应符合表 4-68 中的规定。

表 4-68 边墙型标准喷头的最大保护跨度与间距 单位：m

设置场所火灾危险等级	轻危险级	中危险级Ⅰ级
配水支管上喷头的最大间距	3.6	3.0
单排喷头的最大保护跨度	3.6	3.0
两排相对喷头的最大保护跨度	7.2	6.0

注：1. 两排相对喷头应交错布置。

2. 室内跨度大于两排相对喷头的最大保护跨度时，应在两排相对喷头中间增设一排喷头。

喷头与梁、通风管道的距离应符合表 4-69 的规定。

表 4-69 喷头与梁、通风管道的距离 单位：m

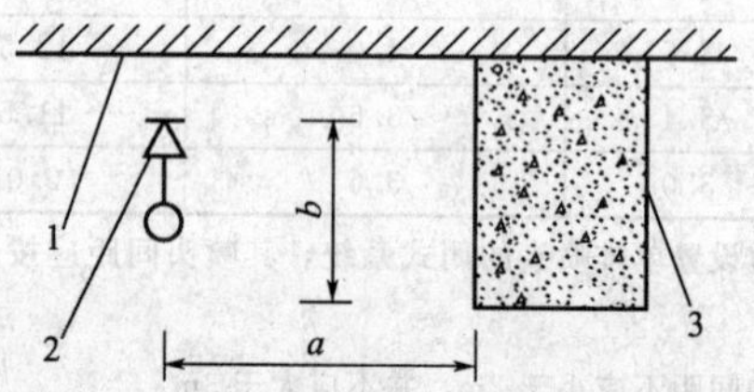

1—顶板；2—直立型喷头；3—梁(或通风管道)

喷头溅水盘与梁或通风管道的底面的最大垂直距离 b		喷头与梁、通风管道的水平距离 a
标准喷头	其他喷头	
0	0	$a<0.3$
0.06	0.04	$0.3\leqslant a<0.6$
0.14	0.14	$0.6\leqslant a<0.9$
0.24	0.25	$0.9\leqslant a<1.2$
0.35	0.38	$1.2\leqslant a<1.5$
0.45	0.55	$1.5\leqslant a<1.8$
>0.45	>0.55	$a=1.8$

喷头与邻近障碍物的最小水平距离应符合表 4-70 的规定。

表 4-70　喷头与邻近障碍物的最小水平距离　　单位：m

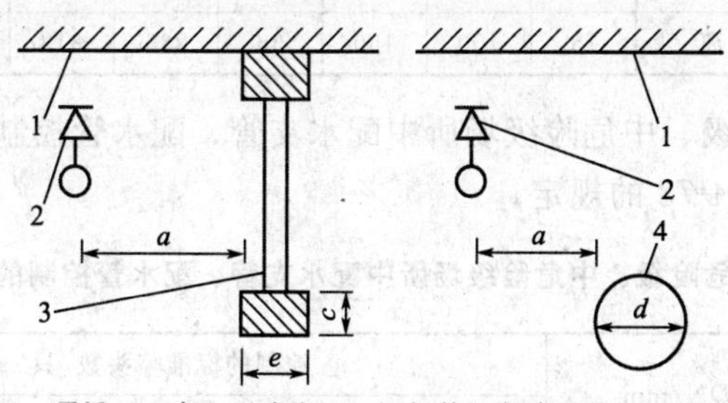

1—顶板；2—直立型喷头；3—屋架等间断障碍物；4—管道

喷头与邻近障碍物的最小水平距离	
c、e 或 $d \leqslant 0.2$	c、e 或 $d \leqslant 0.2$
$3c$ 或 $3e$（c 与 e 取最大值）或 $3d$	0.6

喷头溅水盘高于梁底、通风管道腹面的最大垂直距离应符合表 4-71 的规定。

表 4-71　喷头溅水盘高于梁底、通风管道腹面的最大垂直距离

喷头与梁、通风管道的水平距离/mm	喷头溅水盘高于梁底、通风管道腹面的最大垂直距离/mm
300～600	25
600～750	75
750～900	75
900～1050	100
1050～1200	150
1200～1350	180
1350～1500	230
1500～1680	280
1680～1800	360

喷头与隔断的水平距离和最小垂直距离应符合表 4-72 的规定。

表 4-72　喷头与隔断的水平距离和最小垂直距离

单位：mm

水平距离	150	225	300	375	450	600	750	>900
最小垂直距离	75	100	150	200	236	313	336	450

轻危险级、中危险级场所中配水支管、配水管控制的标准喷头数应符合表 4-73 的规定。

表 4-73　轻危险级、中危险级场所中配水支管、配水管控制的标准喷头数

公称直径 DN/mm	控制的标准喷头数/只	
	轻危险级	中危险级
25	1	1
32	3	3
40	5	4
50	10	8
65	18	12
80	48	32
100	—	64

4.2.5.4　室内消火栓安装

消火栓箱分明装、半明装和暗装三种形式，如图 4-5 所示。其箱底边距地面高度为 1.08m。常用的消火栓箱尺寸见表 4-74。

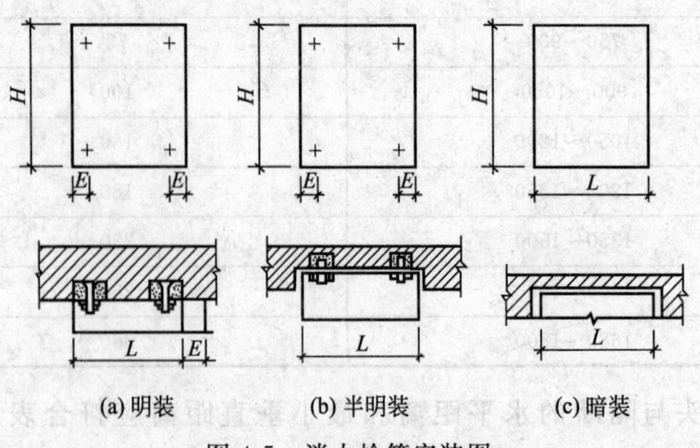

图 4-5　消火栓箱安装图

表 4-74　消火栓箱尺寸　　单位：mm

箱体尺寸($L\times H$)	箱宽 C	安装孔距 E
650×800	200、240、320 三种规格	50
700×1000		50
750×1200		50
1000×700		250

砖墙、混凝土墙上暗装、半暗装消火栓箱留洞尺寸应符合表4-75的规定。

表 4-75　砖墙、混凝土墙上暗装、半暗装消火栓箱留洞尺寸

单位：mm

消火栓外形尺寸($A\times B\times T$)	侧面进水		底部(后部进水)		洞口底边距地面高度
	A_1	B_1	A_2	B_2	
650×500×210	680	750	—	—	按栓口中心距安装地面高度为1.10m由设计人员确定
800×650×210(双栓)	830	1150	—	—	
800×650×160	830	900	1050	680	
800×650×180	830	900	1050	680	
800×650×200	830	900	1050	680	
800×650×210	830	900	1050	680	
800×650×240	830	900	1050	680	
800×650×280	830	900	1050	680	
800×650×320	830	900	1050	680	
900×650×240	—	—	1200	680	
1000×700×160	—	—	1250	730	
1000×700×180	—	—	1250	730	
1000×700×200	—	—	1250	730	
1000×700×240	—	—	1250	730	
1000×700×280	—	—	1250	730	
1150×700×240	—	—	1400	730	
1200×750×160	—	—	1450	780	
1200×750×180	—	—	1450	780	
1200×750×200	—	—	1450	780	
1200×750×240	—	—	1450	780	
1200×750×280	—	—	1450	780	
1350×750×240	—	—	1600	780	

续表

消火栓外形尺寸 (A×B×T)	侧面进水		底部(后部进水)		洞口底边距 地面高度
	A_1	B_1	A_2	B_2	
1600×700×240	1630	950	(1630)	(730)	135
1600×700×280	1630	950	(1630)	(730)	135
1700×700×240	1730	950	(1730)	(730)	185
1800×700×160	1830	950	(1830)	(730)	85
1800×700×180	1830	950	(1830)	(730)	85
1800×700×240	1830	950	(1830)	(730)	85、135
1800×700×280	1830	950	(1830)	(730)	135
1900×750×240	1930	1000	(1930)	(780)	85、135
2000×700×160	2030	1000	—	—	85
2000×700×180	2030	1000	—	—	85
2000×700×240	2030	1000	—	—	85

明装于砖墙、混凝土墙上的消火栓箱、明装于混凝土柱的消火栓箱、暗装于砖墙上的消火栓箱的材料用量可参考表4-76、表4-77和表4-78。

表4-76　明装于砖墙、混凝土墙上的消火栓箱所用材料

箱厚 T /mm	支承角钢/mm			螺栓		
	规格(长度)/mm	件数	质量/kg	规格	套	质量/kg
200	L 40×4(l=420)	2	2.03	M6×100	5	0.14
240	L 50×4(l=460)	2	3.47	M6×100	5	0.14
320	L 50×4(l=540)	2	4.01	M8×100	5	0.30

表4-77　明装于混凝土柱的消火栓箱所用材料

名称	规格	单位	数量
镀锌螺栓	M10×(柱厚+30mm)	套	4
镀锌扁钢	—50×5(柱宽+100mm)	套	4

表 4-78 暗装于砖墙上的消火栓箱所用材料

箱厚 T/mm	螺栓		
	规格/mm	套	质量/kg
200	M6×100	4	0.11
240	M8×100	4	0.21
320	M8×100	4	0.24

4.3 建筑排水设计与施工

4.3.1 建筑排水设计

4.3.1.1 卫生器具的高度

为使卫生器具使用方便，使其功能正常发挥，卫生器具的安装高度应满足表 4-79 中的要求。

表 4-79 卫生器具的安装高度要求

序号	卫生器具名称	卫生器具边缘离地高度/mm	
		居住和公共建筑	幼儿园
1	架空式污水盆(池)(至上边缘)	800	800
2	落地式污水盆(池)(至上边缘)	500	500
3	洗涤盆(池)(至上边缘)	800	800
4	洗手盆(至上边缘)	800	500
5	洗脸盆(至上边缘)	800	500
6	盥洗槽(至上边缘)	800	500
7	浴盆(至上边缘) 残障人用浴盆(至上边缘) 按摩浴盆(至上边缘) 淋浴盆(至上边缘)	480 450 450 100	— — — —
8	蹲、坐式大便器(从台阶面至高水箱底)	1800	1800
9	蹲式大便器(从台阶面至高水箱底)	900	900
10	坐式大便器(至低水箱底) 外露排出管式 虹吸喷射式 冲落式 旋涡连体式	 510 470 510 250	 — 370 — —

续表

序号	卫生器具名称	卫生器具边缘离地高度/mm	
		居住和公共建筑	幼儿园
11	坐式大便器(至上边缘) 外露排出管式 旋涡连体式 残障人用	 400 360 450	 — — —
12	蹲便器(至上边缘) 2踏步 1踏步	 320 200～270	 — —
13	大便槽(从台阶面至冲洗水箱底)	不低于2000	—
14	立式小便器(至受水部分上边缘)	100	—
15	挂式小便器(至受水部分上边缘)	600	450
16	小便槽(至台阶面)	200	150
17	化验盆(至上边缘)	800	—
18	净身器(至上边缘)	360	—
19	饮水器(至上边缘)	1000	—

4.3.1.2 管道布置和敷设

排水立管最低排水横支管与立管连接处距排水立管管底垂直距离不得小于表4-80中的规定。

表4-80 最低横支管与立管连接处至立管管底的最小垂直距离

立管连接卫生器具的层数/层	垂直距离/m	
	仅设伸顶通气	设通气立管
≤4	0.45	按配件最小安装尺寸确定
5～6	0.75	
7～12	1.20	
13～19	3.00	0.75
≥20	3.00	1.20

注：单根排水立管的排出管宜与排水立管相同管径。

最低横支管与立管连接处至立管管底的垂直距离不得小于表4-81中的规定。

表 4-81　最低横支管与立管连接处至立管管底的垂直距离

立管连接卫生器具层数/层	≤4	5～6	7～12	13～19	≥20
垂直距离/m	0.45	0.75	1.20	3.00	6.00

4.3.1.3　排水管道水力计算

卫生器具的排水量与给水量相同，也可以折算成当量，各卫生器具的排水量、当量、排水管管径见表 4-82。

表 4-82　卫生器具排水的流量、当量和排水管的管径

序号	卫生器具名称		排水流量/(L/s)	当量	排水管管径/mm
1	洗涤盆、污水盆(池)		0.33	1.00	50
2	餐厅、厨房洗菜盆(池)	单格	0.67	2.00	50
		双格	1.00	3.00	50
3	盥洗槽(每个水嘴)		0.33	1.00	50～75
4	洗手盆		0.10	0.30	32～50
5	洗脸盆		0.25	0.75	32～50
6	浴盆		1.00	3.00	50
7	淋浴器		0.15	0.45	50
8	大便器	高水箱	1.50	4.50	100
		低水箱	1.50	4.50	100
		冲落式	1.50	4.50	100
		虹吸式、喷射虹吸式	2.00	6.00	100
		自闭式冲洗阀	1.50	4.50	100
9	医用倒便器		1.50	4.50	100
10	小便器	自闭式冲洗阀	0.10	0.30	40～50
		感应式冲洗阀	0.10	0.30	40～50
11	大便槽	≤4 个蹲位	2.50	7.50	100
		>4 个蹲位	3.00	9.00	150
12	小便槽(每米长)自动冲洗水箱		0.17	0.50	—
13	化验盆(无塞)		0.20	0.60	40～50
14	净身器		0.10	0.30	40～50
15	饮水器		0.05	0.15	25～50
16	家用洗衣机		0.50	1.50	50

注：家用洗衣机排水软管，直径为 30mm，有上排水的家用洗衣机排水软管内径为 19mm。

建筑物内生活排水铸铁管道的坡度和设计充满度，宜按表 4-83 确定。

表 4-83　建筑物内生活排水铸铁管道的最小坡度和最大设计充满度

<table>
<tr><th>管径/mm</th><th>通用坡度</th><th>最小坡度</th><th>最大设计充满度</th></tr>
<tr><td>50</td><td>0.035</td><td>0.025</td><td rowspan="3">0.5</td></tr>
<tr><td>75</td><td>0.025</td><td>0.015</td></tr>
<tr><td>100</td><td>0.020</td><td>0.012</td></tr>
<tr><td>125</td><td>0.015</td><td>0.010</td><td>0.5</td></tr>
<tr><td>150</td><td>0.010</td><td>0.007</td><td rowspan="2">0.6</td></tr>
<tr><td>200</td><td>0.008</td><td>0.005</td></tr>
</table>

建筑排水塑料管粘接、熔接连接的排水横支管的标准坡度应为 0.026。胶圈密封连接排水横管的坡度和设计充满度可按表 4-84 进行调整。

表 4-84　建筑排水塑料管排水横管的最小坡度和最大设计充满度

<table>
<tr><th>外径/mm</th><th>通用坡度</th><th>最小坡度</th><th>最大设计充满度</th></tr>
<tr><td>50</td><td>0.025</td><td>0.0120</td><td rowspan="4">0.5</td></tr>
<tr><td>75</td><td>0.015</td><td>0.0070</td></tr>
<tr><td>110</td><td>0.012</td><td>0.0040</td></tr>
<tr><td>125</td><td>0.010</td><td>0.0035</td></tr>
<tr><td>160</td><td>0.007</td><td>0.0030</td><td rowspan="4">0.6</td></tr>
<tr><td>200</td><td>0.005</td><td>0.0030</td></tr>
<tr><td>250</td><td>0.005</td><td>0.0030</td></tr>
<tr><td>315</td><td>0.005</td><td>0.0030</td></tr>
</table>

为使污水中的悬浮杂质不致沉淀在管底，并且使水流能及时冲刷管壁上的污物，管道流速有一个最小允许流速，见表 4-85。为防止管壁因受污水中坚硬杂质高速流动的摩擦和防止过大的水流冲击而损坏，排水管应有最大允许流速，见表 4-86。

表 4-85 排水管道的最小允许流速

管渠类别	生活污水管道			明渠	雨水道及工业废水、雨水
	d<150mm	d=150mm	d=200mm		
最小流速/(m/s)	0.60	0.65	0.70	0.40	0.75

表 4-86 排水管道最大允许流速值

管道材料	金属管	陶土及陶瓷管	混凝土及石棉水泥管
生活污水/(m/s)	7.0	5.0	4.0
含有杂质的工业废水、雨水/(m/s)	10.0	7.0	7.0

不同管径、不同通气方式、不同管材的排水立管的最大排水流量按表 4-87～表 4-89 确定。

表 4-87 设有通气管系的铸铁排水立管最大排水能力

排水立管管径/mm	排水能力/(L/s)	
	仅设伸顶通气管	有专用通气立管或主通气立管
50	1.0	—
75	2.5	5
100	4.5	9
125	7.0	14
150	10.0	25

表 4-88 设有通气管系的塑料排水立管最大排水能力

排水立管管径/mm	排水能力/(L/s)	
	仅设伸顶通气管	有专用通气立管或主通气立管
50	1.2	—
75	3.0	—
90	3.8	—
110	5.4	10.0
125	7.5	16.0
160	12.0	28.0

表 4-89　单立管排水系统的立管最大排水力能力

排水立管管径/mm	排水能力/(L/s)		
	混合器	塑料螺旋管	旋流器
75	—	3.0	
100	6.0	6.0	7.0
125	9.0	—	10.0
150	13.0	13.0	15.0

生活排水立管的最大设计排水能力应按表 4-90 确定。立管管径不得小于所连接的横支管管径。

表 4-90　生活排水立管的最大设计排水能力

排水立管系统类型			最大设计排水能力/(L/s)				
			排水立管管径/mm				
			50	75	100(100)	125	150(160)
伸顶通气	立管与横支管连接配件	90°顺水三通	0.8	1.3	3.2	4.0	5.7
		45°斜三通	1.0	1.7	4.0	5.2	7.4
专用通气	专用通气管 75mm	结合通气管每层连接	—	—	5.5	—	—
		结合通气管隔层连接	—	3.0	4.4	—	—
	专用通气管 100mm	结合通气管每层连接	—	—	8.8	—	—
		结合通气管隔层连接	—	—	4.8	—	—
主、副通气管＋环形通气管			—	—	11.5	—	—
自循环通气	专用通气形式		—	—	4.4	—	—
	环形通气形式		—	—	5.9	—	—
特殊单立管	混合器		—	—	4.5	—	—
	内螺旋管＋旋流器	普通型	—	1.7	—	—	8.0
		加强型	—	—	6.3	—	—

注：排水层数在 15 层以上时，宜乘 0.9 系数。

4.3.2　建筑排水系统安装

4.3.2.1　室内卫生器具安装

(1) 卫生器具安装

卫生器具安装高度应符合表 4-91 的规定。卫生器具给水配件的安装高度应符合表 4-92 的规定。

表 4-91　卫生器具安装高度

卫生器具名称			卫生器具安装高度/mm		备　注
			居住和公共建筑	幼儿园	
污水盆(池)	架空式		800	800	—
	落地式		500	500	
洗涤盆(池)			800	800	自地面至器具上边缘
洗脸盆、洗手盆(有塞、无塞)			800	500	
盥洗槽			800	500	
浴盆			≤520	—	
蹲式大便器	高水箱		1800	1800	自台阶面至高水箱底
	低水箱		900	900	自台阶面至低水箱底
坐式大便器	高水箱		1800	1800	自台阶面至高水箱底
	低水箱	外露排水管式	510	—	自台阶面至低水箱底
		虹吸喷射式	470	370	
小便器	挂式		600	450	自地面至下边缘
小便槽			200	150	自地面至台阶面
大便槽冲洗水箱			≤2000	—	自台阶面至水箱底
妇女卫生盆			360	—	自地面至器具上边缘
化验盆			800	—	自地面至器具上边缘

表 4-92　卫生器具给水配件的安装高度

给水配件名称	配件中心距地面高度/mm	冷热水龙头距离/mm
架空式污水盆(池)水龙头	1000	—
落地式污水盆(池)水龙头	800	—
洗涤盆(池)水龙头	1000	150
住宅集中给水龙头	1000	—
洗手盆水龙头	1000	—

续表

给水配件名称		配件中心距地面高度/mm	冷热水龙头距离/mm
洗脸盆	水龙头(上配水)	1000	150
	水龙头(下配水)	800	150
	角阀(下配水)	450	—
盥洗槽	水龙头	1000	150
	冷热水管上下并行(其中热水龙头)	1100	150
浴盆	水龙头(上配水)	670	150
淋浴器	截止阀	1150	95
	混合阀	1150	—
	淋浴喷头下沿	2100	—
蹲式大便器(台阶面算起)	高水箱角阀及截止阀	2040	—
	低水箱角阀	250	—
	手动式自闭冲洗阀	600	—
	脚踏式自闭冲洗阀	150	—
	拉管式冲洗阀(从地面算起)	1600	—
	带防污助冲器阀门(从地面算起)	900	—
坐式大便器	高水箱角阀及截止阀	2040	—
	低水箱角阀	150	—
大便槽冲洗水箱截止阀(从台阶面算起)		≤2400	—
立式小便器角阀		1130	—
挂式小便器角阀及截止阀		1050	—
小便槽多孔冲洗管		1100	—
实验室化验水龙头		1000	—
妇女卫生盆混合阀		360	—

注：装设在幼儿园内的洗手盆、洗脸盆和盥洗槽水嘴中心离地面安装高度应为700mm，其他卫生器具给水配件的安装高度，应按卫生器具实际尺寸相应减少。

洗涤盆规格尺寸可参照表4-93；洗涤盆托架尺寸可参照表4-94。

表 4-93　洗涤盆规格尺寸　　　　单位：mm

类别	代号	尺寸				
类别	A	610	560	510	460	410
	B	410	360	360	310	310
		460	410		360	
	C	200			150	
	D	65			50	
卷沿盆	E_1	55				
	E_2	85				
	F	415	365	315	265	215
	a	165	140	115	90	65
直沿盆	E_1	40				
	E_2	70				
	F	460	410	360	310	260
	a	195	170	145	120	95

表 4-94　洗涤盆托架尺寸

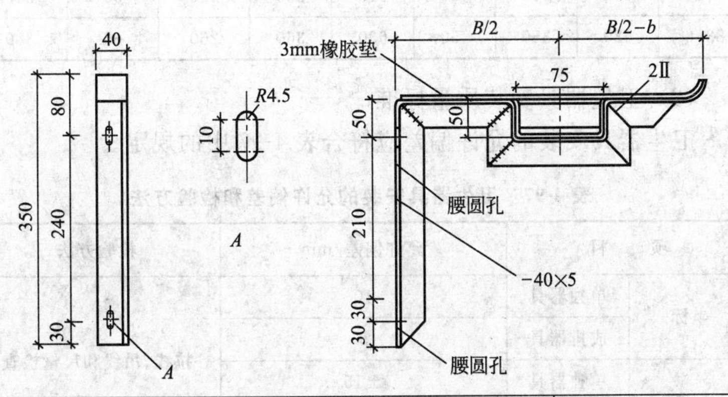

B	B/2	B/2−b(卷沿盆)	B/2−b(直沿盆)
460	230	200	220
410	205	175	195
360	180	150	170
310	155	125	145

大便槽冲洗管、污水管管径及每蹲位冲洗水量应符合表 4-95 的规定。

表 4-95 大便槽冲洗管、污水管管径及每蹲位冲洗水量

蹲位数	冲洗管管径/mm	每蹲位冲洗水量/L	污水管管径/mm
1～3	40	15	100
4～8	50	12	11
9～12	70	11	150

冲洗水箱规格及水箱支架尺寸应符合表 4-96 的规定。

表 4-96 冲洗水箱规格及水箱支架尺寸 单位：mm

水箱规格				水箱支架尺寸				
容量/L	长	宽	高	长	宽	支架脚长	冲水管管径	进水管距箱底高度
30	450	250	340	460	260	260	40	280
45.6	470	300	400	480	310	260	40	340
57	550	300	400	560	310	260	50	340
68	600	350	400	610	360	260	50	340
83.6	620	350	450	630	360	260	65	380

（2）卫生器具安装质量标准

卫生器具安装的允许偏差应符合表 4-97 中的规定。

表 4-97 卫生器具安装的允许偏差和检验方法

项目		允许偏差/mm	检验方法
坐标	单独器具	10	拉线、吊线和尺量检查
	成排器具	5	
标高	单独器具	±15	
	成排器具	±10	
器具水平度		2	用水平尺和尺量检查
器具垂直度		3	吊线和尺量检查

卫生器具排水管道安装的允许偏差应符合表4-98中的规定。

表4-98　卫生器具排水管道安装的允许偏差

项　目		允许偏差/mm	检验方法
横管弯曲度	每1m长	2	用水平尺量检查
	横管长度≤10m，全长	＜8	
	横管长度＞10m，全长	10	
卫生器具的排水管及横支管的纵横坐标	单独器具	10	用尺量检查
	成排器具	5	
卫生器具的接口标高	单独器具	±10	用水平尺和尺量检查
	成排器具	±5	

卫生器具给水配件安装标高的允许偏差和检验方法应符合表4-99中的规定。

表4-99　卫生器具给水配件安装标高的允许偏差和检验方法

项　目	允许偏差/mm	检验方法
大便器高、低水箱角阀及截止阀	±10	尺量检查
水嘴	±10	
淋浴器喷头下沿	±15	
浴盆软管淋浴器挂钩	±20	

4.3.2.2　室内排水管道安装

排水管道穿墙、穿楼板时配合土建预留孔洞的洞口尺寸见表4-100。

表4-100　排水管道穿墙、穿楼板时配合土建预留孔洞的洞口尺寸

单位：mm

管道名称	管径	孔洞尺寸
排水立管	50	150×150
	70～100	200×200
排水横支管	≤80	250×200
	100	300×250

间接排水口最小空气间隙见表4-101。

表4-101 间接排水口最小空气间隙 单位：mm

间接排水管径	排水口最小空气间隙
≤25	50
32～50	100
>50	150

注：饮料用贮水箱的间接排水口最小空气间隙不得小于150mm。

距离较长的直线管段上应设检查口或清扫口，其最大间距见表4-102。

表4-102 排水横管上的直线管段上检查口或清扫口之间的最大距离

管道管径/mm	清扫设备种类	距离/m	
		生活废水	生活污水
50～75	检查口	15	12
	清扫口	10	8
100～150	检查口	20	15
	清扫口	15	10
200	检查口	25	20

排水立管底部或排出管上的清扫口至室外检查井中心的最大长度见表4-103。

表4-103 排水立管底部或排出管上的清扫口至室外检查井中心的最大长度

管径 *DN*/mm	最大长度/m
50	10
75	12
100	15
>150	20

室内排水管道安装的允许偏差和检验方法见表4-104。

表 4-104　室内排水管道安装的允许偏差和检验方法

项目				允许偏差/mm	检验方法
坐标				15	用水准仪（水平尺）、直尺、拉线和尺量检查
标高				±15	
横管纵横方向弯曲	铸铁管	每 1m		≤1	
		全长（25m 以上）		≤25	
	钢管	每 1m	管径小于或等于 100mm	1	
			管径大于 100mm	1.5	
		全长（25m 以上）	管径小于或等于 100mm	≤25	
			管径大于 100mm	≤308	
	塑料管	每 1m		1.5	
		全长（25m 以上）		≤38	
	钢筋混凝土管、混凝土管	每 1m		3	
		全长（25m 以上）		≤75	
立管垂直度	铸铁管	每 1m		3	吊线和尺量检查
		全长（5m 以上）		≤15	
	钢管	每 1m		3	
		全长（5m 以上）		≤10	
	塑料管	每 1m		3	
		全长（5m 以上）		≤15	

生活污水铸铁管道的坡度应符合表 4-105 的规定。

表 4-105　生活污水铸铁管道的坡度

管径/mm	标准坡度/‰	最小坡度/‰
50	35	25
75	25	15
110	20	12
125	15	10
150	10	7
200	8	5

生活污水塑料管道的坡度应符合表 4-106 的规定。

表 4-106 生活污水塑料管道的坡度

管径/mm	标准坡度/‰	最小坡度/‰
50	25	12
75	15	8
110	12	6
125	10	5
160	7	4

塑料排水管道支吊架最大间距应符合表 4-107 的规定。

表 4-107 塑料排水管道支吊架最大间距 单位：m

管径/mm	50	75	110	125	160
立管	1.2	1.2	2.0	2.0	2.0
横管	0.5	0.75	1.10	1.30	1.60

4.3.2.3 雨水排水管道安装

地下埋设雨水排水管道的最小坡度见表 4-108。

表 4-108 地下埋设雨水排水管道的最小坡度

管径/mm	最小坡度/‰	管径/mm	最小坡度/‰
50	20	125	6
75	15	150	5
100	8	200～400	4

悬吊式雨水管检查口间距见表 4-109。

表 4-109 悬吊式雨水管检查口间距

悬吊管直径/mm	检查口间距/m
≤150	≤15
≥200	≤20

雨水钢管管道焊接的焊口允许偏差和检验方法见表 4-110。

表 4-110　雨水钢管管道焊接的焊口允许偏差和检验方法

<table>
<tr><th colspan="3">项　　目</th><th>允许偏差</th><th>检验方法</th></tr>
<tr><td>焊口平直度</td><td colspan="2">管壁厚 10mm 以内</td><td>管壁厚 1/4</td><td rowspan="3">焊接检验尺和游标卡尺检查</td></tr>
<tr><td rowspan="2">焊缝加强面</td><td colspan="2">高度</td><td rowspan="2">＋1mm</td></tr>
<tr><td colspan="2">宽度</td></tr>
<tr><td rowspan="3">咬边</td><td colspan="2">深度</td><td>小于 0.5mm</td><td rowspan="3">直尺检查</td></tr>
<tr><td rowspan="2">长度</td><td>连续长度</td><td>25mm</td></tr>
<tr><td>总长度(两侧)</td><td>小于焊缝长度的 10%</td></tr>
</table>

4.4　室外给水排水管道设计与施工

4.4.1　室外给水管道工程

4.4.1.1　城市居民用水量

居民生活用水定额见表 4-111。

表 4-111　居民生活用水定额　　单位：L/(人·d)

分　区	特大城市		大城市		中、小城市	
	最高日	平均日	最高日	平均日	最高日	平均日
一	180～270	140～210	160～250	120～190	140～230	100～170
二	140～200	110～160	120～180	90～140	100～160	70～120
三	140～180	110～150	120～160	90～130	100～140	70～110

综合生活用水定额见表 4-112。

4.4.1.2　城市综合用水量标准

为反映城市规模对用水水平的影响，将城市分为特大城市、大城市、中等城市和小城市四个等级，划分指标见表 4-113。

为反映气候及地理因素对城市用水水平的影响，参照水资源分区将全国划分为 12 个城市分区，见表 4-114。

表 4-112　综合生活用水定额　　单位：L/(人·d)

分区	特大城市		大城市		中、小城市	
	最高日	平均日	最高日	平均日	最高日	平均日
一	260～410	210～340	240～390	190～310	220～370	170～280
二	190～280	150～240	170～260	130～210	150～240	110～180
三	170～270	140～230	150～250	120～200	130～230	100～170

注：1. 特大城市指：市区和近郊区非农业人口 100 万及以上的城市；大城市指：市区和近郊区非农业人口 50 万及以上，不满 100 万的城市；中、小城市指：市区和近郊区非农业人口不满 50 万的城市。

2. 一区包括：湖北、湖南、江西、浙江、福建、广东、广西、海南、上海、江苏、安徽、重庆；二区包括：四川、贵州、云南、黑龙江、吉林、辽宁、北京、天津、河北、山西、河南、山东、宁夏、陕西、内蒙古河套以东和甘肃黄河以东的地区；三区包括：新疆、青海、西藏、内蒙古河套以西和甘肃黄河以西的地区。

3. 经济开发区和特区城市，根据用水实际情况，用水定额可酌情增加。

4. 当采用海水或污水再生水等作为冲厕用水时，用水定额相应减少。

表 4-113　城市等级划分　　单位：万人

等　别	城市人口数量 P
特大城市	$P \geqslant 100$
大城市	$50 \leqslant P < 100$
中等城市	$20 \leqslant P < 50$
小城市	$P < 20$

表 4-114　城市分区

区　域	对应的水资源分区
Ⅰ	松花江区、辽河区
Ⅱ	海河区
Ⅲ	黄河区龙羊峡以上、龙羊峡至兰州、兰州至河口镇、河口镇至龙门四个二级分区
Ⅳ	黄河区龙门至三门峡、三门峡至花园口、花园口以下、内流区四个二级分区
Ⅴ	淮河区

续表

区　域	对应的水资源分区
Ⅵ	长江区金沙江石鼓以上、金沙江石鼓以下、岷沱江、嘉陵江、乌江、宜宾至宜昌六个二级分区
Ⅶ	长江区洞庭湖水系、汉江、鄱阳湖水系、宜昌至湖口四个二级分区
Ⅷ	长江区湖口以下干流、太湖水系两个二级分区
Ⅸ	东南诸河区
Ⅹ	珠江区
Ⅺ	西南诸河区
Ⅻ	西北诸河区

注：1 香港特别行政区、澳门特别行政区可结合区域特点及城市用水水平、在Ⅹ区用水指标基础上合理确定。

2. 台湾省可结合区域特点及城市用水水平、在Ⅸ区用水指标基础上合理确定。

3. 城市分区对照见附录。

人口综合用水指标宜按表 4-115 规定取值。

表 4-115　人口综合用水指标　　单位：m^3/(人·a)

区　域	城市规模			
	特大城市	大城市	中等城市	小城市
Ⅰ区	140～190	105～145	70～105	55～80
Ⅱ区	95～155	100～155	90～140	100～155
Ⅲ区	100～160	100～160	90～130	80～120
Ⅳ区	65～100	70～105	65～95	65～110
Ⅴ区	65～95	80～130	70～120	70～115
Ⅵ区	110～155	110～150	105～145	95～125
Ⅶ区	115～155	180～245	130～175	100～135
Ⅷ区	200～265	240～320	165～220	135～180
Ⅸ区	145～200	130～175	140～190	145～195
Ⅹ区	160～215	145～200	130～175	110～150
Ⅺ区	—	65～85	65～90	70～110
Ⅻ区	120～195	120～180	110～165	130～210

注：Ⅺ区不存在特大城市，也不具备特大城市发展条件。

土地综合用水指标，宜按表 4-116 规定取值。

表 4-116　土地综合用水指标

单位：$\times 10^4 m^3/(km^2 \cdot a)$

区　域	城市规模			
	特大城市	大城市	中等城市	小城市
Ⅰ区	190～265	115～190	70～115	40～70
Ⅱ区	110～175	110～180	110～170	80～125
Ⅲ区	100～170	110～175	100～150	60～95
Ⅳ区	110～180	95～160	85～130	70～110
Ⅴ区	95～155	100～165	95～150	80～125
Ⅵ区	140～190	130～180	105～145	80～105
Ⅶ区	205～280	280～385	140～190	95～140
Ⅷ区	285～395	270～370	130～175	125～170
Ⅸ区	165～225	155～210	160～215	160～215
Ⅹ区	220～300	230～310	160～210	100～140
Ⅺ区	—	95～155	60～95	60～95
Ⅻ区	125～205	100～160	100～155	85～130

注：Ⅺ区不存在特大城市，也不具备特大城市发展条件。

经济综合用水指标宜按表 4-117 规定取值。

表 4-117　经济综合用水指标

单位：m^3/(万元 GDP·a)

区　域	城市规模		
	特大城市	大城市	中等城市
Ⅰ区	55～80	80～115	60～80
Ⅱ区	35～60	55～90	70～115
Ⅲ区	60～90	85～140	70～115
Ⅳ区	45～70	50～85	35～60
Ⅴ区	30～50	45～70	45～80
Ⅵ区	50～70	55～75	60～85

续表

区　域	城市规模		
	特大城市	大城市	中等城市
Ⅶ区	60～85	120～180	90～125
Ⅷ区	45～70	70～100	65～90
Ⅸ区	35～50	35～50	50～80
Ⅹ区	45～60	60～80	45～65
Ⅺ区	—	40～60	45～75
Ⅻ区	65～105	75～120	65～105

注：Ⅺ区不存在特大城市，也不具备特大城市发展条件。

4.4.1.3　室外消防给水

可燃材料堆场、可燃气体储罐（区）的室外消防用水量，不应小于表 4-118 的规定。

表 4-118　可燃材料堆场、可燃气体储罐（区）的室外消防用水量

单位：L/s

名　称		总储量或总容量	消防用水量
粮食 W/t	土圆囤	$30<W\leqslant500$	15
		$500<W\leqslant5000$	25
		$5000<W\leqslant20000$	40
		$W>20000$	45
	席穴囤	$30<W\leqslant500$	20
		$500<W\leqslant5000$	35
		$5000<W\leqslant20000$	50
棉、麻、毛、化纤百货 W/t		$10<W\leqslant500$	20
		$500<W\leqslant1000$	35
		$1000<W\leqslant5000$	50
稻草、麦秸、芦苇等易燃材料 W/t		$50<W\leqslant500$	20
		$500<W\leqslant5000$	35
		$5000<W\leqslant10000$	50
		$W>10000$	60

续表

名称	总储量或总容量	消防用水量
木材等可燃材料 V/m^3	$50<V\leqslant1000$	20
	$1000<V\leqslant5000$	30
	$5000<V\leqslant10000$	45
	$V>10000$	55
煤和焦炭 W/t	$100<W\leqslant5000$	15
	$W>5000$	20
可燃气体储罐(区)V/m^3	$500<V\leqslant10000$	15
	$10000<V\leqslant50000$	20
	$50000<V\leqslant100000$	25
	$100000<V\leqslant200000$	30
	$V>200000$	35

注：固定容积的可燃气体储罐的总容积按其几何容积（m^3）和设计工作压力（绝对压力，105Pa）的乘积计算。

甲、乙、丙类液体储罐（区）冷却水的供给范围和供给强度不应小于表 4-119 的规定。

液化石油气储罐（区）的水枪用水量不应小于表 4-120 的规定。

表 4-119　甲、乙、丙类液体储罐冷却水的供给范围和供给强度

<table>
<tr><th>设备类型</th><th colspan="3">储罐名称</th><th>供给范围</th><th>供给强度</th></tr>
<tr><td rowspan="8">移动式水枪</td><td rowspan="4">着火罐</td><td colspan="2">固定顶立式罐(包括保温罐)</td><td>罐周长</td><td>0.60L/(s·m)</td></tr>
<tr><td colspan="2">浮顶罐(包括保温罐)</td><td>罐周长</td><td>0.45L/(s·m)</td></tr>
<tr><td colspan="2">卧式罐</td><td>罐壁表面积</td><td>0.10L/(s·m²)</td></tr>
<tr><td colspan="2">地下立式罐、半地下和地下卧式罐</td><td>无覆土罐壁表面积</td><td>0.10L/(s·m²)</td></tr>
<tr><td rowspan="4">相邻罐</td><td rowspan="2">固定顶立式罐</td><td>不保温罐</td><td rowspan="2">罐周长的一半</td><td>0.35L/(s·m)</td></tr>
<tr><td>保温罐</td><td>0.20L/(s·m)</td></tr>
<tr><td colspan="2">卧式罐</td><td>罐壁表面积的一半</td><td>0.10L/(s·m²)</td></tr>
<tr><td colspan="2">半地下、地下罐</td><td>无覆土罐壁表面积的一半</td><td>0.10L/(s·m²)</td></tr>
</table>

续表

设备类型	储罐名称		供给范围	供给强度
固定式设备	着火罐	立式罐	罐周长	0.50L/(s·m)
		卧式罐	罐壁表面积	0.10L/(s·m²)
	相邻罐	立式罐	罐周长的一半	0.50L/(s·m)
		卧式罐	罐壁表面积的一半	0.10L/(s·m²)

注：1. 冷却水的供给强度还应根据实地灭火战术所使用的消防设备进行校核。

2. 当相邻罐采用不燃材料作绝热层时，其冷却水供给强度可按本表减少50%。

3. 储罐可采用移动式水枪或固定式设备进行冷却。当采用移动式水枪进行冷却时，无覆土保护的卧式罐的消防用水量，当计算出的水量小于15L/s时，仍应采用15L/s。

4. 地上储罐的高度大于15m或单罐容积大于2000m³时，宜采用固定式冷却水设施。

5. 当相邻储罐超过4个时，冷却用水量可按4个计算。

表4-120 液化石油气储罐（区）的水枪用水量

总容积 V/m³	$V \leqslant 500$	$500 < V \leqslant 2500$	$V > 2500$
单罐容积 V/m³	$V \leqslant 100$	$V \leqslant 400$	$V > 400$
水枪用水量/(L/s)	20	30	45

注：1. 水枪用水量应按本表总容积和单罐容积较大者确定。

2. 总容积小于50m³的储罐区或单罐容积不大于20m³的储罐，可单独设置固定喷水冷却装置或移动式水枪，其消防用水量应按水枪用水量计算。

3. 埋地的液化石油气储罐可不设固定喷水冷却装置。

4.4.1.4 室外给水管道设计

城镇给水管道与建（构）筑物、铁路以及和其他工程管道的最小水平净距，应根据建（构）筑物基础、路面种类、卫生安全、管道埋深、管径、管材、施工方法、管道设计压力、管道附属构筑物的大小等按表4-121的规定确定。

表 4-121　给水管与其他管线及建筑物之间的最小水平距离

单位：m

<table>
<tr><th colspan="3" rowspan="2">建(构)筑物或管线名称</th><th colspan="2">与给水管线的最小水平净距/m</th></tr>
<tr><th>$D\leqslant 200$mm</th><th>$D>200$mm</th></tr>
<tr><td colspan="3">建筑物</td><td>1.0</td><td>3.0</td></tr>
<tr><td colspan="3">污水、雨水排水管</td><td>1.0</td><td>1.5</td></tr>
<tr><td rowspan="3">燃气管</td><td>中低压</td><td>$P\leqslant 0.4$MPa</td><td colspan="2">0.5</td></tr>
<tr><td rowspan="2">高压</td><td>0.4MPa$<P\leqslant$0.8MPa</td><td colspan="2">1.0</td></tr>
<tr><td>0.8MPa$<P\leqslant$1.6MPa</td><td colspan="2">1.5</td></tr>
<tr><td colspan="3">热力管</td><td colspan="2">1.5</td></tr>
<tr><td colspan="3">电力电缆</td><td colspan="2">0.5</td></tr>
<tr><td colspan="3">电信电缆</td><td colspan="2">1.0</td></tr>
<tr><td colspan="3">乔木(中心)</td><td colspan="2" rowspan="2">1.5</td></tr>
<tr><td colspan="3">灌木</td></tr>
<tr><td rowspan="2">地上杆柱</td><td colspan="2">通信照明及<10kV</td><td colspan="2">0.5</td></tr>
<tr><td colspan="2">高压铁塔基础边</td><td colspan="2">3.0</td></tr>
<tr><td colspan="3">道路侧石边缘</td><td colspan="2">1.5</td></tr>
<tr><td colspan="3">铁路钢轨(或坡脚)</td><td colspan="2">5.0</td></tr>
</table>

给水管道与其他管线交叉时的最小垂直净距，可按表 4-122 的规定确定。

表 4-122　给水管与其他管线最小垂直净距　　单位：m

<table>
<tr><th colspan="2">管线名称</th><th>与给水管线的最小垂直净距/m</th></tr>
<tr><td colspan="2">给水管线</td><td>0.15</td></tr>
<tr><td colspan="2">污、雨水排水管线</td><td>0.40</td></tr>
<tr><td colspan="2">热力管线</td><td>0.15</td></tr>
<tr><td colspan="2">燃气管线</td><td>0.15</td></tr>
<tr><td rowspan="2">电信管线</td><td>直埋</td><td>0.50</td></tr>
<tr><td>管块</td><td>0.15</td></tr>
<tr><td colspan="2">电力管线</td><td>0.15</td></tr>
</table>

续表

管线名称	与给水管线的最小垂直净距/m
沟渠(基础底)	0.50
涵洞(基础底)	0.15
电车(轨底)	1.00
铁路(轨底)	1.00

4.4.1.5 室外给水管道安装

给水管道与其他管线（构筑物）的最小距离见表4-123。

表4-123 给水管道与其他管线（构筑物）的最小距离

单位：m

管线(构筑物)名称	与给水管道的水平净距	与排水管道的水平净距	与排水管道的垂直净距(排水管在下)
铁路远期路堤坡脚	5	—	—
铁路远期路堑坡脚	10	—	—
低压燃气管	0.5	1.0	0.15
中压燃气管	0.5	1.2	0.15
次高压燃气管	1.5	1.5	0.15
高压燃气管	2.0	2.0	0.15
热力管沟	1.5	1.5	0.15
街树中心	1.5	1.5	—
通讯及照明杆	1.0	1.5	1.5
高压电杆支座	3.0	3.0	—
电力电缆	1.0	1.0	0.5
通讯电缆	0.5	1.0	直埋0.5,穿管0.15
工艺管道	—	1.5	0.25
排水管	1.0	1.5	0.15
给水管	0.5	1.0	0.15

铸铁管道承插捻口对口最大间隙见表4-124。

表 4-124 铸铁管道承插捻口对口最大间隙 单位：mm

管径	环向间隙	允许偏差
75	4	5
100～250	5	7～13
300～500	6	14～22

铸铁管承插捻口的环形间隙见表 4-125。

表 4-125 铸铁管承插捻口的环形间隙 单位：mm

管径	环向间隙	允许偏差
75～200	10	+3，-2
250～450	11	+4，-2
500	12	+4，-2

沟槽底部每侧工作面宽度见表 4-126。

表 4-126 沟槽底部每侧工作面宽度 单位：mm

管道结构的外缘宽度 D_1	管道一侧的工作面宽度 b_1	
	非金属管道	金属管道
$D_1 \leqslant 500$	400	300
$500 < D_1 \leqslant 1000$	500	400
$1000 < D_1 \leqslant 1500$	600	600
$1500 < D_1 \leqslant 3000$	800	800

注：1. 槽底需设排水沟时，工作面宽度 b_1 应适当增加。

2. 管道有现场施工的外防水层时，每侧的工作面宽度宜取 800mm。

深度在 5m 以内的沟槽边坡的最陡坡度见表 4-127。

表 4-127 深度在 5m 以内的沟槽边坡的最陡坡度

土的类别	边坡坡度(高：宽)		
	坡顶无荷载	坡顶有静载	坡顶有动载
中密的砂土	1：1.00	1：1.25	1：1.50
中密的碎石类土(充填物为砂土)	1：0.75	1：1.00	1：1.25

续表

土的类别	边坡坡度(高：宽)		
	坡顶无荷载	坡顶有静载	坡顶有动载
硬塑的粉土	1：0.67	1：0.75	1：1.10
中密的碎石类土(充填物为黏性土)	1：0.50	1：0.67	1：0.75
硬塑的粉质黏土、黏土	1：0.33	1：0.50	1：0.67
老黄土	1：0.10	1：0.25	1：0.33
软土(经井点降水后)	1：1.25	—	—

管节堆放层数与层高见表4-128。

表4-128 管节堆放层数与层高

管材种类	管径 D_o/mm							
	100～150	200～250	300～400	400～500	500～600	600～700	800～1200	≥1400
自应力混凝土管	7层	5层	4层	3层	—	—	—	—
预应力混凝土管	—	—	—	—	4层	3层	2层	1层
钢管、球墨铸铁管	层高≤3m							
预应力钢筒混凝土管	—	—	—	—	—	3层	2层	1层或立放
硬聚氯乙烯管、聚乙烯管	8层	5层	4层	4层	3层	3层	—	—
玻璃钢管		7层	5层	4层		3层	2层	1层

注：D_o为管外径。

沟槽支撑的间距见表4-129，管道铺设的允许偏差见表4-130。

表4-129 沟槽支撑的间距 单位：m

图示	间距	管沟深度	
		3m以内	3～5m
	L_1	1.2～2.5	1.2
	L_2	1.0～1.2	1.0
	L_3	1.2～1.5	1.2
	L_4	1.0～1.2	1.0

注：撑板长度（L）一般为4m。

表 4-130 管道铺设的允许偏差 单位：mm

检查项目		允许偏差		检查数量		检查方法
				范围	点数	
水平轴线		无压管道	15	每节管	1点	经纬仪测量或挂中线用钢尺量测
		压力管道	30			
管底高程	$D_i \leqslant 1000$	无压管道	±10			水准仪测量
		压力管道	±30			
	$D_i > 1000$	无压管道	±15			
		压力管道	±30			

室外给水管道安装的允许偏差和检验方法应符合表 4-131 的规定。

表 4-131 室外给水管道安装的允许偏差和检验方法

项目			允许偏差/mm	检验方法
坐标	铸铁管	埋地	100	拉线和尺量检查
		敷设在沟槽内	50	
	钢管、塑料管、复合管	埋地	100	
		敷设在沟槽内或架空	40	
标高	铸铁管	埋地	±50	拉线和尺量检查
		敷设在沟槽内	±30	
	钢管、塑料管、复合管	埋地	±50	
		敷设在沟槽内或架空	±30	
水平管纵横向弯曲	铸铁管	直段(25m 以上)起点～终点	40	拉线和尺量检查
	钢管、塑料管、复合管	直段(25m 以上)起点～终点	30	

4.4.1.6 水压试验

室外给水管道水压试验压力应符合表 4-132 的规定。

表 4-132　室外给水管道水压试验压力

管材名称	强度试验压力/MPa	试压前管内充水时间/h
钢管	应为工作压力加 0.5MPa，并且不小于 0.9MPa	24
铸铁管	1. 当工作压力<0.5MPa 时，应为工作压力的 2 倍 2. 当工作压力>0.5MPa 时，应为工作压力加 0.5MPa	24
石棉水泥管	1. 当工作压力<0.6MPa 时，应为工作压力的 1.5 倍 2. 当工作压力>0.6MPa 时，应为工作压力加 0.3MPa	24
预(自)应力钢筋混凝土管和钢筋混凝土管	1. 当工作压力<0.6MPa 时，应为工作压力的 1.5 倍 2. 当工作压力>0.6MPa 时，应为工作压力加 0.3MPa	D<1000mm 为 48h D>1000mm 为 72h
水下管道(设计无规定时)	应为工作压力的 2 倍，且不小于 1.2MPa	—

气压试验压力见表 4-133。

表 4-133　气压试验压力

管　材		强度试验压力	严密性试验压力/MPa
钢管	预先试验	工作压力<0.5MPa 时，为 0.6MPa 工作压力>0.5MPa 时，为 1.15 倍工作压力	0.3
	最后试验		0.03
铸铁管	预先试验	0.15MPa	0.1
	最后试验	0.6MPa	0.03

长度等于或大于 1km 的管道在试验压力下的允许渗水量见表 4-134。

表 4-134　地下管道渗水量试验的允许渗水量

公称直径 DN/mm	长度等于或大于 1km 的管道在试验压力下的允许渗水量/(L/min)		
	钢管	铸铁管	预应力钢筋混凝土管，自应力钢筋混凝土管，钢筋混凝土管或石棉水泥管
100	0.28	0.70	1.40
125	0.35	0.90	1.56
150	0.42	1.05	1.72
200	0.56	1.40	1.98
250	0.70	1.55	2.22
300	0.85	1.70	2.42
350	0.90	1.80	2.62
400	1.00	1.95	2.80
450	1.05	2.10	2.96
500	1.10	2.20	3.14
600	1.20	2.40	3.44
700	1.30	2.55	3.70
800	1.35	2.70	3.96
900	1.45	2.90	4.20
1000	1.50	3.00	4.42
1100	1.55	3.10	4.60
1200	1.65	3.30	4.70
1300	1.70	—	4.90
1400	1.75	—	5.00

长度不大于 1km 的钢管管道和铸铁管管道气压试验时间和允许压力降见表 4-135。

表 4-135 长度不大于 1km 的钢管管道和铸铁管管道气压试验时间和允许压力降

公称直径 DN/mm	钢管道		铸铁管道	
	试验时间 /h	试验时间内的允许压力降/Pa	试验时间 /h	试验时间内的允许压力降/Pa
100	1/2	539	1/4	637
125	1/2	441	1/4	539
150	1	735	1/4	490
200	1	539	1/2	637
250	1	441	1/2	490
300	2	735	1	686
350	2	539	1	539
400	2	441	1	490
450	4	785	2	785
500	4	735	2	680
600	4	490	2	539
700	6	588	3	637
800	6	490	3	441
900	6	392	4	539
1000	12	686	4	490
1100	12	588	—	—
1200	12	490	—	—
1400	12	441	—	—

注：1. 如试验管段包括不同管径的管道，则试验时间和允许压力降以最大管径为准。

2. 如试验管段为钢管和铸铁管的混合管段，则试验时间和允许压力降以钢管为准。

4.4.2 室外排水管道工程

4.4.2.1 室外排水管道设计

居住区生活污水排水定额应符合表 4-136 的规定。

表 4-136 居住区生活污水排水定额

建筑物内部卫生设备情况	平均日污水量/(L/人)				
室内无给水排水卫生设备,用水取自给水龙头,污水由室外排水管道排出者	10～20	10～25	20～35	25～40	10～25
室内有给水排水卫生设备,但无水冲式厕所者	20～40	30～45	40～65	40～70	25～40
室内有给水排水卫生设备,但无沐浴设备者	55～90	60～95	65～100	65～100	55～90
室内有给水排水卫生设备,并有沐浴设备者	90～125	100～140	110～150	120～160	100～140
室内有给水排水设备,并有沐浴和集中热水供应者	130～170	140～180	145～185	150～190	140～180

综合生活污水量总变化系数可按当地实际综合生活污水量变化资料采用，没有测定资料时，可按表 4-137 的规定取值。

表 4-137 生活污水量总变化系数

污水平均日流量/(L/s)	5	15	40	70	100	200	500	≥1000
总变化系数	2.3	2.0	1.8	1.7	1.6	1.5	1.4	1.3

重力流污水管道应按非满流计算，其最大设计充满度应按表 4-138 的规定取值。

表 4-138 污水管道最大设计充满度

管径或渠高/mm	最大设计充满度	管径或渠高/mm	最大设计充满度
200～300	0.55	500～900	0.70
350～450	0.65	≥1000	0.75

注：在计算污水管道充满度时，不包括沐浴或短时间内突然增加的污水量，但当管径小于或等于 300mm 时，应按满流复核。

当水流深度为 0.4～1.0m 时，排水明渠的最大设计流速宜按表 4-139 的规定取值。当水流深度在 0.4～1.0m 范围以外时，应按表 4-139 所列最大设计流速乘以下列系数：$h<0.4$m：0.85；

1.0＜h＜2.0m：1.25；h≥2.0m：1.40（h 为水深）。

表 4-139 明渠最大设计流速

明渠类别	最大设计流速/(m/s)
粗砂或低塑性粉质黏土	0.8
粉质黏土	1.0
黏土	1.2
草皮护面	1.6
干砌块石	2.0
浆砌块石或浆砌砖	3.0
石灰岩和中砂岩	4.0
混凝土	4.0

污水厂压力输泥管的最小设计流速，一般可按表 4-140 的规定取值。

表 4-140 压力输泥管最小设计流速

污泥含水率/%	最小设计流速/(m/s)	
	管径 150～250mm	管径 300～400mm
90	1.5	1.6
91	1.4	1.5
92	1.3	1.4
93	1.2	1.3
94	1.1	1.2
95	1.0	1.1
96	0.9	1.0
97	0.8	0.9
98	0.7	0.8

排水管道的最小管径与相应最小设计坡度，宜按表 4-141 的规定取值。

表 4-141 管道的最小管径和最小设计坡度

管 别	最小管径/mm	最小设计坡度
污水管	300	塑料管 0.002,其他管 0.003
雨水管和合流管	300	塑料管 0.002,其他管 0.003
雨水口连接管	200	0.01
压力输泥管	150	—
重力输泥管	200	0.01

注：1. 管道坡度不能满足上述要求时，可酌情减小，但应有防淤、清淤措施。
2. 自流输泥管道的最小设计坡度宜采用 0.01。

排水管渠粗糙系数，宜按表 4-142 的规定取值。

表 4-142 排水管渠粗糙系数

管道类别	粗糙系数 n
UPVC 管、PE 管、玻璃钢管	0.009～0.01
石棉水泥管、钢管	0.012
陶土管、铸铁管	0.013
混凝土管、钢筋混凝土管、水泥砂浆抹面渠道	0.013～0.014
浆砌砖渠道	0.015
浆砌块石渠道	0.017
干砌块石梁道	0.020～0.025
土明渠(包括带草皮)	0.025～0.030

城市河渠粗糙系数应符合表 4-143 的规定。

表 4-143 城市河渠粗糙系数

河渠特征		n
土质	$Q>25m^3/s$	
	平整顺直,养护良好	0.0225
	平整顺直,养护一般	0.0250
	河渠多石,杂草丛生,养护较差	0.0275
	$Q=1～25m^3/s$	

续表

河渠特征		n
土质	平整顺直，养护良好	0.0250
	平整顺直，养护一般	0.0275
	河床多石，杂草丛生，养护较差	0.030
	$Q<1m^3/s$	
	集床弯曲，养护一般	0.0275
	支渠以下的渠道	0.0275～0.030
各种材料护面	光滑的水泥抹面	0.012
	不光滑的水泥抹面	0.014
	光滑的混凝土护面	0.015
	平整的喷浆护面	0.015
	料石砌护	0.015
	砌砖护面	0.015
	粗糙的混凝土护面	0.017
	不平整的喷浆护面	0.018
	浆砌块石护面	0.025
	干砌块石护面	0.033

4.4.2.2 管道及附属构筑物布置

排水管道与其他地下管线（构筑物）的最小净距应符合表4-144的规定。

表4-144 排水管道与其他地下管线（构筑物）的最小净距

名称		水平净距/m	垂直净距/m
建筑物		见注3	
给水管		见注4	见注4
排水管		1.5	0.15
煤气管	低压	1.0	0.15
	中压	1.5	
	高压	2.0	
	超高压	5.0	
热力管沟		1.5	0.15

续表

名　称	水平净距/m	垂直净距/m
电力电缆	1.0	0.5
通讯电缆	1.0	直埋 0.5，穿管 0.15
乔木	见注 5	—
地上柱杆(中心)	1.5	—
道路侧石边缘	1.5	—
铁路	见注 6	轨底 1.2
电车路轨	2.0	1.0
架空管架基础	2.0	—
油管	1.5	0.25
压缩空气管	1.5	0.15
氧气管	1.5	0.25
乙炔管	1.5	0.25
电车电缆	—	0.5
明渠渠底	—	0.5
涵洞基础底	—	0.15

注：1. 表列数字除注明者外，水平净距均指外壁净距，垂直净距系指下面管道的外顶与上面管道基础底间净距。

2. 采取充分措施（如结构措施）后，表列数字可以减小。

3. 与建筑物水平净距：管道埋深浅于建筑物基础时，一般不小于 2.5m（压力管不小于 5.0m）；管道埋深深于建筑物基础时，按计算确定，但不小于 3.0m。

4. 与给水管水平净距：给水管管径小于或等于 200mm 时，不小于 1.5m；给水管管径大于 200mm 时，不小于 3.0m。与生活给水管道交叉时，污水管道、合流管道在生活给水管道下面的垂直净距不应小于 0.4m。当不能避免在生活给水管道上面穿越时，必须予以加固，加固长度不应小于生活给水管道的外径加 4m。

5. 与乔木中心距离不小于 1.5m；如遇现状高大乔木时，则不小于 2.0m。

6. 穿越铁路时应尽量垂直通过。沿单行铁路敷设时应距路堤坡脚或路堑坡顶不小于 5m。

检查井在直线管段的最大间距应根据疏通方法等具体情况确定，一般宜按表 4-145 的规定取值。

表 4-145　检查井间的最大距离

管道类别	管径或暗渠净高/mm	最大间距/m	管道类别	管径或暗渠净高/mm	最大间距/m
污水管道	200～400	40	雨水管渠和合流管渠	200～400	50
	500～700	60		500～700	70
	800～1000	80		800～1000	90
	1100～1500	100		1100～1500	120
	1600～2000	120		1600～2000	120

注：管径或暗渠净高大于 2000mm 时，检查井的最大间距可适当增大。

明渠和盖板渠的底宽，不宜小于 0.3m。无铺砌的明渠边坡，应根据不同的地质按表 4-146 的规定取值；用砖石或混凝土块铺砌的明渠可采用 1∶0.75～1∶1 的边坡。

表 4-146　明渠边坡

地质	边坡
粉砂	1∶3～1∶3.5
松散的细砂、中砂或粗砂	1∶2～1∶2.5
密实的细砂、中砂、粗砂或粉土	1∶1.5～1∶2
粉质黏土或黏土、砾石或卵石	1∶1.25～1∶1.5
半岩性土	1∶0.5～1∶1
风化岩石	1∶0.25～1∶0.5
岩石	1∶0.1～1∶0.25

雨水口的形式及泄水能力见表 4-147。

表 4-147　雨水口的形式及泄水能力

形式	泄水能力/(L/s)	适用条件
道牙平箅式	20	有道牙的道路
道牙立箅式	—	有道牙的道路
道牙立孔式	约 20	有道牙的道路，箅隙容易被树叶堵塞的地方
道牙平箅立箅联合式	—	有道牙的道路，汇水量较大的地方
道牙平箅立孔联合式	30	有道牙的道路，汇水量较大，且箅隙容易被树枝叶堵塞的地方
地面平箅式	20	无道牙的道路、广场、地面
道牙小箅雨水口	约 10	降雨强度较小城市有道牙的道路
钢筋混凝土箅雨水口	约 10	不通行重车的地方

注：大雨时易被杂物堵塞的雨水口，泄水能力应按乘以 0.5～0.7 的系数计算。

截流倍数 n_0 的粗估值见表 4-148。

表 4-148　截流倍数 n_0 的粗估值

排放条件	n_0
在居住区内排入大河流($Q>10m^3/s$)	1～2
在居住区内排入小河流($Q=5\sim10m^3/s$)	3～5
在区域泵站和总泵站前及排水总管的端部根据居住区内水体的不同特性	0.5～2
在处理构筑物旁根据不同处理方法与不同构筑物的组成	0.5～1

雨水调蓄池出水管管径见表 4-149。

表 4-149　雨水调蓄池出水管管径

调蓄池容积/m^3	管径/mm
500～1000	150～200
1000～2000	200～300
2000～4000	300～400

4.4.2.3　室外排水管道安装

钢筋混凝土管管口间纵向间隙见表 4-150。

表 4-150　钢筋混凝土管管口间纵向间隙　　单位：mm

管材种类	接口类型	管内径 D_i/mm	纵向间隙/mm
钢筋混凝土管	平口、企口	500～600	1.0～5.0
		≥700	7.0～15
	承插式乙型口	600～3000	5.0～1.5

预（自）应力混凝土管沿曲线安装接口的允许转角见表 4-151。

表 4-151　预（自）应力混凝土管沿曲线安装接口的允许转角

管材种类	管内径 D_i/mm	允许转角/(°)
预应力混凝土管	500～700	1.5
	800～1400	1.0
	1600～3000	0.5
自应力混凝土管	500～800	1.5

管道基础的允许偏差见表 4-152。

表 4-152　管道基础的允许偏差

<table>
<tr><th colspan="3" rowspan="2">检查项目</th><th rowspan="2">允许偏差/mm</th><th colspan="2">检查数量</th><th rowspan="2">检查方法</th></tr>
<tr><th>范围</th><th>点数</th></tr>
<tr><td rowspan="4">垫层</td><td colspan="2">中线每侧宽度</td><td>不小于设计要求</td><td rowspan="13">每个验收批</td><td rowspan="13">每 10m 测 1 点，且不少于 3 点</td><td>挂中心线钢尺检查，每侧一点</td></tr>
<tr><td rowspan="2">高程</td><td>压力管道</td><td>±30</td><td rowspan="2">水准仪测量</td></tr>
<tr><td>无压管道</td><td>0,−15</td></tr>
<tr><td colspan="2">厚度</td><td>不小于设计要求</td><td>钢尺量测</td></tr>
<tr><td rowspan="5">混凝土基础、管座</td><td rowspan="3">平基</td><td>中线每侧宽度</td><td>+10,0</td><td>挂中心线钢尺量测，每侧一点</td></tr>
<tr><td>高程</td><td>0,−15</td><td>水准仪测量</td></tr>
<tr><td>厚度</td><td>不小于设计要求</td><td>钢尺量测</td></tr>
<tr><td rowspan="2">管座</td><td>肩宽</td><td>+10,−5</td><td rowspan="2">钢尺量测，挂高程线钢尺量测，每侧一点</td></tr>
<tr><td>肩高</td><td>±20</td></tr>
<tr><td rowspan="4">土(砂及砂砾)基础</td><td rowspan="2">高程</td><td>压力管道</td><td>±30</td><td rowspan="2">水准仪测量</td></tr>
<tr><td>无压管道</td><td>0,−15</td></tr>
<tr><td colspan="2">平基厚度</td><td>不小于设计要求</td><td>钢尺量测</td></tr>
<tr><td colspan="2">土弧基础腋角高度</td><td>不小于设计要求</td><td>钢尺量测</td></tr>
</table>

体育场雨水设计的重现期见表 4-153，体育场的雨水径流系数见表 4-154，体育场的地面坡度见表 4-155。

表 4-153　体育场雨水设计的重现期

比赛场地级别	重现期/年	比赛场地级别	重现期/年
国际比赛场地	10	一般比赛场地	2、3
大型运动会场地	5、10	训练场地	1、2

表 4-154　体育场的雨水径流系数

覆盖种类	径流系数 φ	覆盖种类	径流系数 φ
塑胶跑道及混凝土铺面	0.9	草地	0.25
煤碴跑道	0.6	砂坑	0.0
非铺砌地面	0.4	—	—

表 4-155 体育场的地面坡度

比赛场地		坡度	
		横	纵
足球场	草皮铺面	≤7/1000	≤7/1000
	黄土地面	≤4/1000	≤4/1000
跑道	塑胶、煤碴	≤1/100	≤1/100
	跳远、三级跳远助跑道		
田赛跳跃	跳远扇形区	≤1/100	≤1/250
	撑杆跳高		≤1/1000
田赛投掷	铅球落地区	≤1/100	≤1/1000
	铁饼落地区		
	链球		
	标枪助跑道		

4.4.2.4 室外排水管路试压

压力管道严密性试验允许渗水量见表 4-156。

表 4-156 压力管道严密性试验允许渗水量

管材	管道内径 D_i/mm	允许渗水量/[m^3/(24h·km)]
钢筋混凝土管	400	25.00
	500	27.95
	600	30.60
	700	33.00
	800	35.35
	900	37.50
	1000	39.52
	1100	41.45
	1200	43.30
	1300	45.00
	1400	46.70

续表

管材	管道内径 D_i/mm	允许渗水量/[m^3/(24h·km)]
钢筋混凝土管	1500	48.40
	1600	50.00
	1700	51.50
	1800	53.00
	1900	54.48
	2000	55.90

第 5 章　污水处理工程

5.1　污水厂基础设计

5.1.1　占地面积

污水处理厂所需面积见表 5-1。

表 5-1　污水处理厂所需面积　　单位：m^2

处理水量/(m^3/d)	一级处理	二级处理	
		生物滤池	曝气池或高负荷生物滤池
5000	0.5～0.7	2～3	1～1.25
10000	0.8～1.2	4～6	1.5～2.0
15000	1.0～1.5	6～9	1.85～2.5
20000	1.2～1.8	8～16	2.2～3.0
30000	1.6～2.5	12～18	3.0～4.5
40000	2.0～3.2	16～24	4.0～6.0
50000	2.5～3.8	20～30	5.0～7.5
75000	3.75～5.0	30～45	7.5～10.0
100000	5.0～6.5	40～60	10.0～12.5

污水厂附属设施用房的建筑面积可参照表 5-2 所列指标采用。

表 5-2　污水厂附属设施建筑面积指标　　单位：m^2

规模		Ⅰ类	Ⅱ类	Ⅲ类	Ⅳ类	Ⅴ类
一级污水厂	辅助生产用房	1420～1645	1155～1420	950～1155	680～950	485～680
	管理用房	1320～1835	1025～1320	815～1025	510～815	385～510
	生活设施用房	890～1035	685～890	545～685	390～545	285～390
	合计	3630～4515	2865～3630	2310～2865	1580～2310	1155～1580

续表

规模		Ⅰ类	Ⅱ类	Ⅲ类	Ⅳ类	Ⅴ类
二级污水厂	辅助生产用房	1835～2200	1510～1835	1185～1510	940～1185	495～940
	管理用房	1765～2490	1095～1765	870～1095	695～870	410～695
	生活设施用房	1000～1295	850～1000	610～850	535～610	320～535
	合计	4600～5985	3455～4600	2665～3455	2170～2665	1225～2170

采用活性污泥法的城市污水处理厂用地指标见表5-3。

表5-3 采用活性污泥法的城市污水处理厂用地指标

工艺	处理厂规模/(m^3/d)	用地指标/[$10^4 m^2$/($10^4 m^3 \cdot d$)]
鼓风曝气(传统法,吸附再生法,有初次沉淀池)	10000以下	1.0～1.2
	20000～120000	0.6～0.93①
曝气沉淀池(圆形池,无初次沉淀池)	10000以下	0.6～0.90②
分建式曝气(方形池,有初次沉淀池)	35000～60000	0.70～0.88
深水中层曝气(有初次沉淀池和污泥消化池)	25000	0.64

注：1. 如设污泥消化池，面积需增18%左右。

2. 如设初次沉淀池，面积需增20%～50%。

5.1.2 污水处理厂运行、维护技术指标

5.1.2.1 处理效率

污水厂的处理效率，一般可按表5-4的规定取值。

表5-4 污水处理厂的处理效率

处理级别	处理方法	主要工艺	处理效率/%	
			SS	BOD_5
一级	沉淀法	沉淀(自然沉淀)	40～55	20～30
二级	生物膜法	初次沉淀、生物膜反应、二次沉淀	60～90	65～90
	活性污泥法	初次沉淀、活性污泥反应、二次沉淀	70～90	65～95

注：1. 表中SS表示悬浮固体量，BOD_5表示五日生化需氧量。

2. 活性污泥法根据水质、工艺流程等情况，可不设置初次沉淀池。

5.1.2.2 格栅

污水处理系统或水泵前，必须设置格栅。格栅的设计要求见表5-5。

表 5-5 格栅的设计要求

项目		内容
栅条间隙宽度	粗格栅	机械清除时宜为 16～25mm，人工清除时宜为 25～40mm。特殊情况下，最大间隙可为 100mm
	细格栅	宜为 1.5～10mm
污水过栅流速		宜采用 0.6～1.0m/s
格栅的安装角度	机械清除格栅	宜为 60°～90°
	人工清除格栅	宜为 30°～60°
格栅上部工作平台		其高度应高出格栅前最高设计水位 0.5m 格栅工作平台两侧边道宽度宜采用 0.7～1.0m；工作平台正面过道宽度，采用机械清除时不应小于 1.5m，采用人工清除时不应小于 1.2m

5.1.2.3 沉砂池

各类沉砂池运行参数见表 5-6。

表 5-6 各类沉砂池运行参数

池型	停留时间/s	流速/(m/s)	曝气强度/(m^3 气/m^3 水)	表面水力负荷/[m^3/(m^2·h)]
平流式沉砂池	30～60	0.15～0.3	—	—
竖流式沉砂池	30～60	0.02～0.1	—	—
曝气式沉砂池	120～240	0.06～0.12(水平流速) 0.25～0.3(旋流速度)	0.1～0.2	150～200
比式沉砂池	>30	0.6～0.9	—	150～200
钟式沉砂池	>30	0.15～1.2	—	—

5.1.2.4 初沉池

初沉池运行参数见表 5-7。

表 5-7 初沉池运行参数

池型	表面负荷/[m³/(m²·h)]	停留时间/h	含水率/%
平流式沉淀池	0.8～2.0	1.0～2.5	95～97
辐流式沉淀池	1.5～3.0	1.0～2.0	95～97

5.1.2.5 二沉池

二沉池正常运行参数见表 5-8。

表 5-8 二沉池正常运行参数

池型		表面负荷/[m³/(m²·d)]	固体负荷/[kg/(m²·d)]	停留时间/h	污泥含水率/%
平流式沉淀池	活性污泥法后	0.6～1.5	≤150	1.5～4.0	99.2～99.6
	生物膜法后	1.0～2.0	≤150	1.5～4.0	96.0～98.0
中心进周边出辐流式沉淀池		0.6～1.5	≤150	1.5～4.0	99.2～99.6
周进周出辐流式沉淀池		1.0～2.5	≤240	1.5～4.0	98.8～99.0

5.1.2.6 生物反应池

生物反应池正常运行参数见表 5-9。

表 5-9 生物反应池正常运行参数

生物处理类型	污泥负荷/[kgBOD₅/(kgMLSS·d)]	泥龄/d	外回流比/%	内回流比/%	MLSS/(mg/L)	水力停留时间/h
传统活性污泥法	0.2～0.4	4～15	25～75	—	1500～2500	4～8
吸附再生法	0.2～0.4	4～15	50～100	—	2500～6000	吸附段 1～3
阶段曝气法	0.2～0.4	4～15	25～75	—	1500～3000	3～8
合建式完全混合曝气法	0.25～0.5	4～15	100～400	—	2000～4000	3～50
A/O 法(厌氧/好氧法)	0.1～0.4	3.5～7	40～100	—	1800～4500	3～8(厌氧段 1～2)
A/A/O 法(厌氧/缺氧/好氧法)	0.1～0.3	10～20	20～100	200～400	2500～4000	7～14(厌氧段 1～2，缺氧段 0.5～3.0)
倒置 A/A/O 法	0.1～0.3	10～20	20～100	200～400	2500～4000	

续表

生物处理类型		污泥负荷/[kgBOD_5/(kgMLSS·d)]	泥龄/d	外回流比/%	内回流比/%	MLSS/(mg/L)	水力停留时间/h
AB法	A段	3～4	0.4～0.7	<70	—	2000～3000	0.5
	B段	0.15～0.3	15～20	50～100	—	2000～4000	0.5
传统SBR法		0.05～0.15	20～30	—	—	4000～6000	4～12
DAT-IAT法		0.045	25	—	400	4500～5500	8～12
CAST法		0.070～0.18	12～25	20～35	—	3000～5500	16～12
LUCAS/UNITANK法		0.05～0.10	15～20	—	—	2000～5000	8～12
MSBR法		0.05～0.13	8～15	30～50	130～150	2200～4000	12～18
ICEAS法		0.05～0.15	12～25	—	—	3000～6000	14～20
卡鲁塞尔式氧化沟		0.05～0.15	12～25	75～150	—	3000～5500	≥16
奥贝尔式氧化沟		0.05～0.15	12～18	60～100	—	3000～5000	≥16
双沟式(DE型氧化沟)		0.05～0.10	10～30	60～200	—	2500～4500	≥16
三沟式氧化沟		0.05～0.10	20～30	—	—	3000～6000	≥16
水解酸化法		—	15～20	—	—	7000～15000	5～14
延时曝气法		0.05～0.15	20～30	50～150	—	3000～6000	18～36

生物膜法工艺正常运行参数见表5-10。

表5-10 生物膜法工艺正常运行参数

工艺	水力负荷/[m^3/(m^2·d)]	转盘速度/(r/min)	BOD负荷/[kg/(m^3·d)]	反冲洗周期/h	反冲洗水量/%
曝气生物滤池(BIOFOR)	—	—	—	14～40	5～12
低负荷生物滤池	1～3	—	0.15～0.30	—	—
高负荷生物滤池	10～30	—	0.8～1.2	—	—
生物转盘	0.08～0.2	0.8～3.0	0.005～0.02	—	—

5.1.2.7 污泥厌氧消化

污泥厌氧消化池的运行参数见表5-11。

表5-11 污泥厌氧消化池的运行参数

项目		厌氧中温消化池	高温消化池
温度/℃		33～35	52～55
日温度变化范围小于/℃		±1	
投配率/%		5～8	5～12
消化池(一级)污泥含水率/%	进泥	96～97	
	出泥	97～98	
消化池(二级)污泥含水率/%	出泥	95～96	
pH值		6.4～7.8	
沼气中主要气体成分/%		CH_4>50	
		CO_2<40	
		CO<10	
		H_2S<1	
		O_2<2	
产气率/(m^3气/m^3泥)		>5	
有机物分解率/%		>40	

5.1.2.8 消毒

液氯消毒正常运行参数见表5-12。

表5-12 液氯消毒正常运行参数

处理水	接触时间/min	加氯间内氯气的最高容许浓度/(mg/m^3)	出水余氯量/(mg/L)
污水	≥30	1	—
再生水	≥30	1	≥0.2(城市杂用水)
			≥0.05(工业用水)
			≥1.00～1.50(农田灌溉)
			≥0.05(景观环境水)

注：1. 对于景观环境用水采用非加氯方式消毒时，无此项要求。

2. 表中城市杂用水和工业用水的余氯值均指官网末端。

不同种类臭氧发生器生产每千克臭氧的电耗参数见表5-13。

表5-13　不同种类臭氧发生器生产每千克臭氧的电耗参数

发生器种类	臭氧产量/(g/h)	电耗/(kW·h/kgO_3)
大型	＞1000	≤18
中型	100～1000	≤20
小型	1.0～100	≤22
微型	＜1.0	实测

注：表中电耗指标限制不包括净化气源的电耗。

5.2　污泥处理方法

5.2.1　膜分离法、膜生物法

5.2.1.1　膜分离法

内压式中空纤维微滤、超滤系统进水参考值见表5-14。

表5-14　内压式中空纤维微滤、超滤系统进水参考值

膜材质	参考值		
	浊度(NTU)	SS/(mg/L)	矿物油含量/(mg/L)
聚偏氟乙烯(PVDF)	≤20	≤30	≤3
聚乙烯(PE)	＜30	≤50	≤3
聚丙烯(PP)	≤20	≤50	≤5
聚丙烯腈(PAN)	≤30	(颗粒物粒径＜5μm)	不允许
聚氯乙烯(PVC)	＜200	≤30	≤8
聚醚砜(PES)	＜200	＜150	≤30

外压式中空纤维微滤、超滤系统进水参考值见表5-15。

表5-15　外压式中空纤维微滤、超滤系统进水参考值

膜材质	参考值		
	浊度/NTU	SS/(mg/L)	矿物油含量/(mg/L)
聚偏氟乙烯(PVDF)	≤50	≤300	≤3
聚丙烯(PP)	≤30	≤100	≤5

纳滤、反渗透系统进水限值见表5-16。

表5-16 纳滤、反渗透系统进水限值

膜材质	限值		
	浊度/NTU	SDI	余氯/(mg/L)
聚酰胺复合膜(PA)	≤1	≤5	≤0.1
醋酸纤维膜(CA/CTA)	≤1	≤5	≤0.5

各种膜单元功能适宜性见表5-17。

表5-17 各种膜单元功能适宜性

膜单元种类	过滤精度/μm	截留分子量/Daltons(道尔顿)	功能	主要用途
微滤(MF)	0.1～10	>100000	去除悬浮颗粒、细菌、部分病毒及大尺度胶体	饮用水去浊，中水回用，纳滤或反渗透系统预处理
超滤(UF)	0.002～0.1	10000～100000	去除胶体、蛋白质、微生物和大分子有机物	饮用水净化，中水回用，纳滤或反渗透系统预处理
纳滤(NF)	0.001～0.003	200～1000	去除多价离子、部分一价离子和分子量200～1000Daltons的有机物	脱除井水的硬度、色度及放射性镭，部分去除溶解性盐。工艺物料浓缩等
反渗透(RO)	0.0004～0.0006	>100	去除溶解性盐及分子量大于100Daltons的有机物	海水及苦咸水淡化，锅炉给水、工业纯水制备，废水处理及特种分离等

5.2.1.2 膜生物法

浸没式膜生物法污水处理的设计参数见表5-18。

表5-18 浸没式膜生物法污水处理的设计参数

膜型式	污泥负荷/[$kgBOD_5$/(kgMLSS·d)]	混合液悬浮固体/(mg/L)	过膜压差/kPa
中空纤维膜	0.05～0.15	6000～12000	0～60
平板膜	0.05～0.15	6000～20000	0～20

5.2.2 活性污泥法

处理城市污水的生物反应池的主要设计参数，可按表 5-19 的规定取值。

表 5-19 传统活性污泥法去除碳源污染物的主要设计参数

类别	L_s /[kg/(kg·d)]	X /(g/L)	L_V /[kg/(m³·d)]	污泥回流比/%	总处理效率/%
普通曝气	0.2～0.4	1.5～2.5	0.4～0.9	25～75	90～95
阶段曝气	0.2～0.4	1.5～3.0	0.4～1.2	25～75	85～95
吸附再生曝气	0.2～0.4	2.5～6.0	0.9～1.8	50～100	80～90
合建式完全混合曝气	0.25～0.5	2.0～4.0	0.5～1.8	100～400	80～90

5.2.2.1 缺氧-好氧活性污泥法（AAO 法）

缺氧-好氧法生物脱氮的主要设计参数，宜根据试验资料确定；无试验资料时，可采用经验数据或按表 5-20 的规定取值。

表 5-20 缺氧-好氧法生物脱氮的主要设计参数

项 目	单位	参数值
BOD 污泥负荷 L_s	$kgBOD_5/(kgMLSS·d)$	0.05～0.15
总氮负荷率	kgTN/(kgMLSS·d)	≤0.05
污泥浓度(MLSS) X	g/L	2.5～4.5
污泥龄 θ_C	d	11～23
污泥产率 Y	$kgVSS/kgBOD_5$	0.3～0.6
需氧量 O_2	$kgO_2/kgBOD_5$	1.1～2.0
水力停留时间 HRT	h	8～16 其中缺氧段 0.5～3.0
污泥回流比 R	%	50～100
混合液回流比 R_i	%	100～400
总处理效率 η	%	90～95(BOD_5) 60～85(TN)

厌氧-好氧法生物除磷的主要设计参数，宜根据试验资料确定；

无试验资料时，可采用经验数据或按表5-21的规定取值。

表5-21 厌氧-好氧法（APO法）生物除磷的主要设计参数

项　目	单位	参数值
BOD污泥负荷 L_s	$kgBOD_5/kgMLSS \cdot d$	0.4～0.7
污泥浓度(MLSS) X	g/L	2.0～4.0
污泥龄 θ_C	d	3.5～7
污泥产率 Y	$kgVSS/kgBOD_5$	0.4～0.8
污泥含磷率	kgTP/kgVSS	0.03～0.07
需氧量 O_2	$kgO_2/kgBOD_5$	0.7～1.1
水力停留时间HRT	h	3～8
		其中厌氧段1～2
		AP∶O=1∶2～1∶3
污泥回流比 R	%	40～100
总处理效率 η	%	80～90(BOD_5)
	%	75～85(TP)

AAO污染物去除率见表5-22。

表5-22 AAO污染物去除率

污水类别	主体工艺	污染物去除率/%					
		化学耗氧量(COD_{Cr})	五日生化需氧量(BOD_5)	悬浮物(SS)	氨氮(NH_3-N)	总氮(TN)	总磷(TP)
城镇污水	预(前)处理+AAO反应池+二沉池	70～90	80～95	80～95	80～95	60～85	60～90
工业废水	预(前)处理+AAO反应池+二沉池	70～90	70～90	70～90	80～90	60～80	60～90

厌氧-好氧法生物除磷的主要设计参数，宜根据试验资料确定；无试验资料时，可采用经验数据或按表5-23的规定取值。

表 5-23 厌氧-好氧法生物除磷的主要设计参数

项 目	单位	参数值
BOD 污泥负荷 L_s	$kgBOD_5/(kgMLSS \cdot d)$	0.4～0.7
污泥浓度(MLSS) X	g/L	2.0～4.0
污泥龄 θ_C	d	3.5～7
污泥产率 Y	$kgVSS/kgBOD_5$	0.4～0.8
污泥含磷率	kgTP/kgVSS	0.03～0.07
需氧量 O_2	$kgO_2/kgBOD_5$	0.7～1.1
水力停留时间 HRT	h	3～8
		其中厌氧段 1～2
		AP∶O=1∶2～1∶3
污泥回流比 R	%	40～100
总处理效率 η	%	80～90(BOD_5)
	%	75～85(TP)

厌氧-好氧工艺的主要设计参数见表 5-24。

表 5-24 厌氧-好氧工艺的主要设计参数

项 目		符号	单 位	参数值
反应池五日生化需氧量污泥负荷		L_s	$kgBOD_5/(kgMLVSS \cdot d)$	0.30～0.60
			$kgBOD_5/(kgMLSS \cdot d)$	0.20～0.40
反应池混合液悬浮固体平均浓度		X	gMLSS/L	2.0～4.0
反应池混合液挥发性悬浮固体平均浓度		X_V	gMLVSS/L	1.4～2.8
MLVSS 在 MLSS 中所占比例	设初沉池	y	gMLVSS/gMLSS	0.65～0.75
	不设初沉池		gMLVSS/gMLSS	0.5～0.65
设计污泥泥龄		θ_C	d	3～7
污泥产率系数	设初沉池	Y	$kgVSS/kgBOD_5$	0.3～0.6
	不设初沉池		$kgVSS/kgBOD_5$	0.5～0.8
厌氧水力停留时间		t_p	h	1～2
好氧水力停留时间		t_o	h	3～6

续表

项　目	符号	单　位	参数值
总水力停留时间	HRT	h	4～8
污泥回流比	R	%	40～100
需氧量	O_2	$kgO_2/kgBOD_5$	0.7～1.1
BOD_5 总处理率	η	%	80～95
TP 总处理率	η	%	75～90

厌氧-缺氧-好氧法生物脱氮除磷的主要设计参数，宜根据试验资料确定；无试验资料时，可采用经验数据或按表 5-25 的规定取值。

表 5-25　厌氧-缺氧-好氧法生物脱氮除磷的主要设计参数

项　目	单位	参数值
BOD 污泥负荷 L_s	$kgBOD_5/(kgMLSS \cdot d)$	0.1～0.2
污泥浓度(MLSS)X	g/L	2.5～4.5
污泥龄 θ_C	d	10～20
污泥产率 Y	$kgVSS/kgBOD_5$	0.3～0.6
需氧量 O_2	$kgO_2/kgBOD_5$	1.1～1.8
水力停留时间 HRT	h	7～14
		其中厌氧 1～2
		缺氧 0.5～3
污泥回流比 R	%	20～100
混合液回流比 R_i	%	≥200
总处理效率 η	%	85～95(BOD_5)
	%	50～75(TP)
	%	55～80(TN)

缺氧-好氧工艺设计参数见表 5-26。

表 5-26　缺氧-好氧工艺设计参数

项　　目		符号	单　　位	参数值
反应池五日生化需氧量污泥负荷		L_s	$kgBOD_5/(kgMLVSS \cdot d)$	0.07～0.21
			$kgBOD_5/(kgMLSS \cdot d)$	0.05～0.15
反应池混合液悬浮固体平均浓度		X	kgMLSS/L	2.0～4.5
反应池混合液挥发性悬浮固体平均浓度		X_V	kgMLVSS/L	1.4～3.2
MLVSS 在 MLSS 中所占比例	设初沉池	y	gMLVSS/gMLSS	0.65～0.75
	不设初沉池		gMLVSS/gMLSS	0.5～0.65
设计污泥泥龄		θ_C	d	10～25
污泥产率系数	设初沉池	Y	$kgVSS/kgBOD_5$	0.3～0.6
	不设初沉池		$kgVSS/kgBOD_5$	0.5～0.8
缺氧水力停留时间		t_n	h	2～4
好氧水力停留时间		t_o	h	8～12
总水力停留时间		HRT	h	10～16
污泥回流比		R	%	50～100
混合液回流比		R_i	%	100～400
需氧量		O_2	$kgO_2/kgBOD_5$	1.1～2.0
BOD_5 总处理率		η	%	90～95
NH_3-N 总处理率		η	%	85～95
TN 总处理率		η	%	60～85

厌氧-缺氧-好氧工艺的主要设计参数见表 5-27。

表 5-27　厌氧-缺氧-好氧工艺的主要设计参数

项　　目		符号	单　　位	参数值
反应池五日生化需氧量污泥负荷		L_s	$kgBOD_5/(kgMLVSS \cdot d)$	0.07～0.21
			$kgBOD_5/(kgMLSS \cdot d)$	0.05～0.15
反应池混合液悬浮固体平均浓度		X	kgMLSS/L	2.0～4.5
反应池混合液挥发性悬浮固体平均浓度		X_V	kgMLVSS/L	1.4～3.2
MLVSS 在 MLSS 中所占比例	设初沉池	y	gMLVSS/gMLSS	0.65～0.7
	不设初沉池		gMLVSS/gMLSS	0.5～0.65

续表

项目		符号	单位	参数值
设计污泥泥龄		θ_C	d	10～25
污泥产率系数	设初沉池	Y	$kgVSS/kgBOD_5$	0.3～0.6
	不设初沉池		$kgVSS/kgBOD_5$	0.5～0.8
厌氧水力停留时间		t_p	h	1～2
缺氧水力停留时间		t_n	h	2～4
好氧水力停留时间		t_o	h	8～12
总水力停留时间		HRT	h	11～18
污泥回流比		R	%	40～100
混合液回流比		R_i	%	100～400
需氧量		O_2	$kgO_2/kgBOD_5$	1.1～1.8
BOD_5 总处理率		η	%	85～95
NH_3-N 总处理率		η	%	80～90
TN 总处理率		η	%	55～80
TP 总处理率		η	%	60～80

5.2.2.2 寒冷地区污水活性污泥法

曝气池推荐设计参数见表 5-28。

表 5-28 曝气池推荐设计参数

项目	设计参数
曝气池水温/℃	5～10
污泥负荷 F/[kgBOD/(kgMLSS·d)]	0.15～0.25
混合液污泥浓度 MLSS/(g/L)	2.0～3.0
污泥回流比/%	50～100
曝气时间/h	6～8

注：当水温低时，处理水质要求高时，污泥负荷取小值。当水温高，原水浓度较高时，曝气时间取大值。

低温季节沉淀池运行参数见表 5-29。

表 5-29 低温季节沉淀池运行参数

沉淀池类型	沉淀时间/h	表面负荷/[$m^3/(m^2 \cdot h)$]
初沉池	1.5～2.0	1.5～2.5
二沉池	2.0～2.5	0.8～1.3

5.2.2.3 序批式活性污泥法污水处理

SBP 污水处理工艺的污染物去除率设计值见表 5-30。

表 5-30 SBP 污水处理工艺的污染物去除率设计值

污水类别	主体工艺	污染物去除率/%					
		悬浮物(SS)	五日生化需氧量(BOD_5)	化学耗氧量(COD_{Cr})	氨氮(NH_3-N)	总氮(TN)	总磷(TP)
城镇污水	初次沉淀①＋SBR	70～90	80～95	80～90	85～95	60～85	50～85
工业废水	预处理＋SBR	70～90	70～90	70～90	85～95	55～85	50～85

① 应根据水质、SBR 工艺类型等情况，决定是否设置初次沉淀池。

去除碳源污染物的主要设计参数见表 5-31。

表 5-31 去除碳源污染物的主要设计参数

项目		符号	单位	参数值
反应池五日生化需氧量污泥负荷		L_s	$kgBOD_5/(kgMLVSS \cdot d)$	0.25～0.50
			$kgBOD_5/(kgMLSS \cdot d)$	0.10～0.25
反应池混合液悬浮固体平均浓度		X	$kgMLSS/m^3$	3.0～5.0
反应池混合液挥发性悬浮固体平均浓度		X_V	$kgMLVSS/m^3$	1.5～3.0
污泥产率系数	设初沉池	Y	$kgVSS/kgBOD_5$	0.3
	不设初沉池		$kgVSS/kgBOD_5$	0.6～1.0
总水力停留时间		HRT	h	8～20
需氧量		O_2	$kgO_2/kgBOD_5$	1.1～1.8
活性污泥容积指数		SVI	mL/g	70～100
充水比		m		0.40～0.50
BOD_5 总处理率		η	%	80～95

去除氨氮污染物的主要设计参数见表 5-32。

表 5-32　去除氨氮污染物的主要设计参数

项　目		符号	单　位	参数值
反应池五日生化需氧量污泥负荷		L_s	$kgBOD_5/(kgMLVSS\cdot d)$	0.10～0.30
			$kgBOD_5/(kgMLSS\cdot d)$	0.07～0.20
反应池混合悬浮固体平均浓度		X	$kgMLSS/m^3$	3.0～5.0
污泥产率系数	设初沉池	Y	$kgVSS/kgBOD_5$	0.4～0.8
	不设初沉池		$kgVSS/kgBOD_5$	0.6～1.0
总水力停留时间		HRT	h	10～29
需氧量		O_2	$kgO_2/kgBOD_5$	1.1～2.0
活性污泥容积指数		SVI	mL/g	70～120
充水比		m		0.30～0.40
BOD_5 总处理率		η	%	90～95
NH_3-N 总处理率		η	%	85～95

生物脱氮的主要设计参数见表 5-33。

表 5-33　生物脱氮的主要设计参数

项　目		符号	单　位	参数值
反应池五日生化需氧量污泥负荷		L_s	$kgBOD_5/(kgMLVSS\cdot d)$	0.06～0.20
			$kgBOD_5/(kgMLSS\cdot d)$	0.04～0.13
反应池混合悬浮固体平均浓度		X	$kgMLSS/m^3$	3.0～5.0
总氮负荷率		X_V	$kgTN/(kgMLSS\cdot d)$	≤0.05
污泥产率系数	设初沉池	Y	$kgVSS/kgBOD_5$	3.0～0.6
	不设初沉池		$kgVSS/kgBOD_5$	0.5～0.8
缺氧水力停留时间占反应时间比例			%	20
好氧水力停留时间占反应时间比例			%	80
总水力停留时间		HRT	h	15～30
需氧量		O_2	$kgO_2/kgBOD_5$	0.7～1.1
活性污泥容积指数		SVI	mL/g	70～140
充水比		m		0.30～0.35
BOD_5 总处理率		η	%	90～95
NH_3-N 总处理率		η	%	85～95
TN 总处理率		η	%	60～85

生物脱氮除磷的主要设计参数见表5-34。

表5-34　生物脱氮除磷的主要设计参数

项　　目		符号	单　位	参数值
反应池五日生化需氧量污泥负荷		L_s	$kgBOD_5/(kgMLVSS \cdot d)$	0.15～0.25
			$kgBOD_5/(kgMLSS \cdot d)$	0.07～0.15
反应池混合悬浮固体平均浓度		X	$kgMLSS/m^3$	2.5～4.5
总氮负荷率			$kgTN/(kgMLSS \cdot d)$	
污泥产率系数	设初沉池	Y	$kgVSS/kgBOD_5$	0.3～0.6
	不设初沉池		$kgVSS/kgBOD_5$	0.5～0.8
厌氧水力停留时间占反应时间比例			%	5～10
缺氧水力停留时间占反应时间比例			%	10～15
好氧水力停留时间占反应时间比例			%	75～80
总水力停留时间		HRT	h	20～30
污泥回流比(仅适用于CASS或CAST)		R	%	20～100
混合液回流比(仅适用于CASS或CAST)		R_i	%	≥200
需氧量		O_2	$kgO_2/kgBOD_5$	1.5～2.0
活性污泥容积指数		SVI	mL/g	70～140
充水比		m		0.30～0.35
BOD_5 总处理率		η	%	85～95
TP总处理率		η	%	50～75
TN总处理率		η	%	55～80

生物除磷的主要设计参数见表5-35。

表5-35　生物除磷的主要设计参数

项　　目	符号	单　位	参数值
反应池五日生化需氧量污泥负荷	L_s	$kgBOD_5/(kgMLSS \cdot d)$	0.4～0.7
反应池混合液悬浮固体平均浓度	X	$kgMLSS/m^3$	2.0～4.0
反应池污泥产率系数	Y	$kgVSS/kgBOD_5$	0.4～0.8
厌氧水力停留时间占反应时间比例		%	25～33
好氧水力停留时间占反应时间比例		%	67～75

续表

项目名称	符号	单 位	参数值
总水力停留时间	HRT	h	3～8
需氧量	O_2	$kgO_2/kgBOD_5$	0.7～1.1
活性污泥容积指数	SVI	mL/g	70～140
充水比	m		0.30～0.40
污泥含磷率		kgTP/kgVSS	0.03～0.07
污泥回流比(仅适用于 CASS 或 CAST)		%	40～100
TP 总处理率	η	%	75～85

连续和间歇曝气工艺（DAT-IAT）的主要设计参数见表 5-36。

表 5-36 连续和间歇曝气工艺（DAT-IAT）的主要设计参数

项 目	符号	单 位		主要设计参数			
				去除含碳有机物	要求硝化	要求硝化、反硝化	好氧污泥稳定
反应池五日生化需氧量污泥负荷	L_s	$kgBOD_5$/(kgMLVSS·d)		0.1[①]	0.07～0.09	0.07	0.05
混合液悬浮固体浓度	X	$kgMLSS/m^3$	DAT	2.5～4.5	2.5～4.5	2.5～4.5	2.5～4.5
			IAT	3.5～5.5	3.5～5.5	3.5～5.5	3.5～5.5
			平均值	3.0～5.0[①]	3.0～5.0	3.0～5.0	3.0～5.0
混合液回流比	R_i	%		100～400	100～400	400～600	100～400
污泥龄	θ_C	d		>6～8	>10	>12	>20
DAT/IAT 的容积比				1	>1	>1	>1
充水比	m			0.17～0.33[①]	0.17～0.33	0.17～0.33	0.17～0.33
IAT 周期时间	t	h		3	3	3	3

① 高负荷时 L_s 为 0.1～0.4$kgBOD_5$/（kgMLVSS·d），MLSS 平均浓度为 1.5～2.0$kgMLSS/m^3$，充水比 m 为 0.25～0.5。

5.2.2.4 氧化沟活性污泥法污水处理

综合生活污染水量总变化系数见表5-37。

表5-37 综合生活污染水量总变化系数

平均日流量/(L/s)	5	15	40	70	100	200	500	≥1000
总变化系数	2.3	2.0	1.8	1.7	1.6	1.5	1.4	1.3

氧化沟污染物去除率见表5-38。

表5-38 氧化沟污染物去除率

污水类别	主体工艺	污染物去除率/%					
		悬浮物(SS)	五日生化需氧量(BOD_5)	化学耗氧量(COD_{Cr})	TN	NH_3-N	TP
城镇污水	预(前)处理+氧化沟、二沉池	70～90	80～95	80～90	55～85	85～95	50～75
工业废水	预(前)处理+氧化沟、二沉池	70～90	70～90	70～90	45～85	70～95	40～75

注：根据水质、工艺流程等情况，可不设置初沉池，根据沟型需要可设置二沉池。

去除碳源污染物主要设计参数见表5-39。

表5-39 去除碳源污染物主要设计参数

项目		符号	单位	参数值
反应池 BOD_5 污泥负荷		L_s	$kgBOD_5/(kgMLVSS \cdot d)$	0.14～0.36
			$kgBOD_5/(kgMLSS \cdot d)$	0.10～0.25
反应池混合液悬浮固体平均浓度		X	kgMLSS/L	2.0～4.5
反应池混合液挥发性悬浮固体平均浓度		X_V	kgMLVSS/L	1.4～3.2
MLVSS在MLSS中所占比例	设初沉池	y	gMLVSS/gMLSS	0.7～0.8
	不设初沉池		gMLVSS/gMLSS	0.5～0.7
BOD_5 容积负荷		L_V	$kgBOD_5/(m^3 \cdot d)$	0.20～2.25
设计污泥泥龄(供参考)		θ_C	d	5～15

续表

项目		符号	单位	参数值
污泥产率系数	设初沉池	Y	$kgVSS/kgBOD_5$	0.3～0.6
	不设初沉池		$kgVSS/kgBOD_5$	0.6～1.0
总水力停留时间		HRT	h	4～20
污泥回流比		R	%	50～100
需氧量		O_2	$kgO_2/kgBOD_5$	1.1～1.8
BOD_5 总处理率		η	%	75～95

生物脱氮主要设计参数见表5-40。

表 5-40 生物脱氮主要设计参数

项目		符号	单位	参数值
反应池 BOD_5 污泥负荷		L_s	$kgBOD_5/(kgMLVSS \cdot d)$	0.07～0.21
			$kgBOD_5/(kgMLSS \cdot d)$	0.05～0.15
反应池混合液悬浮固体平均浓度		X	kgMLSS/L	2.0～4.5
反应池混合液挥发性悬浮固体平均浓度		X_V	kgMLVSS/L	1.4～3.2
MLVSS在MLSS中所占比例	设初沉池	y	gMLVSS/gMLSS	0.65～0.75
	不设初沉池		gMLVSS/gMLSS	0.5～0.65
BOD_5 容积负荷		L_V	$kgBOD_5/(m^3 \cdot d)$	0.12～0.50
总氮负荷率		L_{TN}	$kgTN/(kgMLSS \cdot d)$	≤0.05
设计污泥泥龄(供参考)		θ_C	d	12～25
污泥产率系数	设初沉池	Y	$kgVSS/kgBOD_5$	0.3～0.6
	不设初沉池		$kgVSS/kgBOD_5$	0.5～0.8
污泥回流比		R	%	50～100
缺氧水力停留时间		t_n	h	1～4
好氧水力停留时间		t_o	h	6～14
总水力停留时间		HRT	h	7～18
混合液回流比		R_i	%	100～400
需氧量		O_2	$kgO_2/kgBOD_5$	1.1～2.0
BOD_5 总处理率		η	%	90～95
NH_3-N 总处理率		η	%	85～95
TN 总处理率		η	%	60～85

生物脱氮除磷主要设计参数见表5-41。

表5-41　生物脱氮除磷主要设计参数

项　　目		符号	单　　位	参数值
反应池 BOD_5 污泥负荷		L_s	$kgBOD_5/(kgMLVSS \cdot d)$	0.10～0.21
			$kgBOD_5/(kgMLSS \cdot d)$	0.07～0.15
反应池混合液悬浮固体平均浓度		X	kgMLSS/L	2.0～4.5
反应池混合液挥发性悬浮固体平均浓度		X_V	kgMLVSS/L	1.4～3.2
MLVSS在MLSS中所占比例	设初沉池	y	gMLVSS/gMLSS	0.65～0.7
	不设初沉池		gMLVSS/gMLSS	0.5～0.65
BOD_5 容积负荷		L_V	$kgBOD_5/(m^3 \cdot d)$	0.20～0.7
总氮负荷率		L_{TN}	$kgTN/(kgMLSS \cdot d)$	≤0.06
设计污泥泥龄(供参考)		θ_C	d	12～25
污泥产率系数	设初沉池	Y	$kgVSS/kgBOD_5$	0.3～0.6
	不设初沉池		$kgVSS/kgBOD_5$	0.5～0.8
厌氧水力停留时间		t_p	h	1～2
缺氧水力停留时间		t_n	h	1～4
好氧水力停留时间		t_o	h	6～12
总水力停留时间		HRT	h	8～18
污泥回流比		R	%	50～100
混合液回流比		R_i	%	100～400
需氧量		O_2	$kgO_2/kgBOD_5$	1.1～1.8
BOD_5 总处理率		η	%	85～95
TP总处理率		η	%	50～75
TN总处理率		η	%	55～80

延时曝气氧化沟主要设计参数见表5-42。

表 5-42　延时曝气氧化沟主要设计参数

项　　目		符号	单　　位	参数值
反应池 BOD_5 污泥负荷		L_s	$kgBOD_5/(kgMLVSS \cdot d)$	0.04～0.11
			$kgBOD_5/(kgMLSS \cdot d)$	0.03～0.08
反应池混合液悬浮固体平均浓度		X	kgMLSS/L	2.0～4.5
反应池混合液挥发性悬浮固体平均浓度		X_V	kgMLVSS/L	1.4～3.2
MLVSS 在 MLSS 中所占比例	设初沉池	y	gMLVSS/gMLSS	0.65～0.7
	不设初沉池		gMLVSS/gMLSS	0.5～0.65
BOD_5 容积负荷		L_V	$kgBOD_5/(m^3 \cdot d)$	0.06～0.36
设计污泥泥龄(供参考)		θ_C	d	>15
污泥产率系数	设初沉池	Y	$kgVSS/kgBOD_5$	0.3～0.6
	不设初沉池		$kgVSS/kgBOD_5$	0.4～0.8
污泥回流比		R	%	75～150
混合液回流比		R_i	%	100～400
需氧量		O_2	$kgO_2/kgBOD_5$	1.5～2.0
总水力停留时间		HRT	h	≥16
BOD_5 总处理效率		η	%	95

导流墙（一道）的设置参考数据见表 5-43。

表 5-43　导流墙（一道）的设置参考数据

转刷长度(直径)/m	氧化沟沟宽/m	导流墙偏心距/m	导流墙半径/m
3.0	4.15	0.35	2.25
4.5	5.56	0.50	3.00
6.0	7.15	0.65	3.75
7.5	8.65	0.60	4.50
9.0	10.15	0.95	5.25

氧化沟曝气设备性能见表 5-44。

表 5-44 氧化沟曝气设备性能

名称	适应条件	技术性能	
		充氧能力	动力效率
转刷曝气机	D=400～1000mm h=0.1～0.3m n=50～80r/min	4～8kgO_2/(m·h)	1.5～2.5kgO_2/(kW·h)
盘式曝气机	D=1000～1300mm h=0.2～0.4m n=43～75r/min	0.26～0.86kgO_2/(盘·h)	0.9～1.5kgO_2/(kW·h)
垂直轴表面曝气机	—	—	1.8～2.3kgO_2/(kW·h)
自吸螺旋曝气机	—	—	1.8～2.0kgO_2/(kW·h)
射流曝气机	—	—	0.6～0.8kgO_2/(kW·h)

注：D 为转刷直径，h 为浸没深度，n 为转速。

5.2.3 自然生物处理

5.2.3.1 深度处理塘

BOD、COD 去除效果见表 5-45。

表 5-45 BOD、COD 去除效果

项　目	进水含量/(mg/L)	去除率/%	残留量/(mg/L)
BOD	≤30	30～60	5～20
COD	≤120	10～25	>50

注：残留量为可能达到的数值。

几种深度处理塘的设计数据见表 5-46。

表 5-46 几种深度处理塘的设计数据

深度处理塘用处	BOD_5 表面负荷率/[kgBOD_5/(10^4m^2·d)]	水力停留时间/d	去除率/%
养鱼	20～35	≥15	
除氨氮	≤20	≥12	65～70
除磷	约 13	12	60(磷酸盐)

以除 BOD 为目的的深度处理塘设计参数见表 5-47。

表 5-47 以除 BOD 为目的的深度处理塘设计参数

类型	BOD 表面负荷/[kg/($10^4 m^2$ · d)]	水力停留时间/d	深度/m	BOD 去除率/%
好氧塘	20～60	5～25	1～1.5	30～55
兼性塘	100～150	3～8	1.5～2.5	40

5.2.3.2 控制出水塘设计数据

塘深大于当地冰冻深 1m，冰层下应有 1m 深的水层；塘底贮泥层 0.3～0.6m；塘数不少于 2；其他数据见表 5-48。

表 5-48 控制出水塘的设计数据

参数	有效水深/m	水力停留时间/d	BOD 负荷/[kg/($10^4 m^2$ · d)]	BOD 去除率/%
数值	2.0～3.5	30～60	10～80	20～40

5.2.3.3 稳定塘

好氧塘典型设计参数见表 5-49。

表 5-49 好氧塘典型设计参数

参数	类型		
	高负荷好氧塘	普通好氧塘	深度处理好氧塘
BOD_5 表面负荷率/[kg/(m^2 · d)]	0.004～0.016	0.002～0.004	0.0005
水力停留时间/d	4～6	2～6	5～20
水深/m	0.3～0.45	～0.5	0.5～1.0
BOD_5 去除率/%	80～90	80～95	60～80
藻类浓度/(mg/L)	100～260	100～200	5～10
回流比		0.2～2.0	

兼性塘后好氧塘中试运行数据见表 5-50。

5.2.3.4 土地处理系统

地表漫流处理系统设计参数见表 5-51。

表 5-50　兼性塘后好氧塘中试运行数据

参　数	数值及范围
BOD_5 表面负荷率/[kg/(m²·d)]	0.004～0.006
水力停留时间/d	4～12
水深/m	0.6～0.9
BOD_5 去除率/%	30～50
处理水 BOD_5/(mg/L)	15～40
进水 BOD_5/(mg/L)	500～100

表 5-51　地表漫流处理系统设计参数

预处理方式	水力负荷率/(cm/d)	投配率/[m³/(n·m·h)]	投配时间/(h/d)	投配频率/(d/周)	斜面长/m
格栅	0.9～3.0	0.07～0.12	8～12	5～7	36～45
初次沉淀	1.4～4.0	0.08～0.12	8～12	5～7	30～36
稳定塘	1.3～3.3	0.03～0.10	8～12	5～7	45
二级生物处理	2.8～8.0	0.10～0.20	8～12	5～7	30～36

污水连续投配快速渗滤处理系统所需最少渗滤田块数见表 5-52。

表 5-52　污水连续投配快速渗滤处理系统所需最少渗滤田块数

灌水日数/d	休灌日数/d	渗滤田最少块数	灌水日数/d	休灌日数/d	渗滤田最少块数
1	5～7	6～8	1	10～14	11～15
2	5～7	4～5	2	10～14	6～8
1	7～12	8～13	1	12～16	13～17
2	7～12	5～7	2	12～16	7～9
1	4～5	5～6	7	10～15	3～4
2	4～5	3～4	8	10～15	3
3	4～5	3	9	10～15	3
1	5～10	6～11	7	12～16	3～4
2	5～10	4～6	8	12～16	3
3	5～10	3～5	9	12～16	3

地表漫流处理系统设计参数见表 5-53。

表 5-53 地表漫流处理系统设计参数

目标	预处理方式	季节	灌水日数/d	休灌日数/d
使污水达到最大的入渗土壤速率	一级处理 二级处理	夏冬	1～2,1～2 1～3,1～3	5～7,7～12 4～5,5～10
使系统达到最高的脱氮率	一级处理 二级处理	夏冬	1～2,1～2 7～9,9～12	10～14,12～16 10～15,12～16
使系统达到最大的硝化率	一级处理 二级处理	夏冬	1～2,1～2 1～3,1～3	5～7,7～12 4～5,5～10

5.3 污泥处理

5.3.1 污泥泥质

污泥泥质基本控制项目和限值见表 5-54。

表 5-54 污泥泥质基本控制项目和限值

控制项目	限值
pH 值	5～10
含水率/%	<80
粪大肠菌群菌值	>0.01
细菌总数/(MPN/kg 干污泥)	$<10^5$

污泥泥质选择性控制项目和限值见表 5-55。

表 5-55 污泥泥质选择性控制项目和限值

单位：mg/kg 干污泥

控制项目	限值
总镉	<20
总汞	<25
总铅	<1000
总铬	<1000
总砷	<75

续表

控制项目	限值
总铜	<1500
总锌	<4000
总镍	<200
矿物油	<3000
挥发酚	<40
总氢化物	<10

城镇污水处理农用污泥污染物浓度限值见表5-56。

表5-56 城镇污水处理农用污泥污染物浓度限值

控制项目	限值/(mg/kg)	
	A级污泥	B级污泥
总砷	<30	<75
总镉	<3	<15
总铬	<500	<1000
总铜	<500	<1500
总汞	<3	<15
总镍	<100	<200
总铅	<300	<1000
总锌	<1500	<3000
苯并[a]芘	<2	<3
矿物油	<500	<3000
多环芳烃	<5	<6

城镇污水处理园林绿化用污泥污染物浓度限值见表5-57。

5.3.2 污泥浓缩

5.3.2.1 污泥的屈服应力和塑性黏度

污泥的屈服剪应力 τ_0 和塑性黏度 μ_{PL} 值见表5-58。

表 5-57 城镇污水处理园林绿化用污泥污染物浓度限值

控制项目	限值	
	在酸性土壤(pH<6.5)上	在酸性土壤(pH≥6.5)上
总镉/(mg/kg 干污泥)	<5	<20
总汞/(mg/kg 干污泥)	<5	<15
总铅/(mg/kg 干污泥)	<300	<1000
总铬/(mg/kg 干污泥)	<600	<1000
总砷/(mg/kg 干污泥)	<75	<75
总镍/(mg/kg 干污泥)	<100	<200
总锌/(mg/kg 干污泥)	<2000	<4000
总铜/(mg/kg 干污泥)	<800	<1500
硼/(mg/kg 干污泥)	<150	<150
矿物油/(mg/kg 干污泥)	<3000	<3000
苯并[a]芘/(mg/kg 干污泥)	<3	<3
多氯代二苯并二噁英/多氯二苯呋喃(PCDD/PCDF 单位:ng;毒性单位:mg/kg)	<100	<100
可吸附有机卤化物(AOX)(以 Cl 计)/(mg/kg 干污泥)	<500	<500
多氯联苯(PCBs)/(mg/kg 干污泥)	<0.2	<0.2

表 5-58 污泥的屈服剪应力 τ_0 和塑性黏度 μ_{PL} 值

污泥种类	温度/℃	固体含量/%	τ_0/(kg/m²)	μ_{PL}/[kg/(m·s)]
水	20	0	0	0.001
初次污泥	12	6.7	4.386	0.028
消化污泥	17	10	1.530	0.092
	17	12	2.244	0.098
	17	14	2.958	0.101
	17	16	4.386	0.116
	17	18	6.222	0.118

续表

污泥种类	温度/℃	固体含量/%	τ_0/(kg/m²)	μ_{PL}/[kg/(m·s)]
活性污泥	20	0.4	0.0102	0.006
	20	0.3	0.00714	0.005
	20	0.2	0.00204	0.004

5.3.2.2 重力浓缩设计

污泥固体负荷及含水率见表5-59。

表5-59 污泥固体负荷及含水率

污泥种类	进泥含水率/%	污泥固体负荷/[kg/(m²·d)]	浓缩后污泥含水率/%
初次沉淀污泥	95～97	80～120	90～92
活性污泥	99.2～99.6	20～30;60～90①	97.5
在初次沉淀池中投入剩余污泥所排出的污泥	97.1～98.3	75～105	93.75～94.75

① 与活性污泥性质有关。一般当曝气池的前段设有厌氧段时，采用此值。

重力浓缩池设计参数见表5-60。

表5-60 重力浓缩池设计参数

污泥种类	污泥固体负荷/[kg/(m²·d)]	浓缩后污泥含水率/%	停留时间/h
初次污泥	80～120	95～97	6～8
剩余活性污泥	20～30	97～98	6～8
初次污泥与剩余活性污泥的混合污泥	50～75	95～98	10～12

搅拌栅的浓缩效果见表5-61。

重力浓缩池生产运行数据见表5-62。

5.3.2.3 气浮浓缩

气浮浓缩池水力负荷、固体负荷见表5-63。

表 5-61 搅拌栅的浓缩效果

浓缩时间/h	浓缩污泥固体含量/%			
	不投加混凝剂		投加混凝剂	
	不搅拌	搅拌	不搅拌	搅拌
0	2.8	2.94	3.26	3.26
5	6.4	13.3	10.3	15.4
9.5	11.9	18.5	12.3	19.6
20.5	15.0	21.7	14.1	23.8
30.8	16.3	23.5	15.4	25.3
46.3	18.2	25.2	17.2	27.4
59.3	20.0	25.8	18.5	27.4
77.5	21.1	26.3	19.6	27.6

表 5-62 重力浓缩池生产运行数据

污泥种类	污泥固体通量/[kg/(m²·d)]	浓缩污泥浓度/(g/L)
生活污水污泥	1～2	50～70
初次沉淀污泥	4～6	80～100
改良曝气活性污泥	3～5.1	70～85
活性污泥	0.5～1.0	20～30
腐殖污泥	1.2～2.0	70～90
初沉污泥与活性污泥混合	1.2～2.0	50～80
初沉污泥与改良曝气活性污泥混合	4.1～5.1	80～120
初沉污泥与腐殖污泥混合	2.0～2.4	70～90
给水污泥	5～10	80～120

表 5-63 气浮浓缩池水力负荷、固体负荷

污泥种类	入流污泥浓度/%	表面水力负荷/[m³/(m²·d)]	固体负荷/[kg/(m²·d)]	气浮污泥浓度/%
活性污泥	不大于0.5	1.0～3.6 一般用1.8	1.8～5.0	3～5

空气溶解度及容重见表 5-64。

表 5-64　空气溶解度及容重

气温/℃	溶解度/(L/L)	容重/(mg/L)
0	0.0292	1252
10	0.0228	1206
20	0.0187	1164
30	0.0157	1127
40	0.0142	1092

其他有关数据见表 5-65。

表 5-65　有关数据

污泥种类	混凝剂/%	水力负荷 /[$m^3/(m^2 \cdot d)$]	固体负荷 /[$kg/(m^2 \cdot d)$]	浮选后含水率 /%
活性污泥	不投加混凝剂	1～3.6	1.8～5.0	95～97
	投加聚合电解质 2～3(干泥重)	1.5～7.2	2.7～10	94～96

5.3.3　双层沉淀池

按年平均气温计算消化室容积见表 5-66。

表 5-66　按年平均气温计算消化室容积

年平均气温/℃	4～7	7～10	>10
每人所需消化室容积/L	45	35	30

注：有曝气池剩余活性污泥或生物滩池后的二次沉淀池污泥进入时，消化室增加的容积应按计算决定。

按污水水温计算消化时间和消化室容积见表 5-67。

5.3.4　污泥消化

5.3.4.1　好氧消化

好氧消化池设计参数见表 5-68。

表 5-67 按污水水温计算消化时间和消化室容积

生活污水冬季平均温度/℃	污泥消化时间/d	每人所需消化室容积/L
6	210	80
7	180	70
8.5	150	55
10	120	45
12	90	35
15	60	20
20	30	10
25	20	7

表 5-68 好氧消化池设计参数

设计参数		数值
污泥停留时间/d	活性污泥	10～15
	初沉污泥、初沉污泥与活性污泥混合	15～20
有机负荷/[kg·VSS/(m^3·d)]		0.38～2.24
空气需要量(鼓风曝气时)/[m^3/(m^3·min)]	活性污泥	0.02～0.04
	初沉污泥、初沉污泥与活性污泥混合	≥0.06
机械曝气所需功率/[kW/(m^3·池)]		0.03
最低溶解氧/(mg/L)		2
温度/℃		>15℃
挥发性固体(VSS)去除率/%		50左右

5.3.4.2 厌氧消化

饱和蒸汽的含热量见表 5-69。

表 5-69 饱和蒸汽的含热量

温度/℃	绝对压力/$\times10^5$Pa	含热量	
		kJ/kg	kcal/kg
100	1.012	2674.5	638.8
110	1.432	2690.0	642.5

续表

温度/℃	绝对压力/$\times10^5$Pa	含热量	
		kJ/kg	kcal/kg
120	1.985	2705.1	646.1
130	2.699	2719.3	649.5
140	3.611	2733.1	652.8
150	4.757	2745.7	655.8
160	6.176	2757.4	658.6
170	7.914	2767.9	661.1
180	10.020	2777.5	663.4
190	12.543	2785.9	665.4
200	15.539	2792.6	667.0

各种污泥底物含量及C/N见表5-70。

表5-70 各种污泥底物含量及C/N

底物名称	污泥种类		
	初次沉淀污泥	活性污泥	混合污泥
碳水化合物/%	32.0	16.5	26.3
脂肪、脂肪酸/%	35.0	17.5	28.5
蛋白质/%	39.0	66.0	45.2
C/N	(9.40～0.35)∶1	(4.60～5.40)∶1	(6.80～7.50)∶1

温度对沼气产量的影响见表5-71。

表5-71 温度对沼气产量的影响

发酵温度/℃	10	15	20	25	30
每kg干物重的产气量/L	450	530	610	710	760

沼气的主要成分见表5-72。

表 5-72 沼气的主要成分

甲烷(CH_4)/%	二氧化碳(CO_2)/%	一氧化碳(CO)/%	氢 H_2/%	氮 N_2/%	氧 O_2/%	硫化氢 H_2S/%
57～62	33～38	0～1.5	0～2	0～6	0～3	0.005～0.01

沼气发热量与几种燃料的比较见表 5-73。

表 5-73 沼气发热量与几种燃料的比较

燃料种类	纯甲烷	沼气(含甲烷 60%)	煤气	汽油	柴油
发热量/(kJ/m^3)	35923	23027	16747	30563	39775

5.3.5 污泥脱水

5.3.5.1 污泥含水率

排入干化场的污泥含水率见表 5-74。

表 5-74 排入干化场的污泥含水率

来源	污泥含水率/%	来源	污泥含水率/%
初次沉淀池	95～97	消化池	97
生物沉淀池后的二次沉淀池	97	曝气池后的二次沉淀池	99.2～99.6

5.3.5.2 污泥比阻值

各种污泥的大致比阻值见表 5-75。

表 5-75 各种污泥的大致比阻值

污泥种类	比阻值	
	(s^2/g)	(m/kg)
初次沉淀污泥	$(4.7\sim6.2)\times10^9$	$(46.1\sim60.8)\times10^9$
消化污泥	$(12.6\sim14.2)\times10^9$	$(123.6\sim139.3)\times10^9$
活性污泥	$(16.8\sim28.8)\times10^9$	$(164.8\sim282.5)\times10^9$
腐殖污泥	$(6.1\sim8.3)\times10^9$	$(59.8\sim81.4)\times10^9$

注：$9.81\times10^3 s^2/g=1m/kg$。

5.3.5.3 带式压滤

带式压滤的产泥能力见表 5-76。

表 5-76　带式压滤的产泥能力

污泥种类		进泥含水率/%	聚合物用量污泥干重/%	产泥能力/[kg 干污泥/(m·h)]	泥饼含水率/%
生污泥	初沉污泥	90～95	0.09～0.2	250～400	65～75
	初沉污泥+活性污泥	92～96.5	0.15～0.3	150～300	70～80
消化污泥	初沉污泥	91～96	0.1～0.3	250～500	65～75
	初沉污泥+活性污泥	93～97	0.2～0.5	120～350	70～80

第6章 绿化工程

6.1 常用绿化植物

6.1.1 木本苗

乔木类常用苗木产品的主要规格质量标准见表6-1。

表6-1 乔木类常用苗木产品的主要规格质量标准

类型	树种	树高/m	干径/m	苗龄/a	冠径/m	分枝点高/m	移植次数/次
绿针叶乔木	南洋杉	2.5~3	—	6~7	1.0	—	2
	冷杉	1.5~2	—	7	0.8	—	2
	雪松	2.5~3	—	6~7	1.5	—	2
	柳杉	2.5~3	—	5~6	1.5	—	2
	云杉	1.5~2	—	7	0.8	—	2
	侧柏	2~2.5	—	5~7	1.0	—	2
	罗汉松	2~2.5	—	6~7	1.0	—	2
	油松	1.5~2	—	8	1.0	—	3
	白皮松	1.5~2	—	6~10	1.0	—	2
	湿地松	2~2.5	—	3~4	1.5	—	2
	马尾松	2~2.5	—	4~5	1.5	—	2
	黑松	2~2.5	—	6	1.5	—	2
	华山松	1.5~2	—	7~8	1.5	—	3
	圆柏	2.5~3	—	7	0.8	—	3
	龙柏	2~2.5	—	5~8	0.8	—	2
	铅笔柏	2.5~3	—	6~10	0.6	—	3
	榧树	1.5~2	—	5~8	0.6	—	2
落叶针叶乔木	水松	3.0~3.5	—	4~5	1.0	—	2
	水杉	3.0~3.5	—	4~5	1.0	—	2
	金钱松	3.0~3.5	—	6~8	1.2	—	2
	池杉	3.0~3.5	—	4~5	1.0	—	2
	落羽杉	3.0~3.5	—	4~5	1.0	—	2

续表

类型	树种	树高/m	干径/m	苗龄/a	冠径/m	分枝点高/m	移植次数/次
常绿阔叶乔木	羊蹄甲	2.5～3	3～4	4～5	1.2		2
	榕树	2.5～3	4～6	5～6	1.0	—	2
	黄桷树	3～3.5	5～8	5	1.5	—	2
	女贞	2～2.5	3～4	4～5	1.2	—	1
	广玉兰	3.0	3～4	4～5	1.5	—	2
	白兰花	3～3.5	5～6	5～7	1.0	—	1
	芒果	3～3.5	5～6	5	1.5	—	2
	香樟	2.5～3	3～4	4～5	1.2	—	2
	蚊母	2	3～4	5	0.5	—	3
	桂花	1.5～2	3～4	4～5	1.5	—	2
	山茶花	1.5～2	3～4	5～6	1.5	—	2
	石楠	1.5～2	3～4	5	1.0	—	2
	枇杷	2～2.5	3～4	3～4	5～6		2
落叶阔叶乔木 大乔木	银杏	2.5～3	2	15～20	1.5	2.0	3
	绒毛白蜡	4～6	4～5	6～7	0.8	5.0	2
	悬铃木	2～2.5	5～7	4～5	1.5	3.0	2
	毛白杨	6	4～5	4	0.8	2.5	1
	臭椿	2～2.5	3～4	3～4	0.8	2.5	1
	三角枫	2.5	2.5	8	0.8	2.0	2
	元宝枫	2.5	3	5	0.8	2.0	2
	洋槐	6	3～4	6	0.8	2.0	2
	合欢	5	3～4	6	0.8	2.5	2
	栾树	4	5	6	0.8	2.5	2
	七叶树	3	3.5～4	4～5	0.8	2.5	3
	国槐	4	5～6	8	0.8	2.5	2
	无患子	3～3.5	3～4	5～6	1.0	3.0	1
	泡桐	2～2.5	3～4	2～3	0.8	2.5	1
	枫杨	2～2.5	3～4	3～4	0.8	2.5	1
	梧桐	2～2.5	3～4	4～5	0.8	2.0	2
	鹅掌楸	3～4	3～4	4～6	0.8	2.5	2
	木棉	3.5	5～8	5	0.8	2.5	2
	垂柳	2.5～3	4～5	2～3	0.8	2.5	2
	枫香	3～3.5	3～4	4～5	0.8	2.5	2
	榆树	3～4	3～4	3～4	1.5	2	2
	榔榆	3～4	3～4	6	1.5	2	3
	朴树	3～4	3～4	5～6	1.5	2	2
	乌柏	3～4	3～4	6	2	2	2
	楝树	3～4	3～4	4～5	2	2	2
	杜仲	4～5	3～4	6～8	2	2	3
	麻栎	3～4	3～4	5～6	2	2	2
	榉树	3～4	3～4	8～10	2	2	3
	重阳木	3～4	3～4	5～6	2	2	2
	梓树	3～4	3～4	5～6	2	2	2

续表

类型		树种	树高/m	干径/m	苗龄/a	冠径/m	分枝点高/m	移植次数/次
落叶阔叶乔木	中小乔木	白玉兰	2～2.5	2～3	4～5	0.8	0.8	1
		紫叶李	1.5～2	1～2	3～4	0.8	0.4	2
		樱花	2～2.5	1～2	3～4	1	0.8	2
		鸡爪槭	1.5	1～2	4	0.8	1.5	2
		西府海棠	3	1～2	4	1.0	0.4	2
		大花紫薇	1.5～2	1～2	3～4	0.8	1.0	1
		石榴	1.5～2	1～2	3～4	0.8	0.4～0.5	2
		碧桃	1.5～2	1～2	3～4	1.0	0.4～0.5	1
		丝棉木	2.5	2	4	1.5	0.8～1	1
		垂枝榆	2.5	4	7	1.5	2.5～3	2
		龙爪槐	2.5	4	1.0	1.5	2.5～3	3
		毛刺槐	2.5	4	3	1.5	1.5～2	1

灌木类常用苗木产品的主要规格质量标准见表6-2。

表6-2 灌木类常用苗木产品的主要规格质量标准

类型		树种	树高/cm	苗龄/a	蓬径/m	主枝数/个	移植次数/次	主条长/m	基径/cm
常绿针叶灌木	匍匐型	爬地柏	—	4	0.6	3	2	1～1.5	1.5～2
		沙地柏		4	0.6	3	2	1～1.5	1.5～2
	丛生型	千头柏	0.8～1.0	5～6	0.5	—	1	—	—
		线柏	0.6～0.8	4～5	·0.5	—	1	—	—
常绿阔叶灌木	丛生型	月桂	1～1.2	4～5	0.5	3	1～2	—	—
		海桐	0.8～1.0	4～5	0.8	3～5	1～2	—	—
		夹竹桃	1～1.5	2～3	0.5	3～5	1～2	—	—
		含笑	0.6～0.8	4～5	0.5	3～5	2	—	—
		米仔兰	0.6～0.8	5～6	0.6	3	2	—	—
		大叶黄杨	0.6～0.8	4～5	0.6	3	2	—	—
		锦熟黄杨	0.3～0.5	3～4	0.3	3	1	—	—
		云绵杜鹃	0.3～0.5	3～4	0.3	5～8	1～2	—	—
		十大功劳	0.3～0.5	3	0.3	3～5	1	—	—
		栀子花	0.3～0.5	2～3	0.3	3～5	1	—	—
		黄蝉	0.6～0.8	3～4	0.6	3～5	1	—	—
		南天竹	0.3～0.5	2～3	0.3	3	1	—	—
		九里香	0.6～0.8	4	0.6	3～5	1～2	—	—
		八角金盘	0.5～0.6	3～4	0.5	2	1	—	—
		枸骨	0.6～0.8	5	0.6	3～5	2	—	—
		丝兰	0.3～0.4	3～4	0.5	—	2	—	—
	单干型	高接大叶黄杨	2	—	3	3	2	—	3～4

续表

类型		树种	树高/cm	苗龄/a	蓬径/m	主枝数/个	移植次数/次	主条长/m	基径/cm
落叶阔叶灌木	丛生型	榆叶梅	1.5	3～5	0.8	5	2	—	—
		珍珠梅	1.5	5	0.8	6	1	—	—
		黄刺梅	1.5～2.0	4～5	0.8～1.0	6～8	—	—	—
		玫瑰	0.8～1.0	4～5	0.5～0.6	5	1	—	—
		贴梗海棠	0.8～1.0	4～5	0.8～1.0	5	1	—	—
		木槿	1～1.5	2～3	0.5～0.6	5	1	—	—
		太平花	1.2～1.5	2～3	0.5～0.8	6	1	—	—
		红叶小檗	0.8～1.0	3～5	0.5	6	1	—	—
		棣棠	1～1.5	6	0.8	6	1	—	—
		紫荆	1～1.2	6～8	0.8～1.0	5	1	—	—
		锦带花	1.2～1.5	2～3	0.5～0.8	6	1	—	—
		腊梅	1.5～2.0	5～6	1～1.5	8	1	—	—
		溲疏	1.2	3～5	0.6	5	1	—	—
		金根木	1.5	3～5	0.8～1.0	5	1	—	—
		紫薇	1～1.5	3～5	0.8～1.0	5	1	—	—
		紫丁香	1.2～1.5	3	0.6	5	1	—	—
		木本绣球	0.8～1.0	4	0.6	5	1	—	—
		麻叶绣线菊	0.8～1.0	4	0.8～1.0	5	1	—	—
		猬实	0.8～1.0	3	0.8～1.0	7	1	—	—
	单干型	红花紫薇	1.5～2.0	3～5	0.8	5	1	—	3～4
		榆叶梅	1～1.5	5	0.8	5	1	—	3～4
		白丁香	1.5～2	3～5	0.8	5	1	—	3～4
		碧桃	1.5～2	4	0.8	5	1	—	3～4
	蔓生型	连翘	0.5～1	1～3	0.8	5	—	1.0～1.5	—
		迎春	0.4～1	1～2	0.5	5	—	0.6～0.8	—

藤木类常用苗木产品的主要规格质量标准见表6-3。

表 6-3　藤木类常用苗木产品的主要规格质量标准

类型	树种	苗龄/a	分枝数/支	主蔓径/cm	主蔓长/m	移植次数/次
常绿藤木	金银花	3～4	3	0.3	1.0	1
	络石	3～4	3	0.3	1.0	1
	常春藤	3	3	0.3	1.0	1
	鸡血藤	3	2～3	1.0	1.5	1
	扶芳藤	3～4	3	1	1.0	1
	三角花	3～4	4～5	1	1～1.5	1
	木香	3	3	0.8	1.2	1
落叶藤叶	猕猴桃	3	4～5	0.5	2～3	1
	南蛇藤	3	4～5	0.5	1	1
	紫藤	4	4～5	1	1.5	1
	爬山虎	1～2	3～4	0.5	2～2.5	1
	野蔷薇	1～2	3	1	1.0	1
	凌霄	3	4～5	0.8	1.5	1
	葡萄	3	4～5	1	2～3	1

竹类常用苗木产品的主要规格质量标准见表 6-4。

表 6-4　竹类常用苗木产品的主要规格质量标准

类型	树种	苗龄/a	母竹分枝数/支	竹鞭长/cm	竹鞭个数/个	竹鞭芽眼数/个
散生竹	紫竹	2～3	2～3	>0.3	>2	>2
	毛竹	2～3	2～3	>0.3	>2	>2
	方竹	2～3	2～3	>0.3	>2	>2
	淡竹	2～3	2～3	>0.3	>2	>2
丛生竹	佛肚竹	2～3	1～2	>0.3	—	2
	凤凰竹	2～3	1～2	>0.3	—	2
	粉箪竹	2～3	1～2	>0.3	—	2
	撑篙竹	2～3	1～2	>0.3	—	2
	黄金间碧竹	3	2～3	>0.3	—	2
混生竹	倭竹	2～3	2～3	>0.3	—	>1
	苦竹	2～3	2～3	>0.3	—	>1
	阔叶箬竹	2～3	2～3	>0.3	—	>1

棕榈类特种苗木产品的主要规格质量标准见表 6-5。

表 6-5　棕榈类特种苗木产品的主要规格质量标准

类型	树种	树高/m	灌高/m	树龄/a	基径/cm	冠径/m	蓬径/m	移植次数/次
乔木型	棕榈	0.6～0.8	—	7～8	6～8	1	—	2
	椰子	1.5～2	—	4～5	15～20	1	—	2
	王棕	1～2	—	5～6	6～10	1	—	2
	假槟榔	1～1.5	—	4～5	6～10	1	—	2
	长叶刺葵	0.8～1.0	—	4～6	6～8	1	—	2
	油棕	0.8～1.0	—	4～5	6～10	1	—	2
	蒲葵	0.6～0.8	—	8～1.0	10～12	1	—	2
	鱼尾葵	1.0～1.5	—	4～6	6～8	1	—	2
灌木型	棕竹	—	0.6～0.8	5～6	—	—	0.6	2
	散尾葵	—	0.8～1	4～6	—	—	0.8	2

6.1.2　球根花卉种球

根茎类种球规格等级标准见表 6-6、表 6-7。

表 6-6　根茎类种球规格等级标准（一）　　单位：cm

中文名称	科属	最小圆周	种球圆周长规格等级					最小直径
			1级	2级	3级	4级	5级	
西伯利亚鸢尾	鸢尾科鸢尾属	5	10^+	9/10	8/9	7/8	6/7	1.5
德国鸢尾	鸢尾科鸢尾属	5	9^+	7/9	5/7	—	—	1.5

表 6-7　根茎类种球规格等级标准（二）　　单位：cm

中文名称	科属	根茎规格等级					备注
		1级	2级	3级	4级	5级	
荷花	睡莲科莲属	主枝或侧枝，具侧芽，2～3节间，尾端有节	主枝或侧枝；具顶芽，2节间；尾端有节	主枝或侧枝，具顶芽，1节间，尾端有节	2～3级侧枝，具顶芽，2～3间，尾端有节	主枝或侧枝，具顶芽，2节间，尾端有节	莲属另一种。*N. Lotea* 与 *N. nu-cifera* 相同
睡莲	睡莲科睡莲属	具侧芽，最短5，最小直径2.5	具顶芽最短3，最小直径2	具顶芽最短2，最小直径1	—	—	同属各种均略同

鳞茎类种球规格等级标准见表6-8。

表6-8　鳞茎类种球规格等级标准　　单位：cm

中文名称	科属	最小圆周	种球圆周长规格等级					最小直径	备注
			1级	2级	3级	4级	5级		
百合	百合科百合属	16	24^+	22/24	20/22	18/20	16/18	5	直径5
卷丹	百合科百合属	14	20^+	18/20	16/18	14/16	—	4.5	—
麝香百合	百合科百合属	16	24^+	22/24	20/22	18/20	16/18	5	—
川百合	百合科百合属	12	18^+	16/18	14/16	12/14	—	4	—
湖北百合	百合科百合属	16	22^+	20/22	18/20	16/18	—	5	直径17
兰州百合	百合科百合属	12	17^+	16/18	15/16	14/15	13/14	4	为“川百合”之变种
郁金香	百合科郁金香属	8	20^+	18/20	16/18	14/16	12/14	2.5	有皮
风信子	百合科风信子属	14	20^+	18/20	16/18	14/16	—	4.5	有皮
网球花	百合科网球花属	12	20^+	18/20	16/18	14/16	12/14	4	有皮
中国水仙	石蒜科水仙属	15	24^+	22/24	20/22	18/20	—	4.5	又名“金盏水仙”，有皮，25.5^+为特级
喇叭水仙	石蒜科水仙属	10	18^+	16/18	14/16	12/14	10/12	3.5	又名“洋水仙”、“漏斗水仙”，有皮
口红水仙	石蒜科水仙属	9	13^+	11/13	9/11	—	—	3	又名“红口水仙”，有皮
中国石蒜	石蒜科石蒜属	7	13^+	11/13	9/11	7/9	—	2	有皮
忽地笑	石蒜科石蒜属	12	18^+	16/18	14/16	12/19	—	3.5	直径6，有皮，黑褐色
石蒜	石蒜科石蒜属	5	11^+	9/11	7/9	5/7	—	1.5	有皮
葱莲	石蒜科葱莲属	5	17^+	11/17	9/11	7/9	5/7	1.5	又名“葱兰”，有皮
韭莲	石蒜科葱莲属	5	11^+	9/11	7/9	5/7	—	1.5	又名“韭菜兰”，有皮
花朱顶红	石蒜科孤挺花属	16	24^+	22/24	20/22	18/20	16/18	5	有皮
文珠兰	石蒜科文珠兰属	14	20^+	18/20	16/18	14/16	—	4.5	有皮
蜘蛛兰	石蒜科蜘蛛兰属	20	30^+	28/30	20/25	24/26	22/24	6	有皮
西班牙鸢尾	鸢尾科鸢尾属	8	16^+	14/16	12/14	10/12	8/10	2.5	有皮
荷兰鸢尾	鸢尾科鸢尾属	8	16^+	14/16	12/14	10/12	8/10	2.5	有皮

注：“规格等级”栏中24^+表示在24cm以上为1级，22/24表示在22～24cm为2级，以下依此类推。

球茎类种球规格等级标准见表 6-9。

表 6-9　球茎类种球规格等级标准　　单位：cm

中文名称	科属	最小圆周	种球圆周长规格等级					最小直径	备注
			1 级	2 级	3 级	4 级	5 级		
唐菖蒲	鸢尾科唐菖蒲属	8	18^+	16/18	14/16	12/14	10/12	2.5	—
小苍兰	鸢尾科香雪兰属	3	11^+	9/11	7/9	5/7	3/5	1.5	又名“香雪兰”
番红花	鸢尾科番红花属	5	11^+	9/11	7/9	5/7	—	1.5	—
高加索番红花	鸢尾科番红花属	7	12^+	11/12	10/11	9/10	8/9	2	又名“金线番红花”
美丽番红花	鸢尾科番红花属	5	9^+	7/9	5/7	—	1.5	—	—
秋水仙	百合科秋水仙属	13	16^+	15/16	14/15	13/14	—	3.5	外皮黑褐色
晚香玉	百合科晚香玉属	8	16^+	14/16	12/14	10/12	8/10	2.5	—

块茎类、块根类种球规格等级标准见表 6-10。

表 6-10　块茎类、块根类种球规格等级标准　单位：cm

中文名称	科属	最小圆周	种球圆周长规格等级					最小直径	备注（直径等级）
			1 级	2 级	3 级	4 级	5 级		
花毛茛	毛茛科毛茛属	3.5	13^+	11/13	9/11	13^+	7/9	1.0	—
马蹄莲	天南星科马蹄莲属	12	20^+	18/20	16/18	14/16	12/14	4	—
花叶芋	天南星科五彩芋属	10	16^+	14/16	12/14	10/12	—	3	—
球根秋海棠	秋海棠科秋海棠属	10	16^+	14/16	12/14	10/12	—	3	6^+、5/6 4/5、3/4
大丽花	菊科大丽花属	3.2	—	—	—	—	—	1	2^+、1.5/2 1/1.5、1

6.2　树木的种植与移植

6.2.1　园林地形整理

6.2.1.1　绿化土壤质量要求

（1）土壤性质

种植土的理化指标应满足表 6-11 的要求。

表 6-11 土壤理化指标

<table>
<tr><th colspan="6">项　目</th><th>指　标</th></tr>
<tr><td rowspan="11">主控指标</td><td rowspan="2">1</td><td rowspan="2" colspan="2">pH 值</td><td colspan="2">一般植物</td><td>5.5～8.3</td></tr>
<tr><td colspan="2">特殊要求</td><td>施工单位提供要求在设计中说明</td></tr>
<tr><td rowspan="4">2</td><td rowspan="4">全盐量</td><td rowspan="2">EC/(mS/cm)
(适用于一般绿化)</td><td colspan="2">一般植物</td><td>0.15～1.2</td></tr>
<tr><td colspan="2">耐盐植物种植</td><td>≤1.8</td></tr>
<tr><td rowspan="2">质量法/(g/kg)
(适用于盐碱土)</td><td colspan="2">一般绿化</td><td>≤1.0</td></tr>
<tr><td colspan="2">盐碱地耐盐植物种植</td><td>≤1.8</td></tr>
<tr><td>3</td><td colspan="4">有机质/(g/kg)</td><td>≥12</td></tr>
<tr><td rowspan="3">4</td><td rowspan="3" colspan="2">密度
/(mg/m³)</td><td colspan="2">一般种植</td><td>≤1.35</td></tr>
<tr><td rowspan="2">屋顶绿化</td><td>干密度</td><td>≤0.5</td></tr>
<tr><td>最大湿密度</td><td>≤0.8</td></tr>
<tr><td>5</td><td colspan="4">非毛管孔隙度/%</td><td>≥8</td></tr>
<tr><td rowspan="8">一般指标</td><td>1</td><td colspan="4">碱解氮/(mg/kg)</td><td>≥40</td></tr>
<tr><td>2</td><td colspan="4">有效磷/(mg/kg)</td><td>≥8</td></tr>
<tr><td>3</td><td colspan="4">速效钾/(mg/kg)</td><td>≥60</td></tr>
<tr><td rowspan="3">4</td><td rowspan="3" colspan="2">石砾质量分数/%</td><td colspan="2">总含量(粒径≥2mm)</td><td>≤20</td></tr>
<tr><td rowspan="2">不同粒径</td><td>草坪/(粒径≥20mm)</td><td>≤0</td></tr>
<tr><td>其他(粒径≥20mm)</td><td>≤0</td></tr>
<tr><td>5</td><td colspan="4">阳离子交换量/[cmol(+)/kg]</td><td>≥10</td></tr>
<tr><td>6</td><td colspan="4">土壤质地</td><td>壤质土</td></tr>
</table>

常用的改良土与超轻量基质的理化性状应符合表 6-12 的要求。土的最优含水量和最大干密度参考见表 6-13。

表 6-12 常用改良土与超轻量基质物理性状

<table>
<tr><th colspan="2">理化指标</th><th>改良土</th><th>超轻量基质</th></tr>
<tr><td rowspan="2">容重/(kg/m³)</td><td>干容重</td><td>550～900</td><td>120～150</td></tr>
<tr><td>湿容重</td><td>780～1300</td><td>450～650</td></tr>
<tr><td colspan="2">非毛管孔隙度</td><td>≥10%</td><td>≥10%</td></tr>
</table>

表 6-13　土的最优含水量和最大干密度参考

土的种类	变动范围	
	最优含水量(质量比)/%	最大干密度/(t/m³)
砂土	8～12	1.80～1.88
黏土	19～23	1.58～1.70
粉质黏土	12～15	1.85～1.95
粉土	16～22	1.61～1.80

（2）安全指标

① 水源涵养林等属于自然保育的绿（林）地，其重金属含量应控制在表 6-14 中Ⅰ级范围内。

② 公园、学校、居住区等与人接触较密切的绿（林）地，其重金属含量应控制在表 6-14 中Ⅱ级范围内。

③ 道路绿化带、工厂附属绿地等有潜在污染源的绿（林）地或防护林等与人接触较少的绿（林）地，其重金属含量应控制在表 6-14 中Ⅲ级范围内。

④ 废弃矿地、污染土壤修复等重金属潜在污染严重或曾经受污染绿（林）地，其重金属含量应控制在表 6-14 中Ⅳ级范围内；但个别指标尤其是非毒害重金属的指标可适当放宽，不对绿化植物生长产生明显危害即可。

表 6-14　土壤重金属含量指标　　单位：mg/kg

控制项目	Ⅰ级	Ⅱ级		Ⅲ级		Ⅳ级	
		pH＜6.5	pH＞6.5	pH＜6.5	pH＞6.5	pH＜6.5	pH＞6.5
总镉≤	0.30	0.40	0.60	0.80	1.0	1.0	1.2
总汞≤	0.30	0.40	1.0	1.2	1.5	1.6	1.8
总铅≤	85	200	300	350	450	500	530
总铬≤	100	150	200	200	250	300	380
总砷≤	30	35	30	40	35	55	45
总镍≤	40	50	80	100	150	200	220
总锌≤	150	250	300	400	450	500	650
总铜≤	40	150	200	300	350	400	500

(3) 有效土层

绿化种植土壤有效土层应满足表 6-15 的厚度要求。

表 6-15 绿化种植土坡有效土层厚度的要求

植被类型			土层厚度/cm
一级种植	乔木	直径≥20cm	≥180
		直径<20cm	≥150(深根)、≥100(潜根)
	灌木	高度≥50cm	≥60
		高度<50cm	≥45
	花卉、草坪、地被		≥30
屋顶绿化	乔木		≥80
	灌木	高度≥50cm	≥50
		高度<50cm	≥30
	花卉、草坪、地被		≥15

6.2.1.2 地形整理（土山、微地形）

土山、微地形的高程控制应符合竖向设计要求。其允许偏差应符合表 6-16 的要求。

表 6-16 土山、微地形尺寸和相对高程的允许偏差

项　目		尺寸要求	允许偏差	检查方法
边界线位置		设计要求	±50	经纬仪、钢尺测量
等高线位置		设计要求	±50	经纬仪、钢尺测量
地形相对标高	≤100	回填土方自然沉降以后	±5	水准仪、钢尺测量，每 $1000m^2$ 测定一次
	101～200		±8	
	201～300		±12	
	301～400		±15	
	401～500		±20	
	>500		±30	

6.2.1.3 填方

填方每层铺土厚度和压实遍数见表 6-17。利用运土工具压实填方时的每层铺土厚度见表6-18。

表6-17 填方每层铺土厚度和压实遍数

压实机具	每层铺土厚度/mm	每层压实遍数/遍
平碾	200～300	6～8
羊足碾	200～350	8～16
蛙式打夯机	200～250	3～4
振动碾	60～130	6～8
振动压路机	120～150	10
推土机	200～300	6～8
拖拉机	200～300	8～16
人工打夯	不大于200	3～4

表6-18 利用运土工具压实填方时的每层铺土厚度　单位：m

填土方法和采用的运土工具	土的名称		
	砂土	粉土	粉质黏土和黏土
拖拉机拖车和其他填土方法并用机械平土	1.5	1.0	0.7
汽车和轮式铲运机	1.2	0.8	0.5
人推小车和马车运土	1.0	0.6	0.3

冬季填方高度的限制见表6-19。

表6-19 冬季填方高度的限制

平均气温/℃	－5～－10	－11～－15	－16～－20
填方高度/m	4.5	3.5	2.5

回填土工程允许偏差见表6-20。

表6-20 回填土工程允许偏差

项　目	允许偏差/mm	检验方法
顶面标高	＋0　－50	用水准仪或拉线尺检查
表面平整度	20	用2m靠尺和楔形尺量检查

6.2.2 种植穴、槽的挖掘

挖种植穴、槽的大小，应根据苗木根系、土球直径和土壤情况而定。穴、槽必须垂直下挖，上口下底相等，具体要求见表6-21～表6-27。

表6-21 常绿乔木类种植穴规格 单位：cm

树高	土球直径	种植穴深度	种植穴直径
150	40～50	50～60	80～90
150～250	70～80	80～90	100～110
250～400	80～100	90～110	120～130
400以上	140以上	120以上	180以上

表6-22 落叶乔木类种植穴规格 单位：cm

胸径	种植穴深度	种植穴直径	胸 径	种植穴深度	种植穴直径
2～3	30～40	40～60	5～6	60～70	80～90
3～4	40～50	60～70	6～8	70～80	90～100
4～5	50～60	70～80	8～10	80～90	100～110

表6-23 花灌木类种植穴规格 单位：cm

冠径	种植穴深度	种植穴直径
200	70～90	90～110
100	60～70	70～90

表6-24 裸根乔木挖种植穴规格 单位：cm

乔木胸径	种植穴直径	种植穴深度	乔木胸径	种植穴直径	种植穴深度
3～4	60～70	40～50	6～8	90～100	70～80
4～5	70～80	50～60	8～10	100～110	80～90
5～6	80～90	60～70			

表6-25 裸根花灌木类挖种植穴规格 单位：cm

灌木高度	种植穴直径	种植穴深度	灌木高度	种植穴直径	种植穴深度
120～150	60	40	180～200	80	60
150～180	70	50			

表 6-26　竹类种植穴规格　　单位：cm

种植穴深度	种植穴直径
盘根或土球深 20～40	比盘根或土球大 40～60

表 6-27　绿篱苗挖种植穴规格

绿篱苗高度/cm	单行式(深×宽)/cm	双行式(深×宽)/cm
50～80	40×40	40×60
100～120	50×50	50×70
120～150	60×60	60×80

6.2.3　掘苗

常绿树掘土球苗规格见表 6-28。

表 6-28　针叶常绿树土球苗的规格要求　　单位：cm

苗木高度	土球直径	土球纵径	备注
苗高 80～120	25～30	20	主要为绿篱苗
苗高 120～150	30～35	25～30	柏类绿篱苗
	40～50	—	松类
苗高 150～200	40～45	40	柏类
	50～60	40	松类
苗高 200～250	50～60	45	柏类
	60～70	45	松类
苗高 250～300	70～80	50	夏季放大一个规格
苗高 400 以上	100	70	夏季放大一个规格

植物生长所必需的最低限度土层厚度见表 6-29。

表 6-29　植物生长所必需的最低限度土层厚度　单位：cm

种别	植物生存的最小厚度	植物培育的最小厚度
草类、地被	15	30
小灌木	30	45
大灌木	45	60
浅根性乔木	60	90
深根性乔木	90	150

园林植物生长所必需的最低种植土层厚度应符合表 6-30 的规定。

表 6-30 园林植种植必需的最低土层厚度

植被类型	草本花卉	草坪地被	小灌木	大灌木	浅根乔木	深根乔木
土层厚度/cm	30	30	45	60	90	150
允许偏差	<5%			<10%		

6.2.4 树木种植

浇灌水不得采用污水。水中有害离子的含量不得超过植物生长要求的临界值，水的理化性状应符合表 6-31 的规定。

表 6-31 园林浇灌用水水质指标 单位：mg/L

项　目	基本要求	pH 值	总磷	总氮	全盐
数值	无漂浮物和异常味	6～9	≤10	≤15	≤1000

树木栽植后的浇水量见表 6-32。

表 6-32 树木栽植后的浇水量

乔木及常绿树胸径/cm	灌木高度/m	绿篱高度/m	树堰直径/cm	浇水量/kg
	1.2～1.5	1～1.2	60	50
	1.5～1.8	1.2～1.5	70	75
3～5	1.8～2	1.5～2	80	100
5～7	2～2.5		90	200
7～10			110	250

6.2.5 大树移植

大树移植时土球的规格见表 6-33，土台规格见表 6-34。

表 6-33 土球规格

树木胸径/cm	土球规格		
	土球直径/cm	土球高度/cm	留底直径
10～12	胸径 8～10 倍	60～70	土球直径的 1/3
13～15	胸径 7～10 倍	70～80	

表 6-34 土台规格

树木胸径/cm	15～18	18～24	25～27	28～30
木箱规格/m	1.5×0.6	1.8×0.7	2.0×0.7	2.2×0.8

木箱包装移植法所需的材料、工具和机械参数见表 6-35。

表 6-35 木箱包装移植法所需的材料、工具和机械

名称		数量与数据	用途
木板	大号	上板长 2.0m、宽 0.2m、厚 3cm 底板长 1.75m、宽 0.3m、厚 5cm 边板上缘长 1.85m、下缘长 1.75m、厚 5cm 用 3 块带板(长 50m、宽 10～15cm)钉成高 0.8m 的木板,共 4 块	包装土球用
木板	小号	上板长 1.65m、宽 0.2m、厚 5cm 底板长 1.45m、宽 0.3m、厚 5cm 边板上缘长 1.5m,下缘长 1.4m、厚 5cm 用 3 块带板(长 50m,宽 10～15cm)钉成高 0.6m 的木板,共 4 块	—
方木		10cm×(10～15)cm×15cm,长 1.5～2.0m,需 8 根	吊运做垫木
木墩		10 个,直径 0.25～0.30m,高 0.3～0.35m	支撑箱底
垫板		8 块,厚 3cm,长 0.2～0.25m,宽 0.15～0.2m	支撑横木、垫木墩
支撑横木		4 根,10cm×15cm 方木,长 1.0m	支撑木箱侧面
木杆		3 根,长度为树高	支撑树木
铁皮(铁腰子)		约 50 根,厚 0.1cm,宽 3cm,长 50～80cm;每根打孔 10 个,孔距 5～10cm	加固木箱钉钉用
铁钉		约 500 个,长 3～3.5cm	钉铁腰子
蒲包片		约 10 个	包四角、填充上下板
草袋片		约 10 个	包树干
扎把绳		约 10 根	捆木杆起吊牵引用
尖锹		3～4 把	挖沟用
平锹		2 把	削土台,掏底用
小板镐		2 把	掏底用

续表

名　　称	数量与数据	用途
紧线器	2个	收紧箱板用
钢丝绳	2根，粗1.2～1.3cm，每根长10～12m，附卡子4个	捆木箱用
尖镐	2把，一头尖、一头平	刨土用
斧子	2把	钉铁皮，砍树根
小铁棍	2根，直径0.6～0.8cm、长0.4m	拧紧线器用
冲子、剁子	各1把	剁铁皮，铁皮打孔用
鹰嘴钳子	1把	调卡子用
千斤顶	1台，油压	上底板用
吊车	1台，起质量视土台大小而定	装、卸用
货车	1台，车型、载质量视树大小而定	运输树木用
卷尺	1把，3m长	量土台用

6.3 草坪、花卉种植

6.3.1 草坪播种与铺设

常用草坪草的播种量见表6-36。

表6-36　几种草坪草的播种量

草种	播种量/(g/m²)	草种	播种量/(g/m²)
苇状羊茅	25～40	小糠草	5～10
紫羊茅	15～20	匍茎翦股颖	5～10
匍匐羊茅	15～20	细弱翦股颖	5～10
羊茅	15～25	地毯草	5～12
草地羊茅	10～25	百喜草	10～15
草地早熟禾	10～15	中华结缕草	10～30
加拿大早熟禾	6～10	结缕草	10～30
冰草	15～25	假俭草	10～25
无芒雀麦	6～12	白三叶	5～8
黑麦草	20～30	向阳地　野牛草75% 羊茅25%	10～20
盖氏虎尾草	8～15		
狗牙根	10～15	背阴地　野牛草75% 羊茅25%	10～20
野牛草	20～30		

6.3.2 草坪施肥

草坪草营养元素含量及缺乏症状见表6-37。

表6-37 草坪草营养元素含量及缺乏症状

营养元素	干物质中含量	缺乏症状
氮	2.5%～6.0%	老叶变黄,幼芽生长缓慢
磷	0.2%～0.6%	老叶先暗绿,后呈紫红或微红
钾	1.0%～4.0%	老叶显黄,油漆叶尖,叶缘枯萎
钙	0.2%～0.1%	幼叶生长受阻或呈棕红色
镁	0.1%～0.5%	叶片出现枯斑、条纹,边缘鲜红
硫	0.2%～0.6%	老叶变黄
铁	50～500mg/kg	幼叶出现黄斑

不同草坪草种月施肥量见表6-38。

表6-38 不同草坪草种月施肥量(以纯氮计算)

草坪草种类	喜肥程度	施肥量/(g/m^3)
野牛草	最低	0～2
紫羊茅、海滨雀稗、巴哈雀稗	低	1～3
结缕草、高羊茅、多年生黑麦草、地毯草、假俭草	中等	2～5
草地早熟禾、匍匐翦股颖、狗牙根	高	3～8

6.3.3 草坪修剪

不同类型绿地草坪在生长季内的修剪次数与频率见表6-39。

表6-39 不同类型绿地草坪在生长季内的修剪次数与频率

草坪类型	草坪草种类	修剪频率/(次/月)			全年修剪次数
		4月～6月	7月～8月	9月～11月	
封闭型绿地草坪	冷季型草坪草	5～6	3～4	5～6	40～50
	暖季型草坪草	2～3	3～4	2～3	18～26
开放型绿地草坪	冷季型草坪草	3～4	2～3	3～4	25～35
	暖季型草坪草	1～2	2～3	1～2	12～22

不同种类草坪植物适宜的修剪高度见表 6-40。

表 6-40　不同种类草坪植物适宜的修剪高度　单位：cm

草坪植物	修剪高度	草坪植物	修剪高度
巴哈雀稗	5.0～8.0	弯叶画眉草	5.0～8.0
海滨雀稗	2.0～4.0	匍匐翦股颖	1.0～2.5
普通狗牙根	1.5～3.0	细弱翦股颖	1.5～3.0
杂交狗牙根	1.0～2.5	紫羊茅	2.5～4.0
地毯草	2.5～5.0	草地早熟禾	2.5～4.0
钝叶草	4.0～6.0	多年生黑麦草	2.5～4.0
结缕草	1.5～4.0	高羊茅	4.0～6.0
野牛草	2.0～4.0	格兰马草	4.0～6.0
假俭草	1.5～4.0	—	—

6.3.4　花卉种植

主要水生花卉最适水深见表 6-41。

表 6-41　主要水生花卉最适水深

类别	代表品种	最适水深/cm	备注
沼生类	菖蒲、千屈菜等	10～20	千屈菜可盆栽
挺水类	荷、宽叶香蒲等	100 以内	—
浮水类	芡实、睡莲等	50～300	睡莲可水中盆栽
漂浮类	浮萍、凤眼莲等	浮于水面	根不生于泥土中

花卉的追肥施用量见表 6-42。

表 6-42　花卉的追肥施用量　单位：$kg/100m^2$

花卉种类	追肥施用量		
	硝酸铵	过磷酸钙	氯化钾
一、二年生花卉	0.9	1.5	0.5
多年生花卉	0.5	0.8	0.3

根据材料不同，防水、隔根材料厚度应满足表 6-43 的要求。

表 6-43　防水隔根材料厚度参照表　　单位：mm

防水材料	选用厚度	施工方法
合金防水卷材(PSS)①	单层使用≥0.5	热焊接法
铜复合胎基改性沥青根组防水卷材①	单层使用≥4 双层使用≥4+3	热熔法
金属铜胎改性沥青防水卷材(JCUB)①	单层使用≥4 双层使用≥4+3	热熔(冷自粘)法
聚乙烯胎高聚物改性沥青防水卷材(PPE)①	单层使用≥4 双层使用≥4+3	冷自粘(热熔)法
高聚物改性沥青防水卷材	单层使用≥4 双层使用≥6(3+3)	热熔法
双面自粘橡胶沥青防水卷材(BCA)	单层使用≥3 双层使用≥2+2	水泥浆湿铺法
聚氯乙烯防水卷材(PVC)①	单层使用≥1.5 双层使用≥1.2+1.2	热焊接法
聚乙烯丙纶防水卷材①	单层使用≥0.9 双层使用≥0.7+0.7	专用胶粘法
水泥基渗透结晶型防水卷材	单层使用≥0.8 用料量≥1.2kg/m^3	涂刷施工

① 材料具有隔根性能。

注：1. 铜复合胎基改性沥青根组防水卷材双层使用时，底层可用 3mm 厚聚酯胎 SBS 改性沥青防水卷材。

2. 聚乙烯丙纶防水卷材胶粘层厚度应不小于 1.3mm。

6.3.5　屋顶绿化

屋顶绿化建议性指标见表 6-44。

表 6-44　屋顶绿化建议性指标

花园式屋顶绿化	绿化屋顶面积占屋顶总面积	≥60%
	绿化种植面积占绿化屋顶面积	≥85%
	铺装园路面积占绿化屋顶面积	≤12%
	园林小品面积占绿化屋顶面积	≤3%
简单式屋顶绿化	绿化屋顶面积占屋顶总面积	≥80%
	绿化种植面积占绿化屋顶面积	≥90%

土壤物理性质指标见表6-45。

表6-45　土壤物理性质指标

指标	土层深度范围/cm	
	0～30	30～100
质量密度/(g/cm^2)	1.17～1.45	1.17～1.45
总孔隙度/%	>45	45～52
非毛管孔隙度/%	>10	10～20

屋顶绿化植物基质厚度要求见表6-46。

表6-46　屋顶绿化植物基质厚度要求

植物类型	规格/m	基质厚度/cm
小型乔木	H=2.0～2.5	≥60
大灌木	H=1.5～2.0	50～60
小灌木	H=1.0～1.5	30～50
草本、地被植物	H=0.2～1.0	10～30

注：H为绿化植物高度。

屋顶绿化植物种植基质理化性状要求见表6-47。

表6-47　屋顶绿化植物种植基质理化性状要求

理化性状	要求
湿密度	450～1300kg/m^3
非毛管孔隙度	>10%
pH值	7.0～8.5
含盐量	<0.12%
全氮量	>1.0g/kg
全磷量	>0.6g/kg
全钾量	>17g/kg

常用改良土与超轻量基质理化性状见表6-48。

表 6-48　常用改良土与超轻量基质理化性状

理化指标		改良土	超轻量基质
密度/(kg/m³)	干密度	550～900	120～150
	湿密度	780～1300	450～650
热导率		0.5	0.35
内部孔隙度		5%	20%
总孔隙度		49%	70%
有效水分		25%	37%
排水速率/(mm/h)		42	58

屋顶绿化基质荷重应根据湿密度进行核算，不应超过 1300kg/m³。常用的基质类型和配制比例见表 6-49。

表 6-49　常用基质类型和配制比例参考

基质类型	主要配比材料	配制比例	湿密度/(kg/m³)
改良土	田园土,轻质骨料	1∶1	1200
	腐叶土,蛭石,沙土	7∶2∶1	780～1000
	田园土,草炭,(蛭石和肥)	4∶3∶1	1100～1300
	田园土,草炭,松针土,珍珠岩	1∶1∶1∶1	780～1100
	田园土,草炭,松针土	3∶4∶3	780～950
	轻砂壤土,腐殖土,珍珠岩,蛭石	2.5∶5∶2∶0.5	1100
	轻砂壤土,腐殖土,蛭石	5∶3∶2	1100～1300
超轻量基质	无机介质	—	450～650

注：基质湿密度一般为干密度的 1.2～1.5 倍。

屋面绿化植物材料平均荷重和种植荷载参考见表 6-50。

表 6-50　屋面绿化植物材料平均荷重和种植荷载参考

植物类型	规格/m	植物平均荷重/kg	种植荷载/(kg/m²)
乔木(带土球)	H=2.0～2.5	80～120	250～300
大灌木	H=1.5～2.0	60～80	150～250
小灌木	H=1.0～1.5	30～60	100～150

续表

植物类型	规格/m	植物平均荷重/kg	种植荷载/(kg/m²)
地被植物	H=0.2～1.0	15～30	50～100
草坪	1m²	10～15	50～100

注：1. 选择植物应考虑植物生长产生的活荷载变化。种植荷载包括种植区构造层自然状态下的整体荷载。

2. H为绿化植物高度。

6.4 绿化工程附属设施

新建道路或经改建后达到规划红线宽度的道路，其绿化树木与地管线外缘的最小水平距离宜符合表6-51的规定。

表6-51 树木与地管线外缘最小水平距离

管线名称	距乔木中心距离/m	距灌木中心距离/m
电力电缆	1.0	1.0
电信电缆(直埋)	1.0	1.0
电信电缆(管道)	1.5	1.0
给水管道	1.5	—
雨水管道	1.5	—
污水管道	1.5	—
燃气管道	1.5	1.2
热力管道	1.5	1.5
排水盲沟	1.0	—

当遇到特殊情况不能达表6-51中规定的标准时，其绿树木根颈中心至地下管线外缘的最小距离可采用表6-52的规定。

树木与架空电力线路导线的最小垂直距离应符合表6-53的规定。

树木与其他设施的最小水平距离应符合表6-54的规定。

表 6-52　树木根颈中心至地下管线外缘最小距离

管线名称	距乔木根颈中心距离/m	距灌木根颈中心距离/m
电力电缆	1.0	1.0
电信电缆(直埋)	1.0	1.0
电信电缆(管道)	1.5	1.0
给水管道	1.5	1.0
雨水管道	1.5	1.0
污水管道	1.5	1.0
热力管道	1.5	1.5

表 6-53　树林与架空电力线路导线的最小垂直距离

电压/kV	1～10	35～110	154～220	330
最小垂直距离/m	1.5	3.0	3.5	4.5

表 6-54　树木与其他设施最小水平距离

设施名称	至乔木中心距离/m	至灌木中心距离/m
低于 2m 的围墙	1.0	—
挡土墙	1.0	—
路灯杆柱	2.0	—
电力、电信杆柱	1.5	—
消防龙头	1.5	2.0
测量水准点	2.0	2.0

第 7 章　燃气输配工程

7.1　燃气输配系统

7.1.1　一般规定

城镇燃气管道的设计压力（p）分为 7 级，并应符合表 7-1 的要求。

表 7-1　城镇燃气管道的设计压力（表压）分级

名　称		压力/MPa
高压燃气管道	A	$2.5<p\leqslant4.0$
	B	$1.6<p\leqslant2.5$
次高压燃气管道	A	$0.8<p\leqslant1.6$
	B	$0.4<p\leqslant0.8$
中压燃气管道	A	$0.2<p\leqslant0.4$
	B	$0.01\leqslant p\leqslant0.2$
低压燃气管道		$p<0.01$

地下燃气管道与交流电力线接地体的净距不应小于表 7-2 的规定。

表 7-2　地下燃气管道与交流电力线接地体的净距　单位：m

电压等级/kV	10	35	110	220
铁塔或电杆接地体	1	3	5	10
电站或变电所接地体	5	10	15	30

7.1.2　压力不大于 1.6MPa 的室外燃气管道

次高压钢质燃气管道最小公称壁厚不应小于表 7-3 的规定。

表 7-3　钢质燃气管道最小公称壁厚

钢管公称直径 *DN*/mm	公称壁厚/mm
100～150	4.0
200～300	4.8
350～450	5.2
500～550	6.4
600～700	7.1
750～900	7.9
950～1000	8.7
1050	9.5

地下燃气管道与建筑物、构筑物或相邻管道之间的水平和垂直净距，不应小于表 7-4、表 7-5 的规定。

表 7-4　地下燃气管道与建筑物、构筑物或相邻管道之间的水平净距

单位：m

项目		地下燃气管道压力/MPa				
		低压＜0.01	中压		次高压	
			B(0.01＜*p*≤0.2)	A(0.2＜*p*≤0.4)	B(0.4＜*p*≤0.8)	A(0.8＜*p*≤1.6)
建筑物	基础	0.7	1.0	1.5	—	—
	外墙面(出地面处)	—	—	—	5.0	13.5
给水管		0.5	0.5	0.5	1.0	1.5
污水、雨水排水管		1.0	1.2	1.2	1.5	2.0
电力电缆（含电车电缆）	直埋	0.5	0.5	0.5	1.0	1.5
	在导管内	1.0	1.0	1.0	1.0	1.5
通信电缆	直埋	0.5	0.5	0.5	1.0	1.5
	在导管内	1.0	1.0	1.0	1.0	1.5
其他燃气管道	*DN*≤300mm	0.4	0.4	0.4	0.4	0.4
	DN＞300mm	0.5	0.5	0.5	0.5	0.5
热力管	直埋	1.0	1.0	1.0	1.5	2.0
	在管沟内(至外壁)	1.0	1.5	1.5	2.0	4.0

续表

项目		地下燃气管道压力/MPa				
		低压< 0.01	中压		次高压	
			B(0.01< p≤0.2)	A(0.2< p≤0.4)	B(0.4< p≤0.8)	A(0.8< p≤1.6)
电杆(塔)的基础	≤35kV	1.0	1.0	1.0	1.0	1.0
	>35kV	2.0	2.0	2.0	5.0	5.0
通信照明电杆(至电杆中心)		1.0	1.0	1.0	1.0	1.0
铁路路堤坡脚		5.0	5.0	5.0	5.0	5.0
有轨电车钢轨		2.0	2.0	2.0	2.0	2.0
街树(至树中心)		0.75	0.75	0.75	1.2	1.2

表 7-5 地下燃气管道与构筑物或相邻管道之间的垂直净距

单位：m

项目		地下燃气管道(当有套管时,以套管计)
给水管、排水管或其他燃气管道		0.15
热力管、热力管的管沟底(或顶)		0.15
电缆	直埋	0.50
	在导管内	0.15
铁路(轨底)		1.20
有轨电车(轨底)		1.00

注：1. 当次高压燃气管道压力与表中数不相同时，可采用直线方程内插法确定水平净距。

2. 如受地形限制不能满足表 7-4 和表 7-5 时，经与有关部门协商，采取有效的安全防护措施后，表 7-3 和表 7-4 规定的净距均可适当缩小，但低压管道不应影响建（构）筑物和相邻管道基础的稳固性，中压管道距建筑物基础不应小于 0.5m 且距建筑物外墙面不应小于 1m，次高压燃气管道距建筑物外墙面不应小于 3.0m。其中当对次高压 A 燃气管道采取有效的安全防护措施或当管道壁厚不小于 9.5mm 时，管道距建筑物外墙面不应小于 6.5m；当管壁厚度不小于 11.9mm 时，管道距建筑物外墙面不应小于 3.0m。

3. 表 7-4 和表 7-5 规定除地下燃气管道与热力管的净距不适于聚乙烯燃气管道和钢骨架聚乙烯塑料复合管外，其他规定均适用于聚乙烯燃气管道和钢骨架聚乙烯塑料复合管道。聚乙烯燃气管道与热力管道的净距应按国家现行标准《聚乙烯燃气管道工程技术规程》(CJJ 63—2008) 执行。

架空燃气管道与铁路、道路、其他管线交叉时的垂直净距不应小于表 7-6 的规定。

表 7-6 架空燃气管道与铁路、道路、其他管线交叉时的垂直净距

建筑物和管线名称		最小垂直净距/m	
		燃气管道下	燃气管道上
铁路轨顶		6.0	—
城市道路路面		5.5	—
厂区道路路面		5.0	—
人行道路路面		2.2	—
架空电力线，电压	3kV 以下	—	1.5
	3～10kV	—	3.0
	35～66kV	—	4.0
其他管道，管径	≤300mm	同管道直径，但不小于 0.10	同左
	>300mm	0.30	0.30

注：1. 厂区内部的燃气管道，在保证安全的情况下，管底至道路路面的垂直净距可取 4.5m；管底至铁路轨顶的垂直净距可取 5.5m。在车辆和人行道以外的地区，可在从地面到管底高度不小于 0.35m 的低支柱上敷设燃气管道。

2. 电气机车铁路除外。

3. 架空电力线与燃气管道的交叉垂直净距尚应考虑导线的最大垂度。

4. 输送湿燃气的管道应采取排水措施，在寒冷地区还应采取保温措施。燃气管道坡向凝水缸的坡度不宜小于 0.003。

5. 工业企业内燃气管道沿支柱敷设时，尚应符合现行的国家标准《工业企业煤气安全规程》(GB 6222—2005) 的规定。

7.1.3 压力大于 1.6MPa 的室外燃气管道

城镇燃气管道的强度设计系数（F）应符合表 7-7 的规定。

表 7-7 城镇燃气管道的强度设计系数

地区等级	强度设计系数(F)
一级地区	0.72
二级地区	0.60
三级地区	0.40
四级地区	0.30

穿越铁路、公路和人员聚集场所的管道以及门站、储配站、调压站内管道的强度设计系数，应符合表 7-8 的规定。

表 7-8　穿越铁路、公路和人员聚集场所的管道以及门站、储配站、调压站内管道的强度设计系数（*F*）

<table>
<tr><th rowspan="2">管道及管段</th><th colspan="4">地区等级</th></tr>
<tr><th>一</th><th>二</th><th>三</th><th>四</th></tr>
<tr><td>有套管穿越Ⅲ、Ⅳ级公路的管道</td><td>0.72</td><td>0.6</td><td rowspan="5">0.4</td><td rowspan="5">0.3</td></tr>
<tr><td>无套管穿越Ⅲ、Ⅳ级公路的管道</td><td>0.6</td><td>0.5</td></tr>
<tr><td>有套管穿越Ⅰ、Ⅱ级公路、高速公路、铁路的管道</td><td>0.6</td><td>0.6</td></tr>
<tr><td>门站、储配站、调压站内管道及其上、下游各 200m 管道，截断阀室管道及其上、下游各 50m 管道（其距离从站和阀室边界线起算）</td><td>0.5</td><td>0.5</td></tr>
<tr><td>人员聚集场所的管道</td><td>0.4</td><td>0.4</td></tr>
</table>

一级或二级地区地下燃气管道与建筑物之间的水平净距不应小于表 7-9 的规定。

表 7-9　一级或二级地区地下燃气管道与建筑物之间的水平净距

单位：m

燃气管道公称直径 DN/mm	地下燃气管道压力/MPa		
	1.61	2.50	4.00
$900<DN\leqslant1050$	53	60	70
$750<DN\leqslant900$	40	47	57
$600<DN\leqslant750$	31	37	45
$450<DN\leqslant600$	24	28	35
$300<DN\leqslant450$	19	23	28
$150<DN\leqslant300$	14	18	22
$DN\leqslant150$	11	13	15

注：1. 当燃气管道强度设计系数不大于 0.4 时，一级或二级地区地下燃气管道与建筑物之间的水平净距可按表 7-10 确定。

2. 水平净距是指管道外壁到建筑物出地面处外墙面的距离。建筑物是指平常有人的建筑物。

3. 当燃气管道压力与表中数不相同时。可采用直线方程内插法确定水平净距。

三级地区地下燃气管道与建筑物之间的水平净距不应小于表 7-10 的规定。

表 7-10　三级地区地下燃气管道与建筑物之间的水平净距

单位：m

燃气管道公称直径和壁厚 δ/mm	地下燃气管道压力/MPa		
	1.61	2.50	4.00
A　所有管径 $\delta<9.5$	13.5	15.0	17.0
B　所有管径 $9.5\leqslant\delta<11.9$	6.5	7.5	9.0
C　所有管径 $\delta\geqslant11.9$	3.0	5.0	8.0

注：1. 当对燃气管道采取有效的保护措施时，$\delta<9.5$mm 的燃气管道也可采用表中B行的水平净距。

2. 水平净距是指管道外壁到建筑物出地面处外墙面的距离。建筑物是指平常有人的建筑物。

3. 当燃气管道压力与表中数不相同时，可采用直线方程内插法确定水平净距。

7.1.4　门站、储配站调压站

储配站内的储气罐与站内的建、构筑物的防火间距应符合表7-11的规定。

表 7-11　储气罐与站内的建、构筑物的防火间距　　单位：m

储气罐总容积/m³	≤1000	>1000～≤10000	>10000～≤50000	>50000～≤200000	>200000
明火、散发火花地点	20	25	30	35	40
调压室、压缩机室、计量室	10	12	15	20	25
控制室、变配电室、汽车库等辅助建筑	12	15	20	25	30
机修间、燃气锅炉房	15	20	25	30	35
办公、生活建筑	18	20	25	30	35
消防泵房、消防水池取水口	20				
站内道路(路边)	10	10	10	10	10
围墙	15	15	15	15	18

注：1. 低压湿式储气罐与站内的建、构筑物的防火间距，应按本表确定。

2. 低压干式储气罐与站内的建、构筑物的防火间距，当可燃气体的密度比空气大时，应按本表增加25%；比空气小或等于时，可按本表确定。

3. 固定容积储气罐与站内的建、构筑物的防火间距应按本表的规定执行。总容积按其几何容积（m³）和设计压力（绝对压力，10^2kPa）的乘积计算。

4. 低压湿式或干式储气罐的水封室、油泵房和电梯间等附属设施与该储罐的间距按工艺要求确定。

5. 露天燃气工艺装置与储气罐的间距按工艺要求确定。

当高压储气罐罐区设置检修用集中放散装置时，集中放散装置的放散管与站外建构筑物的防火间距不应小于表7-12的规定；集中放散装置的放散管与站内建、构筑物的防火间距不应小于表7-13的规定。

表7-12　集中放散装置的放散管与站外建、构筑物的防火间距

项　　目		防火间距/m
明火、散发火花地点		30
民用建筑		25
甲、乙类液体储罐，易燃材料堆场		25
室外变、配电站		30
甲、乙类物品库房，甲、乙类生产厂房		25
其他厂房		20
铁路(中心线)		40
公路、道路(路边)	高速，Ⅰ、Ⅱ级，城市快速	15
	其他	10
架空电力线(中心线)	>380V	2.0倍杆高
	≤380V	1.5倍杆高
架空通信线(中心线)	国家Ⅰ、Ⅱ级	1.5倍杆高
	其他	1.5倍杆高

表7-13　集中放散装置的放散管与站内建、构筑物的防火间距

项　　目	防火间距/m
明火、散发火花地点	30
办公、生活建筑	25
可燃气体储气罐	20
室外变、配电站	30
调压室、压缩机室、计量室及工艺装置区	20
控制室、配电室、汽车库、机修间和其他辅助建筑	25
燃气锅炉房	25
消防泵房、消防水池取水口	20
站内道路(路边)	2
围墙	2

储配站在同一时间内的火灾次数应按一次考虑。储罐区的消防

用水量不应小于表7-14的规定。

表 7-14 储罐区的消防用水量

储罐容积/m^3	＞500～≤10000	＞10000～≤50000	＞50000～≤1000000	＞100000～≤200000	＞200000
消防用水量/(L/s)	15	20	25	30	35

注：固定容积的可燃气体储罐以组为单位，总容积按其几何容积（m^3）和设计压力（绝对压力，10^2kPa）的乘积计算。

调压站含调压柜与其他建筑物、构筑物的水平净距应符合表7-15的规定。

表 7-15 调压站含调压柜与其他建筑物、构筑物的水平净距

单位：m

设置形式	调压装置入口燃气压力级制	建筑物外墙面	重要公共建筑、一类高层民用建筑	铁路（中心线）	城镇道路	公共电力变配电柜
地上单独建筑	高压(A)	18.0	30.0	25.0	5.0	6.0
	高压(B)	13.0	25.0	20.0	4.0	6.0
	次高压(A)	9.0	18.0	15.0	3.0	4.0
	次高压(B)	6.0	12.0	10.0	3.0	4.0
	中压(A)	6.0	12.0	10.0	2.0	4.0
	中压(B)	6.0	12.0	10.0	2.0	4.0
调压柜	次高压(A)	7.0	14.0	12.0	2.0	4.0
	次高压(B)	4.0	8.0	8.0	2.0	4.0
	中压(A)	4.0	8.0	8.0	1.0	4.0
	中压(B)	4.0	8.0	8.0	1.0	4.0
地下单独建筑	中压(A)	3.0	6.0	6.0	—	3.0
	中压(B)	3.0	6.0	6.0	—	3.0
地下调压箱	中压(A)	3.0	6.0	6.0	—	3.0
	中压(B)	3.0	6.0	6.0	—	3.0

注：1. 当调压装置露天设置时，则指距离装置的边缘。

2. 当建筑物（含重要公共建筑）的某外墙为无门、窗洞口的实体墙，且建筑物耐火等级不低于二级时，燃气进口压力级别为中压A或中压B的调压柜一侧或两侧（非平行），可贴靠上述外墙设置。

3. 当达不到上表净距要求时，采取有效措施，可适当缩小净距。

7.1.5 液化石油气供应

液态液化石油气输送管道应按设计压力（p）分为3级，并应符合表7-16的规定。

表7-16 液态液化石油气输送管道应按设计压力（表压）分级

管道级别	设计压力/MPa
Ⅰ级	$p>4.0$
Ⅱ级	$1.6<p\leqslant4.0$
Ⅲ级	$p\leqslant1.6$

地下液态液化石油气管道与建构筑物或相邻管道之间的水平净距和垂直净距不应小于表7-17、表7-18的规定。

表7-17 地下液态液化石油气管道与建构筑物或相邻管道之间的水平净距

单位：m

项目		Ⅰ级	Ⅱ级	Ⅲ级
特殊建、构筑物(军事设施、易燃易爆物品仓库、国家重点文物保护单位、飞机场、火车站和码头等)		100		
居民区、村镇、重要公共建筑		50	40	25
一般建、构筑物		25	15	10
给水管		1.5	1.5	1.5
污水、雨水排水管		2	2	2
热力管	直埋	2	2	2
	在管沟内(至外壁)	4	4	4
其他燃料管道		2	2	2
埋地电缆	电力线(中心线)	2	2	2
	通信线(中心线)	2	2	2
电杆(塔)的基础	≤35kV	2	2	2
	>35kV	5	5	5

续表

项　目		Ⅰ级	Ⅱ级	Ⅲ级
通信照明电杆(至电杆中心)		2	2	2
公路、道路(路边)	高速，Ⅰ、Ⅱ级，城市快速	10	10	10
	其他	5	5	5
铁路(中心线)	国家线	25	25	25
	企业专用线	10	10	10
树木(至树中心)		2	2	2

注：1. 当因客观条件达不到本表规定时可按有关规定降低管道强度设计系数，增加管道壁厚和采取有效的安全保护措施后水平净距可适当减小。

2. 特殊建、构筑物的水平净距应从其划定的边界线算起。

3. 当地下液态液化石油气管道或相邻地下管道中的防腐采用外加电流阴极保护时两相邻地下管道（缆线）之间的水平净距尚应符合有关规定。

表 7-18　地下液态液化石油气管道与构筑物或地下管道之间的垂直净距

单位：m

项　目		地下液态液化石油气管道(当有套管时，以套管计)
给水管，污水、雨水排水管(沟)		0.20
热力管、热力管的管沟底(或顶)		0.20
其他燃料管道		0.20
通信线、电力线	直埋	0.50
	在导管内	0.25
铁路(轨底)		1.20
有轨电车(轨底)		1.00
公路、道路(路面)		0.90

注：1. 地下液化石油气管道与排水管（沟）或其他有沟的管道交叉时交叉处应加套管。

2. 地下液化石油气管道与铁路高速公路级或级公路交叉时尚应符合有关规定。

7.2　土方工程

7.2.1　开槽

单管管沟沟底宽度和工作坑尺寸按表 7-19 确定。

表 7-19 沟底宽度尺寸

管道公称管径/mm	50～80	100～200	250～350	400～450	500～600	700～800	900～1000	1100～1200	1300～1400
沟底宽度/m	0.6	0.7	0.8	1.0	1.3	1.6	1.8	2.0	2.2

在无地下水的天然湿度土壤中开挖沟槽时，如沟深不超过表7-20的规定，沟壁可不设边坡。

表 7-20 不设边坡的沟槽深度

土壤名称	沟槽深度/m	土壤名称	沟槽深度/m
添实的砂土或砾石土	≤1.00	黏土	≤1.50
亚砂土或亚黏土	≤1.25	坚土	≤2.00

当土壤具有天然湿度、构造均匀、无地下水、水文地质条件良好、且挖深小于5m，不加支撑时，沟槽的最大边坡率可按表7-21确定。

表 7-21 深度在5m以内的沟槽最大边坡率（不加支撑）

土壤名称	边坡率(1∶n)		
	人工开挖并将土抛于沟边上	机械开挖	
		在沟底挖土	在沟边上挖土
砂土	1∶1.00	1∶0.75	1∶1.00
亚砂土	1∶0.67	1∶0.50	1∶0.75
亚黏土	1∶0.50	1∶0.33	1∶0.75
黏土	1∶0.33	1∶0.25	1∶0.67
含砾土卵石土	1∶0.67	1∶0.50	1∶0.75
泥炭岩白垩土	1∶0.33	1∶0.25	1∶0.67
干黄土	1∶0.25	1∶0.10	1∶0.33

注：1. 如人工挖土抛于沟槽上即时运走，可采用机械在沟底挖土的坡度值。

2. 临时堆土高度不宜超过1.5m，靠墙堆土时，其高度不得超过墙高的1/3。

7.2.2 回填

每层回填土的虚铺厚度见表7-22。

表 7-22　每层回填土的虚铺厚度

压实机具	虚铺厚度/cm
木夯、铁夯	≤20
蛙式夯	2025
压路机	2030
振动压路机	≤40

沟槽回填土作为路基的最小压实度见表 7-23。

表 7-23　沟槽回填土作为路基的最小压实度

由路槽底算起的深度范围/cm	道路类别	最低压实度/%	
		重型击实标准	轻型击实标准
≤80	快速路及主干路	95	98
	次干路	93	95
	支路	90	92
>80～150	快速路及主干路	93	95
	次干路	90	92
	支路	87	90
>150	快速路及主干路	87	90
	次干路	87	90
	支路	87	90

注：1. 表中重型击实标准的压实度和轻型击实标准的压实度，分别以相应的标准击实试验法求得的最大干密度为 100%。

2. 回填土的要求压实度，除注明者外，均为轻型击实标准的压实度（以下同）。

7.2.3　警示带敷设

警示带平面布置见表 7-24。

表 7-24　警示带平面布置

管道公称直径/mm	≤400	>400
警示带数量/条	1	2
警示带间距/mm	—	150

7.3 管道敷设

7.3.1 聚乙烯燃气管道敷设

7.3.1.1 燃气用埋地聚乙烯管道管件

（1）插口管件插口端尺寸

管状部分的平均外径 D_1，不圆度（椭圆度）及相关公差应符合表 7-25 的规定。最小通径 D_3，管状部分 L_2 的最小值和回切长度 L_1 的最小值应符合表 7-25 的规定。

表 7-25 插口管件尺寸和公差 单位：mm

公称直径 *DN*	管件的平均外径			不圆度 max	最小通径 D_{3min}	最小回切长度 L_{1min}	管状部分的最小长度① L_{2min}
	D_{1min}	D_{1max}					
		等级 A②	等级 B②				
16	16	—	16.3	0.3	9	25	41
20	20	—	20.3	0.3	13	25	41
25	25	—	25.3	0.4	18	25	41
32	32	—	32.3	0.5	25	25	44
40	40	—	40.4	0.6	31	25	49
50	50	—	50.4	0.8	39	25	55
63	63	—	63.4	0.9	49	25	63
75	75	—	75.5	1.2	59	25	70
90	90	—	90.6	1.4	71	28	79
110	110	—	110.7	1.4	87	32	82
125	125	—	125.8	1.9	99	35	87
140	140	—	140.9	2.1	111	38	92
160	160	—	161.0	2.4	127	42	98
180	180	—	181.1	2.7	143	46	105
200	200	—	201.2	3.0	159	50	112
225	225	—	226.4	3.4	179	55	120
250	250	—	251.5	3.8	199	60	129
280	280	282.6	281.7	4.2	223	75	139
315	315	317.9	316.9	4.8	251	75	150
355	355	358.2	357.2	5.4	283	75	164
400	400	403.6	402.4	6.0	319	75	179
450	450	454.1	452.7	6.8	359	100	195
500	500	504.5	503.0	7.5	399	100	212
560	560	565.0	563.4	8.4	447	100	235
630	630	635.7	633.8	9.5	503	100	255

① 插口管件交货时可以带有一段工厂组装的短的管段或合适的电熔管件。

② 公差等级符合 ISO 11922-1：1997。

（2）电熔管件电熔承口端的尺寸

插入深度和熔区的最小长度 L_2 见表 7-26。表 7-26 还给出了电流和电压两种调节方式的 L_1 的值。

表 7-26　电熔管件承口尺寸　　单位：mm

管件的公称直径 DN	插入深度 L_1			熔区最小长度 L_{2min}
	最小		最大	
	电流调节	电压调节		
16	20	25	41	10
20	20	25	41	10
25	20	25	41	10
32	20	25	44	10
40	20	25	49	10
50	20	28	55	10
63	23	31	63	11
75	25	35	70	12
90	28	40	79	13
110	32	53	82	15
125	35	58	87	16
140	38	62	92	18
160	42	68	98	20
180	46	74	105	21
200	50	80	112	23
225	55	88	120	26
250	73	95	129	33
280	81	104	139	35
315	89	115	150	39
355	99	127	164	42
400	110	140	179	47
450	122	155	195	51
500	135	170	212	56
560	147	188	235	61
630	161	209	255	67

7.3.1.2　燃气用埋地聚乙烯管道管材

管材的平均外径 d_{em}、不圆度及其公差应符合表 7-27 规定。允许管材端口处的平均外径小于表 7-27 中的规定，但不应小于距管材末端大于 1.5d_n、或 300mm（取两者之中较小者）处测量值的 98.5%。

表 7-27　平均外径和不圆度　　　　单位：mm

公称外径 d_n	最小平均外径 $d_{em,min}$	最大平均外径 $d_{em,max}$		最大不圆度①	
		等级 A	等级 B	等级 K②	等级 N
16	16.0	—	16.3	1.2	1.2
20	20.0	—	20.3	1.2	1.2
25	25.0	—	25.3	1.5	1.2
32	32.0	—	32.3	2.0	1.3
40	40.0	—	40.4	2.4	1.4
50	50.0	—	50.4	3.0	1.4
63	63.0	—	63.4	3.8	1.5
75	75.0	—	75.5	—	1.6
90	90.0	—	90.6	—	1.8
110	110.0	—	110.7	—	2.2
125	125.0	—	125.8	—	2.5
140	140.0	—	140.9	—	2.8
160	160.0	—	161.0	—	3.2
180	180.0	—	181.1	—	3.6
200	200.0	—	201.2	—	4.0
225	225.0	—	226.4	—	4.5
250	250.0	—	251.5	—	5.0
280	280.0	282.6	281.7	—	9.8
315	315.0	317.9	316.9	—	11.1
355	355.0	358.2	357.2	—	12.5
400	400.0	403.6	402.4	—	14.0
450	450.0	454.1	452.7	—	15.6
500	500.0	504.5	503.0	—	17.5
560	560.0	565.0	563.4	—	19.6
630	630.0	635.7	633.8	—	22.1

① 应按《塑料管道系统 塑料部件尺寸的测定》(GB/T 8806—2008) 在生产地点测量不圆度。

② 对于盘卷管，$d_n \leqslant 63$mm 时适用等级 K，$d_n \leqslant 75$mm 时最大不圆度应由供需双方协商确定。

常用管材系列 SDR17.6 和 SDR11 的最小壁厚应符合表 7-28 的规定。

表 7-28　常用 SDR17.6 和 SDR11 管材最小壁厚

单位：mm

公称外径 d_n	最小壁厚 $e_{y,min}$	
	SDR17.6	SDR11
16	2.3	3.0
20	2.3	3.0
25	2.3	3.0
32	2.3	3.0
40	2.3	3.7
50	2.9	4.6
63	3.6	5.8
75	4.3	6.8
90	5.2	8.2
110	6.3	10.0
125	7.1	11.4
140	8.0	12.7
160	9.1	14.6
180	10.3	16.4
200	11.4	18.2
225	12.8	20.5
250	14.2	22.7
280	15.9	25.4
315	17.9	28.6
355	20.2	32.3
400	22.8	36.4
450	25.6	40.9
500	28.4	45.5
560	31.9	50.9
630	35.8	57.3

任一点壁厚 e_y 和最小壁厚 $e_{y,min}$ 之间的最大允许偏差应符合 ISO11922-1：1997 中的等级 V，具体见表 7-29。

表 7-29　任一点壁厚公差　　　　　单位：mm

最小壁厚 $e_{y,min}$		允许正偏差	最小壁厚 $e_{y,min}$		允许正偏差
>	≤	>	≤	>	
2.0	3.0	0.4	30.0	31.0	3.2
3.0	4.0	0.5	31.0	32.0	3.3
4.0	5.0	0.6	32.0	33.0	3.4
5.0	6.0	0.7	33.0	34.0	3.5
6.0	7.0	0.8	34.0	35.0	3.6
7.0	8.0	0.9	35.0	36.0	3.7
8.0	9.0	1.0	36.0	37.0	3.8
9.0	10.0	1.1	37.0	38.0	3.9
10.0	11.0	1.2	38.0	39.0	4.0
11.0	12.0	1.3	39.0	40.0	4.1
12.0	13.0	1.4	40.0	41.0	4.2
13.0	14.0	1.5	41.0	42.0	4.3
14.0	15.0	1.6	42.0	43.0	4.4
15.0	16.0	1.7	43.0	44.0	4.5
16.0	17.0	1.8	44.0	45.0	4.6
17.0	18.0	1.9	45.0	46.0	4.7
18.0	19.0	2.0	46.0	47.0	4.8
19.0	20.0	2.1	47.0	48.0	4.9
20.0	21.0	2.2	48.0	49.0	5.0
21.0	22.0	2.3	49.0	50.0	5.1
22.0	23.0	2.4	50.0	51.0	5.2
23.0	24.0	2.5	51.0	52.0	5.3
24.0	25.0	2.6	52.0	53.0	5.4
25.0	26.0	2.7	53.0	54.0	5.5
26.0	27.0	2.8	54.0	55.0	5.6
27.0	28.0	2.9	55.0	56.0	5.7
28.0	29.0	3.0	56.0	57.0	5.8
29.0	30.0	3.1	57.0	58.0	5.9

7.3.1.3 聚乙烯燃气管道设计

聚乙烯管道输送天然气、液化石油气和人工煤气时，其设计压力不应大于管道最大允许工作压力，最大允许工作压力应符合表7-30的规定。

表 7-30 聚乙烯管道的最大允许工作压力

城镇燃气种类		PE80		PE100	
		*SDR*11	*SDR*17.6	*SDR*11	*SDR*17.6
天然气		0.50	0.30	0.70	0.40
液化石油气	混空气	0.40	0.20	0.50	0.30
	气态	0.20	0.10	0.30	0.20
人工煤气	干气	0.40	0.20	0.50	0.30
	其他	0.20	0.10	0.30	0.20

钢骨架聚乙烯复合管道输送天然气、液化石油气和人工煤气时，其设计压力不应大于管道最大允许工作压力，最大允许工作压力应符合表7-31的规定。

表 7-31 钢骨架聚乙烯复合管道的最大允许工作压力

城镇燃气种类		最大允许工作压力	
		DN≤200mm	*DN*>200mm
天然气		0.7	0.5
液化石油气	混空气	0.5	0.4
	气态	0.2	0.1
人工煤气	干气	0.5	0.4
	其他	0.2	0.1

注：薄壁系列钢骨架聚乙烯复合管道不宜输送城镇燃气。

聚乙烯管道和钢骨架聚乙烯复合管道工作温度在20℃以上时，最大允许工作压力应按工作温度对管道工作压力的折减系数进行折减，压力折减系数应符合表7-32的规定。

表 7-32 工作温度对管道工作压力的折减系数

工作温度 t	$-20℃\leqslant t\leqslant 20℃$	$20℃< t\leqslant 30℃$	$30℃< t\leqslant 40℃$
压力折减系数	1.00	0.90	0.76

注：表中工作温度是指管道工作环境的最高平均温度。

7.3.1.4 管道布置

聚乙烯管道和钢骨架聚乙烯复合管道与热力管道之间的水平净距和垂直净距，不应小于表 7-33、表 7-34 的规定，并应确保燃气管道周围土壤温度不大于 40℃；与建筑物、构筑物或其他相邻管道之间的水平净距和垂直净距，应符合现行国家标准《城镇燃气设计规范》（GB 50028—2006）的规定。当直埋蒸汽热力管道保温层外壁温度不大于 60℃时，水平净距可减半。

表 7-33 聚乙烯管道和钢骨架聚乙烯复合管道与热力管道之间的水平净距

项目			地下燃气管道/m			
			低压	中压		次高压
				B	A	B
热力管	直埋	热水	1.0	1.0	1.0	1.5
		蒸汽	2.0	2.0	2.0	3.0
	在管沟内(至外壁)		1.0	1.5	1.5	2.0

表 7-34 聚乙烯管道和钢骨架聚乙烯复合管道与热力管道之间的垂直净距

项目		燃气管道(当有套管时，从套管外径计)/m
热力管	燃气管在直埋管上方	0.5(加套管)
	燃气管在直埋管下方	1.0(加套管)
	燃气管在管沟上方	0.2(加套管)或 0.4
	燃气管在管沟下方	0.3(加套管)

7.3.1.5 管道连接

SDR11 管材热熔对接焊接参数见表 7-35。

表 7-35　SDR11 管材热熔对接焊接参数

公称直径 DN/mm	管材壁厚 e/mm	p_2/MPa	压力 $=p_1$ 凸起高度 h/mm	压力 $\approx p_{拖}$ 吸热时间 t_2/s	切换时间 t_3/s	增压时间 t/s	压力 $=p_1$ 冷却时间 t_5/min
75	6.8	$219/S_2$	1.0	68	≤5	<6	≥10
90	8.2	$315/S_2$	1.5	82	≤6	<7	≥11
110	10.0	$471/S_2$	1.5	100	≤6	<7	≥14
125	11.4	$608/S_2$	1.5	114	≤6	<8	≥15
140	12.7	$763/S_2$	2.0	127	≤8	<8	≥17
160	14.5	$996/S_2$	2.0	145	≤8	<9	≥19
180	16.4	$1261/S_2$	2.0	164	≤8	<10	≥21
200	18.2	$1557/S_2$	2.0	182	≤8	<11	≥23
225	20.5	$1971/S_2$	2.5	205	≤10	<12	≥26
250	22.7	$2433/S_2$	2.5	227	≤10	<13	≥28
280	25.5	$3052/S_2$	2.5	255	≤12	<14	≥31
315	28.6	$3862/S_2$	3.0	286	≤12	<15	≥35
355	32.3	$4906/S_2$	3.0	323	≤12	<17	≥39
400	36.4	$6228/S_2$	3.0	364	≤12	<19	≥44
450	40.9	$7882/S_2$	3.5	409	≤12	<21	≥50
500	45.5	$9731/S_2$	3.5	455	≤12	<23	≥55
560	50.9	$12207/S_2$	4.0	509	≤12	<25	≥61
630	57.3	$15450/S_2$	4.0	573	≤12	<29	≥67

注：1. 以上参数基于环境温度为 20℃。

2. 热板表面温度：PE80 为 210℃±10℃，PE100 为 225℃±10℃。

3. S_2 为焊机液压缸中活塞的总有效面积（mm^2），由焊机生产厂家提供。

SDR17.6 管材热熔对接焊接参数见表 7-36。

表 7-36　SDR17.6 管材热熔对接焊接参数

公称直径 DN/mm	管材壁厚 e/mm	p_2 /MPa	压力 $=p_1$ 凸起高度 h/mm	压力 $\approx p_{拖}$ 吸热时间 t_2/s	切换时间 t_3/s	增压时间 t_4/s	压力 $=p_1$ 冷却时间 t_5/min
110	6.3	$305/S_2$	1.0	63	≤5	<6	9
125	7.1	$394/S_2$	1.5	71	≤6	<6	10
140	8.0	$495/S_2$	1.5	80	≤6	<6	11
160	9.1	$646/S_2$	1.5	91	≤6	<7	13
180	10.2	$818/S_2$	1.5	102	≤6	<7	14
200	11.4	$1010/S_2$	1.5	114	≤6	<8	15
225	12.8	$1278/S_2$	2.0	128	≤8	<8	17
250	14.2	$1578/S_2$	2.0	142	≤8	<9	19
280	15.9	$1979/S_2$	2.0	159	≤8	<10	20
315	17.9	$2505/S_2$	2.0	179	≤8	<11	23
355	20.2	$3181/S_2$	2.5	202	≤10	<12	25
400	22.7	$4039/S_2$	2.5	227	≤10	<13	28
450	25.6	$5111/S_2$	2.5	256	≤10	<14	32
500	28.4	$6310/S_2$	3.0	284	≤12	<15	35
560	31.8	$7916/S_2$	3.0	318	≤12	<17	39
630	35.8	$10018/S_2$	3.0	358	≤12	<18	44

注：1. 以上参数基于环境温度为 20℃。

2. 热板表面温度：PE80 为 210℃±10℃，PE100 为 225℃±10℃。

3. S_2 为焊机液压缸中活塞的总有效面积（mm^2），由焊机生产厂家提供。

钢骨架电熔管件连接允许溢边量见表 7-37。

表 7-37　钢骨架电熔管件连接允许溢边量（轴向尺寸）

单位：mm

公称直径 DN	50≤DN≤300	300<DN≤500
溢出电熔管件边缘量	10	15

7.3.1.6 管道敷设

钢丝网骨架聚乙烯复合管道允许弯曲半径见表7-38。

表7-38 钢丝网骨架聚乙烯复合管道允许弯曲半径

单位：mm

管道公称直径 DN	允许弯曲半径 R
$50 \leqslant DN \leqslant 150$	$80DN$
$150 < DN \leqslant 300$	$100DN$
$300 < DN \leqslant 500$	$110DN$

孔网钢带聚乙烯复合管道允许弯曲半径见表7-39。

表7-39 孔网钢带聚乙烯复合管道允许弯曲半径

单位：mm

管道公称直径 DN	允许弯曲半径 R
$50 \leqslant DN \leqslant 110$	$150DN$
$140 < DN \leqslant 250$	$250DN$
$DN \geqslant 315$	$350DN$

7.3.2 球墨铸铁管敷设

7.3.2.1 管道连接

承插铸铁管对口的最小轴向间隙见表7-40。

表7-40 承插铸铁管对口的最小轴向间隙

公称直径/mm	轴向间隙/mm
<75	4
100～250	5
300～500	6
600～700	7
800～900	8
1000～1200	0

在连接过程中，承插接口环形间隙应均匀，其值及允许偏差应符合表 7-41 的规定。

表 7-41　承插口环形间隙及允许偏差

管道公称直径/mm	环形间隙/mm	允许偏差/mm
80～200	10	+3 −2
250～450	11	+4 −2
500～900	12	
1000～1200	13	

螺栓和螺母的紧固扭矩应符合表 7-42 的规定。

表 7-42　螺栓和螺母的紧固扭矩

管道公称直径/mm	螺栓规格	扭矩/(kgf·m)
80	M16	6
100～600	M20	10

注：1kgf＝9.80665N。

7.3.2.2　铸铁管敷设

管道最大允许借转角度及距离不应大于表 7-43 的规定。

表 7-43　管道最大允许借转角度及距离

管道公称管径/mm	80～100	150～200	250～300	350～600
平面借转角度/(°)	3	2.5	2	1.5
竖直借转角度/(°)	1.5	1.25	1	0.75
平面借转距离/mm	310	260	210	160
竖向借转距离/mm	150	130	100	80

注：本表适用于 6m 长规格的球墨铸铁管，采用其他规格的球墨铸铁管时，可按产品说明书的要求执行。

采用2根相同角度的弯管相接时，借转距离应符合表7-44的规定。

表7-44 弯管借转距离

管道公称直径/mm	借高/mm				
	90°	45°	22°30′	11°15′	1根乙字管
80	592	405	195	124	200
100	592	405	195	124	200
150	742	465	226	124	250
200	943	524	258	162	250
250	995	525	259	162	300
300	1297	585	311	162	300
400	1400	704	343	202	400
500	1604	822	418	242	400
600	1855	941	478	242	—
700	2057	1060	539	243	—

钻孔的允许最大孔径见表7-45。

表7-45 钻孔的允许最大孔径 单位：mm

连接方法	公称直径 *DN*								
	100	150	200	250	300	350	400	450	500
直接连接	25	32	40	50	63	75	75	75	75
管卡连接	32～40	50	—	—	—	—	—	—	—

注：管卡即马鞍法兰，用此件连接可以按新设的管径规格只钻孔不套螺纹。

铸铁管上孔与孔间距见表7-46。

表7-46 铸铁管上孔与孔间距

钻孔数	连续2孔者	连续3孔者
孔径小于或等于铸铁管本身口径的管堵	0.20	0.30
孔径大于铸铁管本身口径的管堵	0.50	0.80

7.3.3 钢骨架聚乙烯复合管敷设

7.3.3.1 一般规定

钢丝网骨架聚乙烯复合管（普通管）的允许最大工作压力见表7-47。

表 7-47 钢丝网骨架聚乙烯复合管（普通管）的允许最大工作压力

<table>
<tr><th>公称内径 d_1/mm</th><th>允许最大工作压力/MPa</th></tr>
<tr><td>50</td><td rowspan="2">1.6</td></tr>
<tr><td>65</td></tr>
<tr><td>80</td><td rowspan="3">1.0</td></tr>
<tr><td>100</td></tr>
<tr><td>125</td></tr>
<tr><td>150</td><td>0.8</td></tr>
<tr><td>200</td><td>0.7</td></tr>
<tr><td>250</td><td>0.5</td></tr>
<tr><td>300</td><td rowspan="5">0.44</td></tr>
<tr><td>350</td></tr>
<tr><td>400</td></tr>
<tr><td>450</td></tr>
<tr><td>500</td></tr>
</table>

钢丝网骨架聚乙烯复合管（薄壁管）的允许最大工作压力见表7-48。

表 7-48 钢丝网骨架聚乙烯复合管（薄壁管）的允许最大工作压力

<table>
<tr><th>公称内径 d_1/mm</th><th>允许最大工作压力/MPa</th></tr>
<tr><td>50</td><td rowspan="3">1.0</td></tr>
<tr><td>65</td></tr>
<tr><td>80</td></tr>
<tr><td>100</td><td rowspan="2">0.6</td></tr>
<tr><td>125</td></tr>
</table>

钢板孔网骨架聚乙烯复合管（普通管）的允许最大工作压力见表 7-49。

表 7-49 钢板孔网骨架聚乙烯复合管（普通管）的允许最大工作压力

公称外径 d_0/mm	允许最大工作压力/MPa
50	1.6
63	
75	1.0
90	
110	
140	0.8
160	
200	0.7
250	0.5
315	0.44
400	
500	
630	

钢板孔网骨架聚乙烯复合管（薄壁管）的允许最大工作压力见表 7-50。

表 7-50 钢板孔网骨架聚乙烯复合管（薄壁管）的允许最大工作压力

公称外径 d_0/mm	允许最大工作压力/MPa
50	1.0
63	
75	
90	0.6
110	

工作压力的修正系数见表 7-51。

表 7-51　工作压力的修正系数

温度 t/℃	修正系数
$-20<t\leqslant 0$	0.9
$0<t\leqslant 20$	1
$20<t\leqslant 25$	0.93
$25<t\leqslant 30$	0.87
$30<t\leqslant 35$	0.8
$35<t\leqslant 40$	0.74

7.3.3.2　燃气用钢骨架聚乙烯复合管件

（1）复合管的公称内径、壁厚及极限偏差

复合管分为普通管和薄壁管两个系列，其公称内径、壁厚及极限偏差应符合表 7-52、表 7-53 的规定。

表 7-52　普通管规格尺寸

公称内径 D_n/mm		公称壁厚 e/mm		内壁到经线距离 S/mm
基本尺寸	平均极限偏差	基本尺寸	极限偏差	
50	±0.4	10.6	$^{+1.3}_{0}$	$S\geqslant 2.0$
65	±0.4	10.6	$^{+1.3}_{0}$	
80	±0.6	11.7	$^{+1.4}_{0}$	
100	±0.6	11.7	$^{+1.4}_{0}$	
125	±0.6	11.8	$^{+1.4}_{0}$	
150	±0.8	12.0	$^{+1.4}_{0}$	
200	±1.0	12.5	$^{+1.5}_{0}$	$S\geqslant 2.5$
250	±1.2	12.5	$^{+1.8}_{0}$	
300	±1.2	12.5	$^{+1.8}_{0}$	

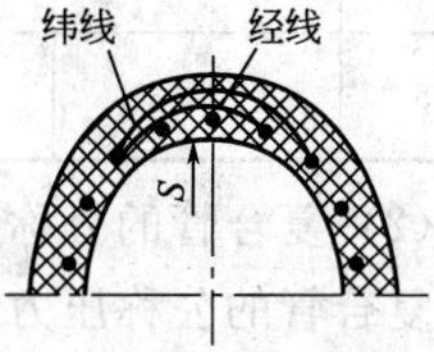

续表

公称内径 D_n/mm		公称壁厚 e/mm		内壁到经线距离 S/mm
基本尺寸	平均极限偏差	基本尺寸	极限偏差	
350	±1.6	15.0	+2.0 0	S≥3.0
400	±1.6	15.0	+2.3 0	
450	±1.8	16.0	+2.6 0	
500	±2.0	16.0	+2.6 0	

表 7-53 薄壁管规格尺寸

公称内径 D_n/mm		公称壁厚 e/mm		内壁到经线距离 S/mm
基本尺寸	平均极限偏差	基本尺寸	极限偏差	
50	±0.5	9.0	+1.1 0	纬线 经线 S S≥1.8
65	±0.5	9.0	+1.1 0	
80	±0.6	9.0	+1.1 0	
100	±0.6	9.0	+1.1 0	
125	±0.8	10.0	+1.2 0	

(2) 复合管的公称压力

复合管的公称压力应符合表 7-54、表 7-55 的规定。

表 7-54 输送天然气时复合管(普通管)公称压力

规格/mm	D_n50	D_n65	D_n80	D_n100	D_n125	D_n150	D_n200	D_n250	D_n300	D_n350	D_n400	D_n450	D_n500
公称压力/MPa	1.6		1.0			0.8	0.7	0.5	0.44				

表 7-55 输送天然气时复合管(薄壁管)公称压力

规格/mm	D_n50	D_n65	D_n80	D_n100	D_n125
公称压力/MPa	1.0			0.6	

(3) 弯曲度

复合管弯曲度应符合表 7-56 的规定。

表 7-56 复合管的弯曲度

公称内径 D_n/mm	50	65	80	100	125	150	200	250	300	350	400	450	500
弯曲度/%	≥2.0		≤1.2			≤1.0		≤0.8		0.6			

注：弯曲度指同方向弯曲、不允许呈S形弯曲。

(4) 输送非20℃的天然气时，其公称压力应进行修正，修正系数应符合表 7-57 的规定。

表 7-57 公称压力修正系数

温度/℃	0～20	25	30	35	40
修正系数	1	0.93	0.87	0.8	0.74

注：1. 聚乙烯混合料 80℃时。韧-脆拐点应大于一年。
2. 在－20～0℃范围内修正系数视聚乙烯混合料类型而定。

7.3.3.3 管道布置

钢骨架聚乙烯复合管道与供热管的最小水平净距见表 7-58。

表 7-58 钢骨架聚乙烯复合管道与供热管的最小水平净距

供热管种类	净距/m	备注
t<150℃直埋供热管道 供热管 回水管	 3.0 2.0	钢骨架聚乙烯复合管埋深小于 2m
t<150℃热水供热管沟 蒸汽供热管沟	1.5	
t<280℃蒸汽供热管沟	3.0	钢骨架聚乙烯复合管工作压力不大于 0.1MPa，埋深小于 2m

钢骨架聚乙烯复合管道与各类地下管道或设施的最小垂直净距见表 7-59。

表 7-59　钢骨架聚乙烯复合管道与各类地下管道或设施的最小垂直净距

地下管道或设施种类		净距/m	
		钢骨架聚乙烯复合管道在该设施上方	钢骨架聚乙烯复合管道在该设施下方
给水管 燃气管	—	0.15	0.15
排水管	—	0.15	加套管，套管距排水管 0.15
电缆	直埋	0.50	0.50
	在导管内	0.20	0.20
供热管道	$t<150$℃ 直埋供热管	0.50 加套管	1.30 加套管
	$t<150$℃ 热水供热管沟 蒸汽供热管沟	0.20 加套管或 0.40	0.30 加套管
	$t<280$℃ 蒸汽供热管沟	1.00 加套管，套管有降温措施可缩小	不允许
铁路轨底	不允许	不允许	1.20 加套管

注：套管长度应大于交叉管直径加上超出交叉管两端各 500mm。

7.3.3.4　管道敷设

电熔连接后应进行外观检查，溢出电熔管件边缘的溢料量（轴向尺寸）不得超过表 7-60 规定值。

表 7-60　电熔连接熔焊溢料量（轴向尺寸）

管道公称直径/mm	50～300	350～500
溢出电熔管件边缘量/mm	10	15

复合管可随地形弯曲敷设，其允许弯曲半径应符合表 7-61 的规定。

表 7-61　复合管道允许弯曲半径

管道公称直径 DN/mm	允许弯曲半径
50～150	$\geqslant 80DN$
200～300	$\geqslant 100DN$
350～500	$\geqslant 110DN$

7.3.4 室外架空燃气敷设

架空燃气管道与铁路、道路其他管线交叉时的垂直净距见表7-62。

表 7-62 架空燃气管道与铁路、道路其他管线交叉时的垂直净距

建筑物和管线名称		最小垂直净距/mm	
		燃气管道下	燃气管道上
铁路轨顶		6.00	—
城市道路路面		5.50	—
厂房道路路面		5.00	—
人行道路路面		2.20	—
架空电力线电压	3kV 以下	—	1.50
	3～10kV	—	3.00
	35～66kV	—	4.00
其他管道管径	≤300mm	同管道直径,但不小于 0.10	同左
	>300mm	0.30	0.30

注：1. 厂区内部的燃气管道，在保证安全的情况下，管底至道路路面的垂直净距可取 4.5m；管底至铁路轨顶的垂直净距可取 5.5m。在车辆和人行道以外的地区，可要从地面到管底高度不小于 0.35m 的低支柱上敷设燃气管道。

2. 电气机车铁路除外。

3. 架空电力线与燃气管道的交叉垂直净距还应考虑导线的最大垂度。

7.3.5 管道穿越与架空敷设

7.3.5.1 顶进技术要求

顶进管道与其周围土层的摩擦系数见表 7-63。

表 7-63 顶进管道与其周围土层的摩擦系数

土　类	湿	干
黏土、粉质黏土	0.2～0.3	0.4～0.5
砂土、粉质砂土	0.3～0.4	0.5～0.6

顶进管道允许偏差见表 7-64。

表 7-64　顶进管道允许偏差

项　　目		允许偏差
轴线位置		50
管道内底高程	$D<1500$	+30 −40
	$D\geqslant1500$	+40 −50
相邻管间错口	钢管道	≤2
	钢筋混凝土管道	15%壁厚且不大于 20
对顶时两端错口		50

注：D 为管道内径（mm）。

7.3.5.2　工作坑技术要求

工作坑及装配式后背墙的施工允许偏差见表 7-65。

表 7-65　工作坑及装配式后背墙的施工允许偏差

项　　目		允许偏差
工作坑每侧	宽度	不小于施工设计规定
	长度	
装配式后背墙	垂直度	0.1%H
	水平扭转度	0.1%L

注：1. H 为装配式后背墙的高度（mm）。

2. L 为装配式后背墙的长度（mm）。

槽段开挖成形允许偏差见表 7-66。

表 7-66　槽段开挖成形允许偏差

项　　目	允许偏差
轴线位置	30
成槽垂直度	$<H/30$
成槽深度	清孔后不小于设计规定

注：1. 轴线位置指成槽轴线与设计轴线位置之差。

2. H 为成槽深度（mm）。

槽段混凝土浇筑的技术要求见表 7-67。

表 7-67 槽段混凝土浇筑的技术要求

项目		技术要求指标
混凝土配合比	水灰比	≤0.80
	灰砂比	1∶2～1∶2.5
	水泥用量	≥370kg/m³
	坍落度	20cm±2cm
混凝土浇筑	拼接导管检漏压力	>0.3MPa
	钢筋骨架就位后到浇筑开始	<4h
	导管间距	≤3m
	导管距槽端距离	≤1.50m
	导管埋置深度	>1.00m,<6.00m
	混凝土面上升速度	>4.00m/h
	导管间混凝土面高差	<0.50m

注：1. 工作坑兼做管道构筑物时，其混凝土施工尚应满足结构要求。

2. 导管埋置深度指开浇后正常浇筑时，混凝土面距导管底口的距离。

3. 导管间距指当导管管径为 200～300mm 时，导管中心至中心的距离。

地下连续墙施工允许偏差见表 7-68。

表 7-68 地下连续墙施工允许偏差

项目		允许偏差
轴线位置		100mm
墙面平整度	黏土层	100mm
	砂土层	200mm
预埋管	中心位置	100mm
混凝土抗渗、抗冻及弹性模量		符合设计要求

注：墙面平整度允许偏差值指允许凸出设计墙面的数值。

7.4 室内燃气管道施工

7.4.1 一般规定

用户室内燃气管道的最高压力不应大于表 7-69 的规定。

表 7-69 用户室内燃气管道的最高压力

单位：MPa（表压）

燃气用户		最高压力
工业用户	独立、单独建筑	0.8
	其他	0.4
商业用户		0.4
居民用户(中压进户)		0.2
居民用户(低压进户)		<0.01

注：1. 液化石油气管道的最高压力不应大于 0.1MPa。

2. 管道井内的燃气管道的最高压力不应大于 0.2MPa。

3. 室内燃气管道压力大于 0.8MPa 的特殊用户设计应按有关专业规范执行。

民用低压用气设备的燃烧器的额定压力宜按表 7-70 采用。

表 7-70 民用低压用气设备的燃烧器的额定压力

单位：MPa（表压）

燃烧器	人工煤气	天然气		液化石油气
		矿井气	天然气、油田伴生气、液化石油气混空气	
民用燃具	1.0	1.0	2.0	2.8 或 5.0

室内燃气管道与电气设备、相邻管道之间的净距不应小于表 7-71 的规定。

表 7-71　室内燃气管道与电气设备、相邻管道之间的净距

管道和设备		与燃气管道的距离/cm	
		平行敷设	交叉敷设
电气设备	明装的绝缘电线或电缆	25	10(注)
	暗装或管内绝缘电线	5(从所做的槽或管子的边缘算起)	1
	电压小于 1000V 的裸露电线	100	100
	配电盘或配电箱、电表	30	不允许
	电插座、电源开关	15	不允许
相邻管道		保证燃气管道、相邻管道的安装和维修	2

注：1. 当明装电线加绝缘套管且套管的两端各伸出燃气管道 10cm 时套管与燃气管道的交叉净距可降至 1cm。

2. 当布置确有困难在采取有效措施后，可适当减小净距。

居民生活用燃气计算流量可按下式计算：

$$Q_h = \sum kNQ_n$$

式中　Q_h——燃气管道的计算流量；

k——燃具同时工作系数居民生活用燃具可按表 7-72 确定；

N——同种燃具或成组燃具的数目；

Q_n——燃具的额定流量。

表 7-72　居民生活用燃具的同时工作系数

同类型燃具树木 N	燃气双眼灶	燃气双眼灶和快速热水器	同类型燃具树木 N	燃气双眼灶	燃气双眼灶和快速热水器
1	1.000	1.000	40	0.390	0.180
2	1.000	0.560	50	0.380	0.178
3	0.850	0.440	60	0.370	0.176
4	0.750	0.380	70	0.380	0.174
5	0.680	0.350	80	0.350	0.172
6	0.640	0.310	90	0.345	0.171
7	0.600	0.290	100	0.340	0.170

续表

同类型燃具树木 N	燃气双眼灶	燃气双眼灶和快速热水器	同类型燃具树木 N	燃气双眼灶	燃气双眼灶和快速热水器
8	0.580	0.270	200	0.310	0.160
9	0.560	0.260	300	0.300	0.150
10	0.540	0.250	400	0.290	0.140
15	0.480	0.220	500	0.280	0.138
20	0.450	0.210	700	0.260	0.134
25	0.430	0.200	1000	0.250	0.130
30	0.400	0.190	2000	0.240	0.120

注：1. 表中“燃气双眼灶”是指一户居民装设一个双眼灶的同时工作系数，当每一户居民装设两个单眼灶时，也可参照本表计算。

2. 表中“燃气双眼灶和快速热水器”是指一户居民装设一个双眼灶和一个快速热水器的同时工作系数。

3. 分散采暖系统的采暖装置的同时工作系数可参照国家现行标准《家用燃气燃烧器具安装及验收规程》(CJJ 12—1999) 的规定确定。

7.4.2 室内燃气管道安装

燃气管道穿过建筑物基础、墙和楼板所设套管的管径不宜小于表 7-73 的规定；高层建筑引入管穿越建筑物基础时，其套管管径应符合设计文件的规定。

表 7-73 燃气管道的套管公称尺寸

燃气管	$DN10$	$DN15$	$DN20$	$DN25$	$DN32$	$DN40$	$DN50$	$DN65$	$DN80$	$DN110$	$DN150$
套管	$DN25$	$DN32$	$DN40$	$DN50$	$DN65$	$DN65$	$DN80$	$DN100$	$DN125$	$DN150$	$DN200$

管子最小弯曲半径和最大直径、最小直径差值与弯管前管子外径的比率应符合表 7-74 的规定。

表 7-74 管子最小弯曲半径和最大直径、最小直径的差值与弯管前管子外径的比率

	钢管	铜管	不锈钢管	铝塑复合管
最小弯曲半径	$3.5D_o$	$3.5D_o$	$3.5D_o$	$5D_o$
弯管的最大直径与最小直径的差与弯管前管子外径之比率	8%	9%	—	—

注：D_o 为管子的外径。

现场攻制的管螺纹数应符合表 7-75 的规定。

表 7-75 现场攻制的管螺纹数

管子公称尺寸 d_n/mm	$d_n \leqslant DN20$	$DN20 < d_n \leqslant DN50$	$DN50 < d_n \leqslant DN65$	$DN65 < d_n \leqslant DN100$
螺纹数	9～11	10～12	11～13	12～14

室内明设或暗封形式敷设的燃气管道与装饰后墙面的净距，应满足维护、检查的需要并宜符合表 7-76 的要求；铜管、薄壁不锈钢管、不锈钢波纹软管和铝塑复合管与墙之间净距应满足安装的要求。

表 7-76 室内燃气管道与装饰后墙面的净距

管子公称尺寸/mm	$<DN25$	$DN25 \sim DN40$	$DN50$	$>DN50$
与墙净距/mm	≥30	≥50	≥70	≥90

当室内燃气管道与电气设备、相邻管道、设备平行或交叉敷设时，其最小净距应符合表 7-77 的要求。

表 7-77 室内燃气管道与电气设备、相邻管道、设备之间的最小净距

单位：cm

名称		平行敷设	交叉敷设
电气设备	明装的绝缘电线或电缆	25	10
	暗装或管内绝缘电线	5(从所作的槽或管子的边缘算起)	1
	电插座、电源开关	15	不允许
	电压小于 1000V 的裸露电线	100	100
	配电盘、配电箱或电表	30	不允许
相邻管道		应保证燃气管道、相邻管道的安装、检查和维修	2
燃　　具		主立管与燃具水平净距不应小于 30cm；灶前管与燃具水平净距不得小于 20cm；当燃气管道在燃具上方通过时，应位于抽油烟机上方，且与燃具的垂直净距应大于 100cm	

注：1. 当明装电线加绝缘套管且套管的两端各伸出燃气管道 10cm 时，套管与燃气管道的交叉净距可降 1cm。

2. 当布置确有困难时，采取有效措施后可适当减小净距。

3. 灶前管不含铝塑复合管。

铜管支架的最大间距宜按表 7-78 选择；钢管支架的最大间距宜按表 7-79 选择；薄壁不锈钢管道支架的最大间距宜按表 7-80 选择；不锈钢波纹软管的支架最大间距不宜大于 1m；燃气用铝塑复合管支架的最大间距宜按表 7-81 选择。

表 7-78　铜管支架最大间距

外径/mm	15	18	22	28	35	42	54	67	85
垂直敷设/m	1.8	1.8	2.4	2.4	3.0	3.0	3.0	3.5	3.5
水平敷设/m	1.2	1.2	1.8	1.8	2.4	2.4	2.4	3.0	3.0

表 7-79　钢管支架最大间距

公称直径/mm	最大间距/m	公称直径/mm	最大间距/m
*DN*15	2.5	*DN*100	7.0
*DN*20	3.0	*DN*125	8.0
*DN*25	3.5	*DN*150	10.0
*DN*32	4.0	*DN*200	12.0
*DN*40	4.5	*DN*250	14.5
*DN*50	5.0	*DN*300	16.5
*DN*65	6.0	*DN*350	18.5
*DN*80	6.5	*DN*400	20.5

表 7-80　薄壁不锈钢管道支架的最大间距

外径/mm	15	20	25	32	40	50	65	80	100
垂直敷设/m	2.0	2.0	2.5	2.5	3.0	3.0	3.0	3.0	3.5
水平敷设/m	1.8	2.0	2.5	2.5	3.0	3.0	3.0	3.0	3.5

表 7-81　燃气用铝塑复合管支架的最大间距

外径/mm	16	18	20	25
水平敷设/m	1.2	1.2	1.2	1.8
垂直敷设/m	1.5	1.5	1.5	2.5

室内燃气钢管、铝塑复合管及阀门安装后的允许偏差和检验方

法宜符合表 7-82 的规定。

表 7-82　室内燃气管道安装后检验的允许偏差和检验方法

项　　目			允许偏差
标　　高			±10mm
水平管道纵横方向弯曲	钢管	管径小于或等于 *DN*100	2mm/m 且≤13mm
		管径大于 *DN*100	3mm/m 且≤25mm
	铝塑复合管		1.5mm/m 且≤25mm
立管垂直度	钢管		3mm/m 且≤8mm
	铝塑复合管		2mm/m 且≤8mm
引入管阀门	阀门中心距地面		±15mm
管道保温	厚度(δ)		+0.1δ −0.05δ
	表面不整度	卷材或板材	±2mm
		涂抹或其他	±2mm

7.4.3　燃气计量表安装

燃气计量表与燃具、电气设施的最小水平净距应符合表 7-83 的要求。

表 7-83　燃气计量表与燃具、电气设施之间的最小水平净距

名　　称	与燃气计量表的最小水平净距/cm
相邻管道、燃气管道	便于安装、检查及维修
家用燃气灶具	30(表高位安装时)
热水器	30
电压小于 1000V 的裸露电线	100
配电盘、配电箱或电表	50
电源插座、电源开关	20
燃气计量表	便于安装、检查及维修

燃气计量表安装后的允许偏差和检验方法应符合表 7-84 的要求。

表 7-84　燃气计量表安装后的允许偏差和检验方法

最大流量	项　目	允许偏差/mm	检验方法
<25m³/h	表底距地面	±15	吊线和尺量
	表后距墙饰面	5	
	中心线垂直度	1	
≥25m³/h	表底距地面	±15	吊线、尺量、水平尺
	中心线垂直度	表高的 0.4%	

7.5　燃气系统试验与验收

吹扫气体流速不宜小于 20m/s。吹扫口与地面的夹角应在 30°～45°之间，吹扫口管段与被吹扫管段必须采取平缓过渡对焊，吹扫口直径应符合表 7-85 的规定。

表 7-85　吹扫口直径　　单位：mm

末端管道公称直径	吹扫口公称直径
<150	与管道同径
150～300	150
≥350	250

管道应分段进行压力试验，试验管道分段最大长度宜按表 7-86 执行。

表 7-86　管道试压分段最大长度

设计压力 PN/MPa	试验管段最大长度/m
$PN \leqslant 0.4$	1000
$0.4 < PN \leqslant 1.6$	5000
$1.6 < PN \leqslant 4.0$	10000

试验的连续升压过程中和强度试验的稳压结束前，所有人员不得靠近试验区。人员离试验管道的安全间距可按表 7-87 确定。

表 7-87　安全间距

管道设计压力/MPa	安全距离/m
>0.4	6
0.4～1.6	10
2.5～4.0	20

试验用压力计的量程应为试验压力的 1.5～2 倍，其精度不应低于 1.5 级。强度试验压力和介质应符合表 7-88 的规定。

表 7-88　强度试验压力和介质

管道类型	设计压力 *PN*/MPa	试验介质	试验压力/MPa
钢管	*PN*>0.8	清洁水	1.5*PN*
	PN≤0.8	压缩空气	1.5*PN* 且≥0.4
球墨铸铁管	*PN*		1.5*PN* 且≥0.4
钢骨架聚乙烯复合管	*PN*		1.5*PN* 且≥0.4
聚乙烯管	*PN*(SDR11)		1.5*PN* 且≥0.4
	PN(SDR17.6)		1.5*PN* 且≥0.2

试验用的压力计应在校验有效期内，其量程应为试验压力的 1.5～2 倍，其精度等级、最小分格值及表盘直径见表 7-89。

表 7-89　试压用压力表选择要求

量程/MPa	精度等级	最小表盘直径/mm	最小分格值/MPa
0～0.1	0.4	150	0.0005
0～1.0	0.4	150	0.005
0～1.6	0.4	150	0.01
0～2.5	0.25	200	0.01
0～4.0	0.25	200	0.01
0～6.0	0.1(0.16)	250	0.01
0～10	0.1(0.16)	250	0.02

严密性试验介质宜采用空气，试验压力应满足表 7-90 的要求。

表 7-90　试验压力

设计压力	试验压力
＜5kPa	20kPa
≥5kPa	设计压力的 1.15 倍，且应≥0.1MPa

第8章　供热管网工程

8.1　供热管网设计基础

8.1.1　耗热量

8.1.1.1　热负荷

当无建筑物设计热负荷资料时，民用建筑的采暖、通风、空调及生活热水热负荷，可按下列公式计算：

（1）采暖热负荷

$$Q_h = q_h A_c \times 10^{-3}$$

式中　Q_h——采暖设计热负荷，kW；

q_h——采暖热指标，W/m²，可按表8-1取用；

A_c——采暖建筑物的建筑面积，m²。

表8-1　采暖热指标推荐值　　单位：W/m²

建筑物类型	采暖热指标 q_h	
	未采取节能措施	采取节能措施
住宅	58～64	40～45
居住区综合	60～67	45～55
学校、办公	60～80	50～70
医院、托幼	65～80	55～70
旅馆	60～70	50～60
商店	65～80	55～70
食堂、餐厅	115～140	100～130
影剧院、展览馆	95～115	80～105
大礼堂、体育馆	115～165	100～150

注：1. 表中数值适用于我国东北、华北、西北地区。

2. 热指标中已包括约5％的管网热损失。

（2）通风热负荷

$$Q_v = K_v Q_h$$

式中　Q_v——通风设计热负荷，kW；

Q_h——采暖设计热负荷，kW；

K_v——建筑物通风热负荷系数，可取 0.3～0.5。

（3）空调热负荷

① 空调冬季热负荷

$$Q_a = q_a A_k \times 10^{-3}$$

式中　Q_a——空调冬季设计热负荷，kW；

q_a——空调热指标，W/m^2，可按表 8-2 取用；

A_k——空调建筑物的建筑面积，m^2。

② 空调夏季热负荷

$$Q_c = \frac{q_c A_k \times 10^{-3}}{COP}$$

式中　Q_c——空调夏季设计热负荷，kW；

q_c——空调冷指标，W/m^2，可按表 8-2 取用；

A_k——空调建筑物的建筑面积，m^2；

COP——吸收式制冷机的制冷系数，可取 0.7～1.2。

表 8-2　空调热指标、冷指标推荐值　　单位：W/m^2

建筑物类型	热指标 q_a	冷指标 q_c
办公	80～100	80～110
医院	90～120	70～100
旅馆、宾馆	90～120	80～110
商店、展览馆	100～120	125～180
影剧院	115～140	150～200
体育馆	130～190	140～200

注：1. 表中数值适用于我国东北、华北、西北地区。

2. 寒冷地区热指标取较小值，冷指标取较大值；严寒地区热指标取较大值，冷指标取较小值。

(4) 生活热水热负荷

① 生活热水平均热负荷

$$Q_{w,a}=q_w A\times10^{-3}$$

式中 $Q_{w,a}$——生活热水平均热负荷，kW；

q_w——生活热水热指标，W/m^2，应根据建筑物类型，采用实际统计资料，居住区生活热水日平均热指标可按表 8-3 取用；

A——总建筑面积，m^2。

表 8-3 居住区采暖期生活热水日平均热指标推荐值

单位：W/m^2

用水设备情况	热指标 q_w
住宅无生活热水设备,只对公共建筑供热水时	2～3
全部住宅有沐浴设备,并供给生活热水时	5～15

注：1. 冷水温度较高时采用较小值，冷水温度较低时采用较大值。

2. 热指标中已包括约 10%的管网热损失。

② 生活热水最大热负荷

$$Q_{w,max}=K_b Q_{w,a}$$

式中 $Q_{w,max}$——生活热水最大热负荷，kW；

$Q_{w,a}$——生活热水平均热负荷，kW；

K_b——小时变化系数，根据用热水计算单位数按现行国家标准《建筑给水排水设计规范》(GB 50015—2003)(2009 年版)规定取用。

工业热负荷应包括生产工艺热负荷、生活热负荷和工业建筑的采暖、通风、空调热负荷。生产工艺热负荷的最大、最小、平均热负荷和凝结水回收率应采用生产工艺系统的实际数据，并应收集生产工艺系统不同季节的典型日（周）负荷曲线图。对各热用户提供的热负荷资料进行整理汇总时，应按下列公式对由各热用户提供的热负荷数据分别进行平均热负荷的验算：

(1) 按年燃料耗量验算

① 全年采暖、通风、空调及生活燃料耗量

$$B_2=\frac{Q^a}{Q_L\,\eta_b\,\eta_s}$$

式中　B_2——全年采暖、通风、空调及生活燃料耗量，kg；

Q^a——全年采暖、通风、空调及生活耗热量，kJ；

Q_L——燃料平均低位发热量，kJ/kg；

η_b——用户原有锅炉年平均运行效率；

η_s——用户原有供热系统的热效率，可取0.9～0.97。

② 全年生产燃料耗量

$$B_1=B-B_2$$

式中　B——全年总燃料耗量，kg；

B_1——全年生产燃料耗量，kg；

B_2——全年采暖、通风、空调及生活燃料耗量，kg。

③ 生产平均耗汽量

$$D=\frac{B_1 Q_L\,\eta_b\,\eta_s}{[h_b-h_{ma}-\psi(h_{rt}-h_{ma})]T_a}$$

式中　D——生产平均耗汽量，kg/h；

B_1——全年生产燃料耗量，kg；

Q_L——燃料平均低位发热量，kJ/kg；

η_b——用户原有锅炉年平均运行效率；

η_s——用户原有供热系统的热效率，可取0.9～0.97；

h_b——锅炉供气焓，kJ/kg；

h_{ma}——锅炉补水焓，kJ/kg；

h_{rt}——用户回水焓，kJ/kg；

ψ——回水率；

T_a——年平均负荷利用小时数，h。

(2) 按产品单耗验算

$$D=\frac{WbQ_n\,\eta_b\,\eta_s}{[h_b-h_{ma}-\psi(h_{rt}-h_{ma})]T_a}$$

式中　D——生产平均耗汽量，kg/h；

W——产品年产量，t/件；

b——单位产品耗标煤量，kg/t 或 kg/件；

Q_n——标准煤发热量，kJ/kg，取 29308kJ/kg；

η_b——锅炉年平均运行效率；

η_s——供热系统的热效率，可取 0.9～0.97；

h_b——锅炉供气焓，kJ/kg；

h_{ma}——锅炉补水焓，kJ/kg；

h_{rt}——用户回水焓，kJ/kg；

ψ——回水率；

T_a——年平均负荷利用小时数，h。

8.1.1.2 年耗热量

民用建筑的全年耗热量应按下列公式计算。

（1）采暖全年耗热量

$$Q_b^a = 0.0864NQ_h \frac{t_i - t_a}{t_i - t_{o,h}}$$

式中 Q_b^a——采暖全年耗热量，GJ；

N——采暖期天数，d；

Q_h——采暖设计热负荷，kW；

t_i——室内计算温度，℃；

t_a——采暖期室外平均温度，℃；

$t_{o,h}$——采暖室外计算温度，℃。

（2）采暖期通风耗热量

$$Q_v^a = 0.0036T_v NQ_v \frac{t_i - t_a}{t_i - t_{o,v}}$$

式中 Q_v^a——采暖期通风耗热量，GJ；

T_v——采暖期内通风装置每日平均运行小时数，h；

N——采暖期天数，d；

Q_v——通风设计热负荷，kW；

t_i——室内计算温度，℃；

t_a——采暖期室外平均温度，℃；

$t_{o,v}$——冬季通风室外计算温度,℃。

(3) 空调采暖耗热量

$$Q_a^a = 0.0036 T_a N Q_a \frac{t_i - t_a}{t_i - t_{o,a}}$$

式中 Q_a^a——空调采暖耗热量，GJ；

T_a——采暖期内通风装置每日平均运行小时数，h；

N——采暖期天数，d；

Q_a——空调冬季设计热负荷，kW；

t_i——室内计算温度,℃；

t_a——采暖期室外平均温度,℃；

$t_{o,a}$——冬季通风室外计算温度,℃。

(4) 供冷期制冷耗热量

$$Q_c^a = 0.0036 Q_c T_{c,max}$$

式中 Q_c^a——空调采暖耗热量，GJ；

Q_c——空调冬季设计热负荷，kW；

$T_{c,max}$——采暖期内通风装置每日平均运行小时数，h。

(5) 生活热水全年耗热量

$$Q_w^a = 30.24 Q_{w,a}$$

式中 Q_w^a——空调采暖耗热量，GJ；

$Q_{w,a}$——空调冬季设计热负荷，kW。

8.1.2 水质标准

以热电厂和区域锅炉房为热源的热水热力网，补给水水质应符合表 8-4 的规定。

表 8-4 热力网补给水水质要求

项目	浊度 FTU	硬度/(mmol/L)	溶解氧/(mg/L)	油/(mg/L)	pH 值(25℃)
要求	≤5.0	≤0.60	≤0.10	≤2.0	7.0～11.0

对蒸汽热力网，由用户热力站返回热源的凝结水水质应符合表 8-5 的规定。

表 8-5　蒸汽热力网凝结水水质要求

项　目	总硬度/(mmol/L)	铁/(mg/L)	油/(mg/L)
要求	≤0.05	≤0.5	≤10

8.1.3　水力计算

8.1.3.1　设计流量

采暖、通风、空调热负荷热水供热管设计流量及生活热水设负荷闭式热水热力网设计流量，应按下式计算：

$$G=3.6\frac{Q}{c(t_1-t_2)}$$

式中　G——供热管设计流量，t/h；

Q——设计热负荷，kW；

c——水的比热容，kJ/（kg·℃）；

t_1——供热管网供水温度，℃；

t_2——各种热负荷相应的供热管网回水温度，℃。

生活热水热负荷开式热水热力网设计流量，应按下式计算：

$$G=3.6\frac{Q}{c(t_1-t_{w0})}$$

式中　G——生活热水热负荷热力网设计流量，t/h；

Q——生活热水设计热负荷，kW；

c——水的比热容，kJ/（kg·℃）；

t_1——热力网供水温度，℃；

t_{w0}——冷水计算温度，℃。

8.1.3.2　水力计算参数

供热管道内壁当量粗糙度应按表 8-6 选取。

表 8-6　供热管道内壁当量粗糙度

供热介质	管道材质	当量粗糙度(m)
蒸汽	钢管	0.0002
热水	钢管	0.0005
凝结水、生活热水	钢管	0.001
各种介质	非金属管	按相关资料取用

蒸汽供热管道供热介质的最大允许设计流速应符合表 8-7 的规定。

表 8-7 蒸汽供热管道供热介质的最大允许设计流速

供热介质	管道材质	当量粗糙度(*m*)
过热蒸汽	≤200	50
	>200	80
饱和蒸汽	≤200	35
	>200	60

蒸汽热力网凝结水管道设计比摩阻可取 100Pa/m。热力网管道局部阻力与沿程阻力的比值可按表 8-8 取值。

表 8-8 管道局部阻力与沿程阻力比值

管线类型	补偿器类型	管道公称直径/mm	局部阻力与沿程阻力的比值	
			蒸汽管道	热水及凝结水管道
输送干线	套筒或波纹管补偿器（带内衬筒）	≤1200	0.2	0.2
	方形补偿器	200～350	0.7	0.5
		400～500	0.9	0.7
		600～1200	1.2	1.0
输配管线	套筒或波纹管补偿器（带内衬筒）	≤400	0.4	0.3
		450～1200	0.5	0.4
	方形补偿器	150～250	0.8	0.6
		300～350	1.0	0.8
		400～500	1.0	0.9
		600～1200	1.2	1.0

8.2 供热管网结构设计

8.2.1 材料

结构混凝土的最低强度等级应满足耐久性要求，且不应低于表

8-9 的规定。对于接触侵蚀性介质的混凝土，其最低强度等级尚应符合现行有关标准的规定。

表 8-9　结构混凝土的最低强度等级

结构类别		最低强度等级
管沟及检查室	盖板、底板、侧墙及梁、柱结构	C25
架空管道支架	柱下独立基础	C20
	支架结构	C30

注：非严热和非寒冷地区露天环境的架空管道支架，其支架结构混凝土的最低强度等级可降低一个等级。

位于地下水位以下的管沟及检查室，应采用抗渗混凝土结构，混凝土的抗渗等级应按表 8-10 的规定确定。相应混凝土的骨料应选择良好级配；水灰比不应大于 0.5。

表 8-10　混凝土的抗渗等级

最大作用水头与混凝土构件厚度比值 i_w	<10	10～30	<30
抗渗等级	P4	P6	P8

注：抗渗等级的定义系指龄期为 28d 的混凝土构件，施加 $i\times 0.1$MPa 水压后满足不渗水指标。

最低月平均气温低于－3℃的地区，受冻融影响的结构混凝土应满足抗冻要求，并按表 8-11 的规定确定。

表 8-11　混凝土的抗冻等级

最低月平均气温	位于水位涨落区及以下部位		位于水位涨落区以上部位
	冻融循环总次数≥100	冻融循环总次数<100	
低于－10℃	F300	F250	F200
－3～－10℃	F250	F200	F150

注：1. 混凝土的抗冻等级 F_i，系指龄期为 28d 的混凝土试件经冻融循环 i 次作用后，其强度降低不超过 25%，质量损失不超过 5%。

2. 冻融循环总次数系指一年内气温从＋3℃以上降至－3℃以下，然后回升至＋3℃以上的交替次数。

在管道运行阶段，当受热温度超过20℃时，管沟及检查室结构混凝土的强度值及弹性模量值应予以折减，不同温度作用下的折减系数应按表8-12的规定确定。

表8-12　混凝土在温度作用下强度值及弹性模量值的折减系数

折减项　　目	受热温度/℃			受热温度的取值
	20	60	100	
轴心抗压强度	1.0	0.85	0.80	轴心受压及轴心受拉时取计算截面的平均温度，弯曲受压时取表面最高受热温度
轴心抗拉强度	1.0	0.80	0.70	
弹性模量	1.0	0.85	0.75	承载能力极限状态计算时，取构件的平均温度，正常使用极限状态验算时，取内表面最高温度

注：当受热温度为中间值时，折减系数值可由线性内插求得。

结构层、防水层及计算土层等的热导率，应按实际试验资料确定。当无试验资料时，对几种常用的材料，干燥状态下可按表8-13的规定确定。具体取值时应考虑湿度对材料热导率的影响。

表8-13　干燥状态下常用材料的热导率λ

材料种类	热导率λ/[W/(m·℃)]	材料种类	热导率λ/[W/(m·℃)]
烧结普通砖砌体	0.81	软质聚氯乙烯	0.052
普通钢筋混凝土	1.74	硬质聚氯乙烯、聚乙烯、聚苯乙烯、聚氨酯	0.044
普通混凝土	1.51		
水泥砂浆	0.93	自然干燥砂土	0.35～1.28
油毡	0.17	自然干燥黏土	0.58～1.45
沥青	0.76	自然干燥黏土夹砂	0.69～1.26

8.2.2　构造要求

支架柱计算长度，可按下列规定确定。

钢筋混凝土结构支架柱计算长度，可按表8-14的规定确定。

表 8-14 支架柱计算长度

<table>
<tr><td colspan="3" rowspan="2">结构简图</td><td>1</td><td>2</td><td>3</td></tr>
<tr><td></td><td></td><td></td></tr>
<tr><td rowspan="3">纵向</td><td colspan="2">固定支架、导向支架</td><td>2.0H</td><td colspan="2">2.0H</td></tr>
<tr><td rowspan="2">活动支架</td><td>刚性支架</td><td>1.5H</td><td colspan="2">1.5H</td></tr>
<tr><td>柔性支架</td><td>1.25H</td><td colspan="2">1.25H</td></tr>
<tr><td colspan="3">横向</td><td>2.0H</td><td colspan="2">1.5H</td></tr>
<tr><td colspan="3" rowspan="2">结构简图</td><td>4</td><td>5</td><td>6</td></tr>
<tr><td></td><td></td><td></td></tr>
<tr><td colspan="3">纵向</td><td rowspan="2">顶层 1.5H、
其他层 1.25H</td><td rowspan="2">1.5H</td><td rowspan="2">1.0H</td></tr>
<tr><td colspan="3">横向</td></tr>
</table>

注：1. 本表仅适用于柱与基础为刚性连接的情况。

2. 简图 2、4 的计算长度值，只适用于梁与柱的线性刚度比≥2 的情况。

3. H 为支架柱的高度，可按下列规定取值：

(1) 简图 1、2 的 H 值，为支架梁顶面至基础顶面的高度；

(2) 简图 3 的 H 值，为支架柱顶面至基础顶面的高度；

(3) 简图 4、5、6 的 H 值，为支架柱水平支点间的距离。

钢结构支架柱，沿管道纵向计算长度，可按表 8-14 的规定确定；单层单跨钢结构支架柱沿管道横向计算长度，可按表 8-15 的规定确定。

表 8-15 钢结构支架柱沿横向计算长度

柱与基础连接方式	柱上端横梁线刚度与主线刚度的比值							
	0	0.1	0.3	0.5	1	3	5	≥10
刚接	2.0H	1.67H	1.4H	1.23H	1.28H	1.06H	1.03H	1.0H
铰接	—	4.46H	3.01H	2.64H	2.33H	2.11H	2.07H	2.0H

注：1. 本表仅适用于梁柱节点为刚接情况。

2. 梁柱节点为刚接的多层钢结构支架柱，支架底层柱沿横向的计算长度按本表计算；当梁与柱的线性刚度比≥2 时，其他层柱可按表 8-14 简图 4 取值。

钢筋混凝土结构构件纵向受力的钢筋，其混凝土保护层厚度不应小于钢筋的公称直径，并应符合表 8-16 的规定。

表 8-16　纵向受力钢筋的混凝土保护层最小厚度

结构类别			保护层最小厚度/mm
管沟及检查室	盖板	上层	30
		下层	35
	底板	上层	30
		下层	40
	侧墙内、外侧		30
	梁、柱		35
架空管道支架	柱下混凝土独立基础	有垫层的下层筋	40
		无垫层的下层筋	70
	混凝土支架结构		35

注：管沟及检查室底板下应设有混凝土垫层。

位于城市绿地或人行道下的砌体结构检查室，当净空高度不大于 2m，覆土深度不大于 2.4m 时，砌体侧墙厚度可按表 8-17 的规定确定。

表 8-17　砌体结构检查室侧墙厚度

侧墙静场度 L/m	$L<3.6$	$3.6\leqslant L<5.6$
最小墙厚/mm	370	490

注：1. 本表仅适用于块体为烧结普通砖或蒸压灰砂砖，砌筑砂浆为水泥砂浆的砌体侧墙。

2. 材料强度等级应符合规范的规定。

8.3　管道敷设

8.3.1　管道敷设要求

管沟敷设有关尺寸见表 8-18。

表 8-18　管沟敷设有关尺寸

管沟类型	有关尺寸名称					
	管沟净高/m	人行通道宽/m	管道保温表面与沟墙净距/m	管道保温表面与沟顶净距/m	管道保温表面与沟底净距/m	管道保温表面间的净距/m
通行管沟	≥1.8	≥0.6*	≥0.2	≥0.2	≥0.2	≥0.2
半通行管沟	≥1.2	≥0.5	≥0.2	≥0.2	≥0.2	≥0.2
不通行管沟	—	—	≥0.1	≥0.05	≥0.15	≥0.2

注：* 当必须在沟内更换钢管时，人行通道宽度还不应小于管子外径加 0.1m。

地下敷设热力网管道与建筑物（构筑物）或其他管线的最小距离见表 8-19。

表 8-19　地下敷设热力网管道与建筑物（构筑物）或其他管线的最小距离

建筑物、构筑物或管线名称			与热力网管道最小水平净距/m	与热力网管道最小垂直净距/m
建筑物基础	对于管沟敷设热力网管道		0.5	—
	直埋闭式热水热力网管道	DN≤250mm	2.5	—
		DN≥300mm	3.0	—
对于直埋开式热水热力网管道			5.0	—
铁路钢轨			钢轨外侧 3.0	轨底 1.2
电车钢轨			钢轨外侧 2.0	轨底 1.0
铁路、公路路基边坡底脚或边沟的边缘			1.0	—
通信、照明或 10kV 以下电力线路的电杆			1.0	—
桥墩(高架桥、栈桥)边缘			2.0	—
架空管道支架基础边缘			1.5	—
高压输电线铁塔基础边缘 35～220kV			3.0	—
通信电缆管块			1.0	0.15
直埋通信电缆(光缆)			1.0	0.15
电力电缆和控制电缆	35kV 以下		2.0	0.5
	100kV		2.0	1.0

续表

建筑物、构筑物或管线名称			与热力网管道最小水平净距/m	与热力网管道最小垂直净距/m
燃气管道	管沟敷设热力网管道	燃气压力＜0.01MPa	1.0	钢管 0.15；聚乙烯管在上 0.2；聚乙烯管在下 0.3
		压力≤0.4MPa	1.5	
		压力≤0.8MPa	2.0	
		压力＞0.8MPa	4.0	
	直埋敷设热水热力网管道	压力≤0.4MPa	1.0	钢管 0.15；聚乙烯管在上 0.5；聚乙烯管在下 1.0
		压力≤0.8MPa	1.5	
		压力＞0.8MPa	2.0	
给水管道			1.5	0.15
排水管道			1.5	0.15
地铁			5.0	0.8
电气铁路接触网电杆基础			3.0	—
乔木(中心)			1.5	—
灌木(中心)			1.5	—
车行道路面			—	0.7

注：1. 表中不包括直埋敷设蒸汽管道与建筑物（构筑物）或其他管线的最小距离的规定。

2. 当热力网管道的埋设深度大于建（构）筑物基础深度时，最小水平净距应按土壤内摩擦角计算确定。

3. 热力网管道与电力电缆平行敷设时，电缆处的土壤温度与月平均土壤自然温度比较，全年任何时候对于电压 10kV 的电缆不高出 10℃，对于电压 35～110kV 的电缆不高出 5℃时，可减小表中所列距离。

4. 在不同深度并列敷设各种管道时，各种管道间的水平净距不应小于其深度差。

5. 热力网管道检查室、方形补偿器壁龛与燃气管道最小水平净距亦应符合表中规定。

6. 在条件不允许时，可采取有效技术措施，并经有关单位同意后，可以减小表中规定的距离，或采用埋深较大的暗挖法、盾构法施工。

地上敷设热力网管道与建筑物（构筑物）或其他管线的最小距离见表 8-20。

表 8-20 地上敷设热力网管道与建筑物（构筑物）或其他管线的最小距离

建筑物、构筑物或管线名称		与热力网管道最小水平净距/m	与热力网管道最小垂直净距/m
铁路钢轨		轨外侧 3.0	轨顶一般 5.5 电气铁路 6.55
电车钢轨		轨外侧 2.0	—
公路边缘		1.5	—
公路路面		—	4.5
架空输电线(水平净距:导线最大风偏时;垂直净距:热力管网管道在下面交叉通过导线最大垂度时)	1kV 以下	1.5	1.0
	1～10kV	2.0	2.0
	35～110kV	4.0	4.0
	220kV	5.0	5.0
	330kV	6.0	6.0
	500kV	6.5	6.5
树冠		0.5(到树中不小于 2.0)	—

8.3.2 管道材料及连接

城镇供热管网管道应采用无缝钢管、电弧焊或高频焊焊接钢管。管道及钢制管件的钢材钢号不应低于表 8-21 的规定。管道和钢材的规格及质量应符合国家现行相关标准的规定。

表 8-21 供热管道钢材钢号及适用范围

钢号	设计参数	钢板厚度
Q235AF	$p \leqslant 1.0$MPa　$t \leqslant 95$℃	≤8mm
Q235A	$p \leqslant 1.6$MPa　$t \leqslant 150$℃	≤16mm
Q235B	$p \leqslant 2.5$MPa　$t \leqslant 300$℃	≤20mm
10、20、低合金钢	可用于《城镇供热管网结构设计规范》(CJJ 105—2005)适用范围的全部参数	不限

8.3.3 放水时间

热水、凝结水管道的低点（包括分段阀门划分的每个管段的低点）应安装放水装置。热水管道的放水装置应满足一个放水段的排放时间不超过表 8-22 的规定。

表 8-22 热水管道放水时间

管道公称直径/mm	$DN\leqslant300$	$DN350\sim500$	$DN\geqslant600$
放水时间/h	2～3	4～6	5～7

注：严寒地区采用表中规定的放水时间较小值。停热期间供热装置无冻结危险的地区，表中的规定可放宽。

8.4 土建工程及地下穿越工程

8.4.1 测量允许偏差

水准点闭合差应为$\pm12\sqrt{L}$（mm）（L 为水准点之间的水平距离，以 km 计）。导线方位角闭合差应为$\pm40''\sqrt{n}$（n 为测站数）。直接丈量测距的允许偏差应符合表 8-23 的规定。

表 8-23 直接丈量测距的允许偏差

固定测桩间距离/m	允许偏差/mm
$L<200$	$\pm L/5000$
$200\leqslant L\leqslant500$	$\pm L/10000$
$L>500$	$\pm L/20000$

8.4.2 土建结构工程

砌体的允许偏差及检验方法应符合表 8-24 的规定。

防水层的允许偏差及检验方法应符合表 8-25 的要求。

卷材防水允许偏差及检验方法应符合表 8-26 的要求。

表 8-24 砌体的允许偏差及检验方法

项　　目	允许偏差	检验频率		检验方法
		范围	点数	
△砂浆抗压强度	平均值不低于设计规定	每台班	1组	1. 每个构筑物或每 $50m^3$ 砌体中制作一组试件(6块),如砂浆配合比变更时,也应制作一组试件。 2. 同强度等级砂浆的各组试件的平均强度不低于设计规定。 3. 任意一组试件的强度最低值不低于设计规定的85%
△砂浆饱满度	≥90%	20m	2	掀3块砌砖,用百格网检查砌块底面砂浆的接触面取其平均值
轴线位移	10mm	20m	2	尺量检查
墙高	±10mm	20m	2	尺量检查
墙面垂直度	15mm	20m	2	垂线检验
墙面平整度	清水墙 5mm 混水墙 8mm	20m	2	2m 靠尺和楔形塞尺检验

注:△为主控项目,其余为一般项目。

表 8-25 防水层的允许偏差及检验方法

项　　目	允许偏差/mm	检验频率		检验方法
		范围	点数	
表面平整度	5	20m	2	2m 靠尺和楔形塞尺检验
厚度	±5	20m	2	在施工中用钢针插入和尺量检查

表 8-26 卷材防水允许偏差及检验方法

项　　目	允许偏差/mm	检验频率		检验方法
		范围	点数	
搭接宽度	长边不小于 100mm 短边不小于 150mm	20m	1	尺量检验
沉降缝防水	符合设计规定	每条缝	1	按设计要求检验

模板安装的允许偏差及检验方法应符合表 8-27、表 8-28 的要求。

表 8-27 现浇结构模板安装的允许偏差及检验方法

项目		允许偏差/mm	检验频率		检验方法
			范围	点数	
相邻两板表面高低差		2	20	2	尺量检验,10m 计 1 点
表面平整度		5	20	2	2m 直尺检验,10m 计 1 点
截面内部尺寸	基础	+10 −20	20	4	钢尺检查
	柱、墙、梁	+4 −5	20	4	钢尺检查
轴线位置		5	20	1	钢尺检查
墙面垂直度		8	20	1	经纬仪或吊线、钢尺检查

表 8-28 预制构件模板安装的允许偏差及检验方法

项目	允许偏差/mm	检验频率		检验方法
		范围	点数	
相邻两板表面高低差	1	每件	1	尺量检验
表面平整度	3	每件	1	2m 直尺检验
长度	0 −5	每件	1	尺量检查
盖板对角线差	7	每件	1	钢尺检查
断面尺寸	0 −10	每件	1	经纬仪或吊线、钢尺检查
侧向弯曲	$L/1500$ 且≤15	每件	1	沿构件全长拉线量最大弯曲处
预埋件位置	5	每件	—	尺量检查,不计点

注：表中 L 为构件长度，单位为 mm。

钢筋安装位置的允许偏差及检验方法应符合表 8-29 的要求。

表 8-29　钢筋安装位置的允许偏差及检验方法

项　　目		允许偏差/mm	检验频率		检验方法
			范围	点数	
主筋及分布筋间距	梁、柱、板	±10	每件	1	尺量检查,取最大偏差值,计1点
	基础	±20	20m	1	尺量检查,取最大偏差值,计1点
多层筋间距	±5		每件	1	尺量检查
保护层厚度	基础	±10	20m	2	尺量检查,取最大偏差值,10m计1点
	梁、柱	±5	每件	1	尺量检查,取最大偏差值,计1点
	板、墙	±3	每件	1	尺量检查,取最大偏差值,计1点
预埋件	中心线位置		5	每件	尺量检查
	水平高差		0+3	每件	尺量检查

混凝土垫层、基础的允许偏差及检验方法应符合表 8-30 的规定，混凝土构筑物的允许偏差及检验方法应符合表 8-31 的要求。

表 8-30　钢筋安装位置的允许偏差及检验方法

项　　目		允许偏差/mm	检验频率		检验方法
			范围	点数	
垫层	中心线每侧宽度	不小于设计规定	20m	2	挂中心线用尺量,每侧计1点
	△高程	0～15mm	20m	2	挂高程线用尺量或用水平仪测量
基础	△混凝土抗压强度	不小于设计规定	每台班	1组	《混凝土强度检验评定标准》(GB/T 50107—2010)
	中心线每侧宽度	±10mm	20m	2	挂中心线用尺量,每侧计1点
	高程	±10mm	20m	2	挂高程线用尺量或用水平测量
	蜂窝面积	<1%	50m之间两侧面	1	尺量检查,计蜂窝总面积

注：△为主控项目，其余为一般项目。

表 8-31　混凝土构筑物允许偏差及检验方法

项　目		允许偏差/mm	检验频率		检验方法
			范围	点数	
△混凝土抗压强度		平均值不低于设计规定	每台班	1 组（6 块）	《混凝土强度检验评定标准》（GB/T 50107—2010）
△混凝土抗渗		不低于设计要求	每台班	1 组（6 块）	《混凝土强度检验评定标准》（GB/T 50107—2010）
轴线位置		10mm	每个构筑物	2	经纬仪测量、纵横向各计 1
各部位高程		±20mm	每个构筑物	2	水准仪测量
构筑物尺寸	长度或直径	0.5%且不大于±20mm	每个构筑物	2	尺量检查
构筑物厚度/mm	小于 200	±5mm	每个构筑物	4	尺量检查
	200	600±10mm		4	尺量检查
	大于 600	±15mm		4	尺量检查
墙面垂直度		15mm	每面	4	垂线检验
麻面		每侧不得超过该侧面积的 1%	每面	1	尺量麻面总面积
预埋件、预留孔位置		10mm	每件（孔）	1	尺量检查

注：△为主控项目，其余为一般项目。

钢筋混凝土预制构件（梁、板、支架）的允许偏差及检验方法应符合表 8-32 的要求。

表 8-32　预制构件（梁、板、支架）的允许偏差及检验方法

项　目	允许偏差/mm	检验频率		检验方法
		范围	点数	
△混凝土抗压强度	平均值不低于设计规定	每台班	1 组	《混凝土强度检验评定标准》（GB/T 50107—2010）
长度	±10	每件	1	尺量检查
宽度、高(厚)度	±5	每件	1	尺量取最大偏差值，计 1
侧面弯曲	$L/1000$	且≤20	每件	1

续表

项目		允许偏差/mm	检验频率		检验方法
			范围	点数	
板两对角线差		10	每 10	件	1
预埋件	中心	5	每件	1	尺量检查,不计点
	有滑板的混凝土表面平整	3			
	滑板面露出混凝土表面	−2			
预留孔中心位置		5	每件	1	尺量检查,不计点

注：1. 表中 L 为构件长度，单位为 mm。

2. △为主控项目，其余为一般项目。

构件（梁、板、支架）安装允许偏差及检验方法应符合表 8-33 的要求。

表 8-33 构件（梁、板、支架）安装允许偏差及检验方法

项目	允许偏差/mm	检验频率		检验方法
		范围	点数	
平面位置	符合设计要求	每件	—	尺量检查,不计点
轴线位移	10	每 10 件	1	每 10 件抽查 1 件，量取最大值,计 1 点
相邻两盖板支点处顶面高差	10	每 10 件	1	
△支架顶面高程	0 −5	每件	1	水准仪测量
支架垂直度	0.5%H,且不大于 10	每件	—	垂线检验,不计点

注：1. 表中 H 为支架高度，单位为 mm。

2. △为主控项目，其余为一般项目。

检查室允许偏差及检验方法应符合表 8-34 要求。

表 8-34　检查室允许偏差及检验方法

项目		允许偏差/mm	检验频率		检验方法
			范围	点数	
检查室尺寸	长度、宽度	±20	每座	2	尺量检查
	高度	±20	每座	2	尺量检查
井盖顶高程	路面	±5	每座	1	水准仪测量
	非路面	+20	每座	1	水准仪测量

8.4.3　回填工程

回填土铺土厚度应根据夯实或压实机具的性能及压实度要求而定，虚铺厚度宜符合表 8-35 的规定。

表 8-35　回填土铺厚度

夯实或压实机具	虚铺厚度/mm
振动压路机	≤400
压路机	≤300
动力夯实机	≤250
木夯	<200

回填土的密实度应逐层进行测定，设计无规定时，宜按回填上部位划分（图 8-1），回填土的密实度应符合下列要求：

(1) 胸腔部位，Ⅰ区≥95%；

(2) 管顶或结构顶上 500mm 范围内，Ⅱ区≥85%；

(3) 其余部位，Ⅲ区按原状回填。

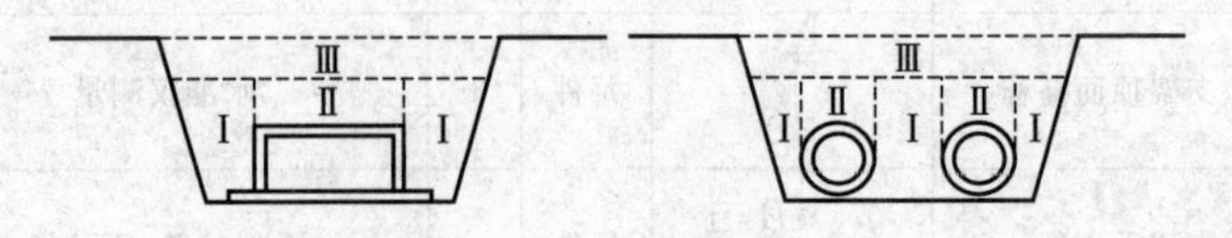

图 8-1　回填土部位划分示意图

8.4.4　焊接及检验

焊接坡口应按设计规定进行加工，当设计无规定时，应符合表 8-36 的规定。

表 8-36　钢焊件接口形式和尺寸

厚度 t /mm	坡口名称	坡口形式	坡口尺寸			备注
			间隙 c /mm	钝边 p /mm	坡口角度 $\alpha(\beta)/(°)$	
1～3	I形坡口	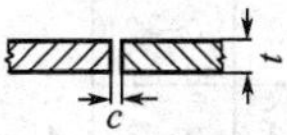	0～1.5	—	—	单面焊
3～6			0～2.5			双面焊
3～9	V形坡口	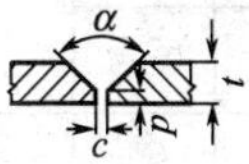	0～2	0～2	65～75	
9～25			0～3	0～3	55～65	
6～9	带垫板V形坡口	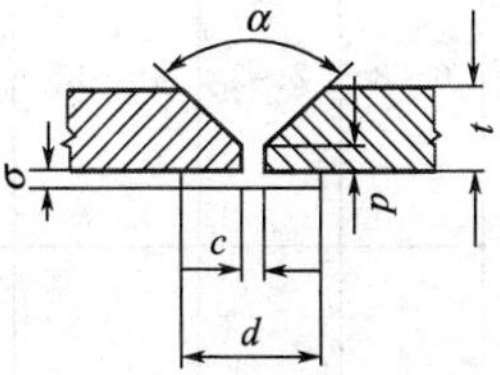 $\sigma=4\sim6, d=20\sim40$mm	3～5	0～2	45～55	
9～26			4～6	0～2		
12～16	X形坡口	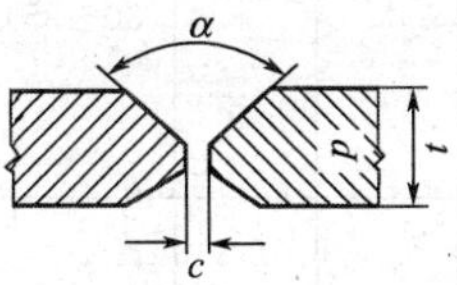	0～3	0～3	55～65	
20～60	双V形坡口	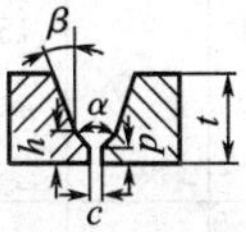 $h=8\sim12$mm	0～3	1～3	65～75 (8～12)	
20～60	U形坡口	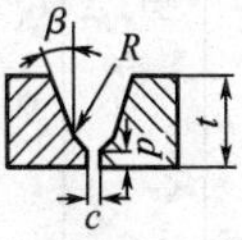 $R=5\sim6$mm	0～3	1～3	8～12	
2～30	T形接头I形坡口	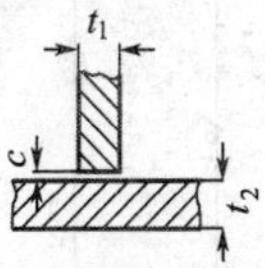	0～2	—	—	

续表

厚度 t /mm	坡口名称	坡口形式	坡口尺寸			备注
			间隙 C /mm	钝边 P /mm	坡口角度 $\alpha(\beta)$/(°)	
6～10	T形接头单边V形坡口	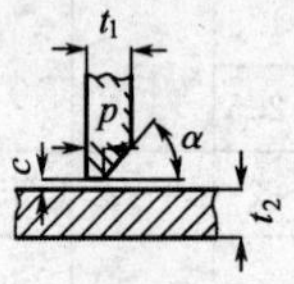	0～2	0～2	45～55	
10～17			0～3	0～3		
17～30			0～4	0～4		
20～40	T形接头对称K形坡口	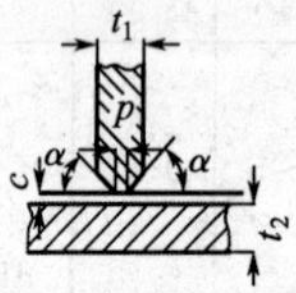	0～3	2～3	45～55	
管径 ϕ ≤76	管座坡口	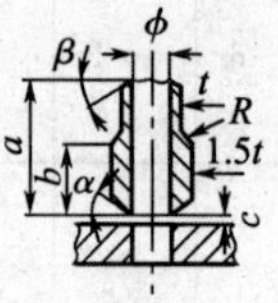 $a=100,b=70,R=5$mm	2～3	—	50～60 (30～35)	
管径 ϕ 76～133	管座坡口	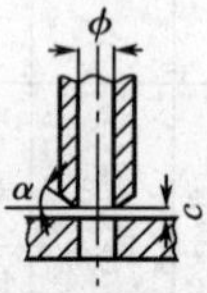	2～3	—	45～60	
—	法兰角焊接头	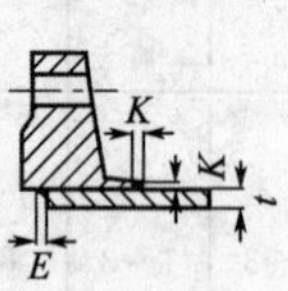	—	—	—	$K=1.4t$，且不大于颈部厚度；$E=6.4$mm，且不大于 t
—	承插焊接法兰	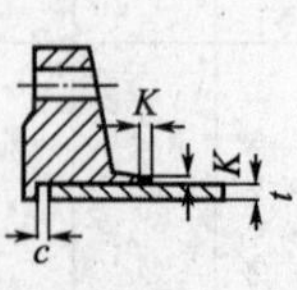	1.6	—	—	$K=1.4t$，且不大于颈部厚度

续表

厚度 t /mm	坡口名称	坡口形式	坡口尺寸			备注
			间隙 C /mm	钝边 P /mm	坡口角度 $\alpha(\beta)$/(°)	
—	承插焊接法兰		1.6	—	—	$K=1.4t$，且不小于3.2mm

外径和壁厚相同的钢管或管件对口时，应外壁平齐。对口错边量允许偏差应符合表 8-37 的规定。

表 8-37 钢管对口错边量允许偏差

错边	壁厚/mm	2.5～5.0	6～10	12～14	≥15
	错边允许偏差/mm	0.5	1.0	1.5	2.0

用钢板制造的可双面焊接的容器对口，错边量应符合下列规定。

(1) 纵焊缝错边量不得超过壁厚的 10%，且不得大于 3mm。

(2) 环焊缝的错边量：

① 壁厚小于或等于 6mm 时，不得超过壁厚的 25%；

② 壁厚大于 6mm 且小于或等于 10mm 时，不得超过壁厚的 20%；

③ 壁厚大于 10mm 时，不得超过壁厚的 10%加 1mm，且不得大于 4mm；

④ 单面焊接的小口径容器，宜采用钢管制造并符合钢管对接的规定。

焊缝长度及点数可按表 8-38 的规定执行。

表 8-38　焊缝长度和点数

公称直径/mm	电焊长度/mm	点数
50～150	5～10	均布 2～3 点
200～300	10～20	74
350～500	15～30	5
600～700	40～60	6
800～100	50～70	7
＞1000	80～100	一般间距 300mm 左右

管道的无损检验标准应符合设计或表 8-39 的规定，且为质量检验的主要项目。

表 8-39　供热管网工程焊缝无损检验数量

载热介质名称	管道设计参数		焊缝无损探伤检验数量/%														合格标准	
			地上敷设				通行及半通行管沟敷设				不通行管沟敷设(含套管敷设)				直埋敷设		超声波探伤符合 GB/T 11345	射线探伤符合 GB/T 3323
			DN＜500mm		DN≥500mm		DN＜500mm		DN≥500mm		DN＜500mm		DN≥500mm					
	温度 T/℃	压力 p/MPa	固定焊口	转动焊口	固定焊口	转动焊口	固定焊口	转动焊口	固定焊口	转动焊口	固定焊口	转动焊口	固定焊口	转动焊口	固定焊口	转动焊口	规定的焊缝级别	规定的焊缝级别
过热蒸汽	200＜T≤350	1.6＜p≤2.5	6	3	10	5	10	5	12	6	15	8	15	10	—	—	Ⅰ	Ⅱ
过热或饱和蒸汽	200＜T≤350	1.0＜p≤1.6	5	2	8	4	8	4	10	5	10	5	12	6	—	—		
过热或饱和蒸汽	T≤200	0.07＜p≤1.0	4	2	6	3	5	2	6	3	10	5	12	6	—	—		
高温热水	150＜T≤200	1.6＜p≤2.5	6	3	10	5	10	5	12	6	15	8	15	10	—	—		
高温热水	120＜T≤150	1.0＜p≤1.6	5	2	8	4	8	4	10	5	10	5	12	6	15	6		
热水	T≤120	p≤1.6	3	2	6	3	6	3	8	4	10	5	10	5	15	5		
热水	T≤100	p≤1.0	抽检				抽检				5	2	6	3	8	4		
凝结水	T≤100	p≤0.6	抽检				抽检				抽检				5	2		

注：表中无损探伤检验数量栏中，“抽检”是指检验数不超过 1%，检验焊口的位置、数量和方法由检验人员确定。

8.4.5 管道安装及检验

8.4.5.1 管道加工和现场预制管件制作

弯管的弯曲半径应符合设计要求。设计无要求时，最小弯曲半径应符合表 8-40 的规定。

表 8-40 弯管最小弯曲半径

管材		弯管制作方法	最小弯曲半径
低碳钢管	热弯	$3.5D_w$	
	冷弯	$4.0D_w$	
	压制弯	$1.5D_w$	
	热推弯	$1.5D_w$	
	焊制弯	$DN\leqslant 250mm$	$1.0D_w$
		$DN\geqslant 300mm$	$0.75D_w$

注：DN 为公称直径，D_w 为外径。

弯管内侧波浪高度见表 8-41，波距应大于或等于波浪的高度的 4 倍，如图 8-2 所示。

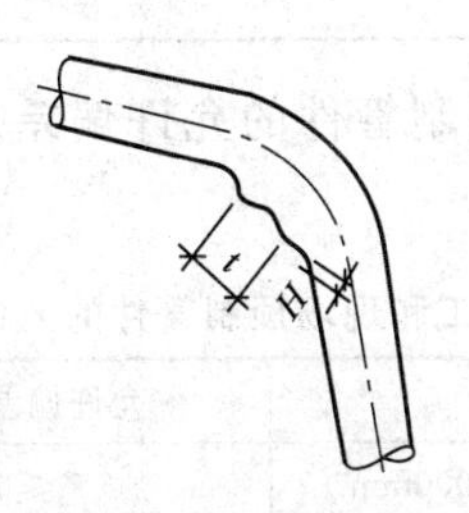

图 8-2 弯曲部分波浪高度

表 8-41 波浪高度（H）允许值 单位：mm

钢管外径	≤108	133	159	219	273	325	377	≥426
H 允许值	4	5	6	6	7	7	8	8

压制弯管、热推弯管和异径管加工的主要尺寸偏差应符合表 8-42 规定。

表 8-42　压制弯管、热推弯管和异径管加工主要尺寸偏差

单位：mm

管件名称	关键形式	公称直径 检查项目	25～70	80～100	125～200	250～400	
						无缝	有缝
弯管	Δ　L	外径偏差	±1.1	±1.5	±2.0	±2.5	±3.5
		外径椭圆	不超过外径偏差				
异径管	Δ　L	壁厚偏差	不大于公称壁厚的 12.5%				
		长度(L)偏差	±1.5			±2.5	
		端面垂直(Δ)偏差	≤1.0			≤1.5	

管道加工和现场预制管件的允许偏差及检验方法应符合表 8-43 规定。

表 8-43　管道加工和现场预制管件的允许偏差及检验方法

项　目			允许偏差/mm	检验方法
弯头	周长	$DN>1000$mm	≤6	钢尺测量
		$DN\leqslant1000$mm	≤4	
	端面与中心线垂直度		≤外径的 1%，且≤3	角尺、直尺测量
异径管	椭圆度		≤各端外径的 1%，且≤5	卡尺测量
三通	支管垂直度		≤高度的 1%，且≤3	角尺、直尺测量
钢管	切口端面垂直度		≤外径的 1%，且≤3	角尺、直尺测量

8.4.5.2　管道支、吊架安装

管道支、吊架安装的允许偏差及检验方法见表 8-44。

表 8-44　管道支、吊架安装的允许偏差及检验方法

<table>
<tr><th colspan="2">项　目</th><th>允许偏差/mm</th><th>检验方法</th></tr>
<tr><td colspan="2">支、吊架中心点平面位置</td><td>25</td><td>钢尺测量</td></tr>
<tr><td colspan="2">△支架标高</td><td>－10</td><td>水准仪测量</td></tr>
<tr><td rowspan="2">两个固定支架间的其他支架中心线</td><td>距固定支架每 10m 处</td><td>5</td><td>钢尺测量</td></tr>
<tr><td>中心处</td><td>25</td><td>钢尺测量</td></tr>
</table>

注：△为主控项目，其余为一般项目。

8.4.5.3　管沟和地上敷设管道安装

管道安装允许偏差及检验方法见表 8-45。

表 8-45　管道安装允许偏差及检验方法

<table>
<tr><th rowspan="2">项　目</th><th colspan="3" rowspan="2">允许偏差及质量标准/mm</th><th colspan="2">检验频率</th><th rowspan="2">检验方法</th></tr>
<tr><th>范围</th><th>点数</th></tr>
<tr><td>△高程</td><td colspan="3">±10</td><td>50m</td><td>—</td><td>水准仪测量,不计点</td></tr>
<tr><td>中心线位移</td><td colspan="3">每 10m 不超过 5,全长不超过 30</td><td>50m</td><td>—</td><td>挂边线用尺量,不计点</td></tr>
<tr><td>立管垂直度</td><td colspan="3">每米不超过 2,全高不超过 10</td><td>每根</td><td>—</td><td>垂线检查,不计点</td></tr>
<tr><td rowspan="3">△对口间隙</td><td>壁厚</td><td>间隙</td><td>偏差</td><td rowspan="3">每 10 个口</td><td rowspan="3">1</td><td rowspan="3">用焊口检测器,量取最大偏差值,计 1 点</td></tr>
<tr><td>4～9</td><td>1.5～2.0</td><td>±1.0</td></tr>
<tr><td>≥10</td><td>2.0～3.0</td><td>＋1.0
－2.0</td></tr>
</table>

注：△为主控项目，其余为一般项目。

8.4.5.4　直埋保温管道安装

直埋敷设管道最小覆土深度见表 8-46。

表 8-46　直埋敷设管道最小覆土深度

管径/mm	车行道下/m	非车行道下/m
50～125	0.8	0.6
150～200	1.0	0.6
250～300	1.0	0.7
350～400	1.2	0.8
450～500	1.2	0.9

可视为直管段的最大平面折角见表 8-47。

表 8-47　可视为直管段的最大平面折角　　单位：(°)

管道公称直径/mm	循环工作温差/℃		
	50～100	125～300	350～500
50	4.3	3.8	3.4
65	3.2	2.8	2.6
85	2.4	2.1	1.9
100	2.0	1.8	1.6
120	1.6	1.4	1.2
140	1.4	1.2	1.1

直埋保温管道安装质量的检验项目及检验方法见表 8-48。

表 8-48　直埋保温管道安装质量的检验项目及检验方法

<table>
<tr><th>项　目</th><th colspan="3">质量标准</th><th>检验频率</th><th>检验方法</th></tr>
<tr><td>连接预警系统</td><td colspan="3">满足产品预警系统的技术要求</td><td>100%</td><td>用仪表检查整体线路</td></tr>
<tr><td rowspan="3">△节点的保温和密封</td><td colspan="2">外观检查</td><td>无缺陷</td><td>100%</td><td>目测</td></tr>
<tr><td rowspan="2">气密性试验</td><td>一级管网</td><td>无气泡</td><td>100%</td><td rowspan="2">气密性试验</td></tr>
<tr><td>二级管网</td><td>无气泡</td><td>20%</td></tr>
</table>

注：△为主控项目，其余为一般项目。

直埋供热管道与有关设施相互净距见表 8-49。

表 8-49　直埋供热管道与有关设施相互净距

名　称		最小水平净距/m	最小垂直净距/m
给水管		1.5	0.15
排水管		1.5	0.15
燃气管道	压力≤400kPa	1.0	0.15
	压力≤800kPa	1.5	0.15
	压力>800kPa	20	0.15
压缩空气或 CO_2 管		1.0	0.15

续表

名称			最小水平净距/m	最小垂直净距/m
排水盲沟沟边			1.5	0.50
乙炔、氧气管			1.5	0.25
公路、铁路坡底脚			1.0	—
地铁			5.0	0.80
电气铁路接触网电杆基础			3.0	—
道路路面			—	0.70
建筑物基础	公称直径≤250mm		2.5	—
	公称直径≥300mm		3.0	—
电缆	通信电缆管块		1.0	0.30
	电力及控制电缆	≤35kV	2.0	0.50
		≤110kV	2.0	1.00

注：热力网与电缆平行敷设时，电缆处的土壤温度与月平均土壤自然温度比较，全年任何时候对于电压10kV的电力电缆不高出10℃，对电压35～110kV的电缆不高出5℃，可减少表中所列距离。

8.5 热力站、中继泵站及通用组装件安装

8.5.1 站内管道安装

站内管道水平安装的支、吊架间距，在设计无要求时，不得大于表8-50中规定的距离。

表 8-50 站内管道支架的最大间距

公称直径/mm	最大间距/m	公称直径/mm	最大间距/m
25	2.0	125	5.0
32	2.5	150	6.0
40	3.0	200	7.0
50	3.0	250	8.0
70	4.0	300	8.5
80	4.0	350	9.0
100	4.5	400	9.0

站内钢管安装允许偏差及检验方法应符合表8-51的规定。

表 8-51 站内钢管安装允许偏差及检验方法

项目		允许偏差	检验方法
水平管道纵、横方向弯曲	$DN \leqslant 100mm$	每米1mm，且全长不大于13mm	水平尺、直尺、拉线和尺量检查
	$DN > 100mm$	每米1.5mm，且全长不大于25mm	
立管垂直度		每米2mm，且全长不大于10mm	吊线和尺量检查
成排阀门和成排管段	阀门在同一高度上	5mm	尺量检查
	在同一平面上间距	3mm	

站内塑料管、复合管安装允许偏差及检验方法应符合表8-52的规定。

表 8-52 站内塑料管、复合管安装允许偏差及检验方法

项目		允许偏差	检验方法
水平管道纵横向弯曲		每米1.5mm，且全长不大于25mm	水平尺、直尺、拉线和尺量检查
立管垂直度		每米2mm，且全长不大于25mm	吊线和尺量检查
成排管段	在同一直线上间距	3mm	尺量检查

8.5.2 站内设备安装

设备基础的位置、几何尺寸和质量要求，应符合现行国家标准《混凝土结构工程施工质量验收规范》(GB 50204—2002)(2011版)的规定。设备基础尺寸和位置的允许偏差及检验方法应符合表8-53的规定。

表 8-53 设备基础尺寸和位置的允许偏差及检验方法

项目	允许偏差/mm	检验方法
坐标位置(纵横轴线)	±20	经纬仪、拉线和尺量
不同平面的标高	−20	水准仪、拉线和尺量
平面外形尺寸	±20	尺量检查
凸台上平面外形尺寸	−20	
凹穴尺寸	+20	

续表

项目		允许偏差/mm	检验方法
平面的水平度(包括地坪上需安装的部分)	每米	5	水平仪(水平尺)和楔形塞尺检查
	全长	10	
垂直度	每米	5	经纬仪或吊线和尺量
	全长	10	

换热器和水箱安装的允许偏差及检验方法应符合表 8-54 的要求。

表 8-54 换热器和水箱安装的允许偏差及检验方法

项目	允许偏差/mm	检验方法
标高	±10	拉线和尺量
水平度或垂直度	$5L/1000$ 或 $5H/1000$	经纬仪或吊线、水平仪(水平尺)、尺量
中心线位移	±20	拉线和尺量

注：表中 L 为换热器和水箱长度，H 为换热器和水箱高度。

设备支架安装的允许偏差应符合表 8-55 的规定。

表 8-55 设备支架安装的允许偏差

项目		允许偏差/mm	检验方法
支架立柱	位置	5	尺量检查
	垂直度	$\leqslant H/1000$	尺量检查
支架横梁	上表面标高	±5	尺量检查
	水平弯曲	$\leqslant L/1000$	尺量检查

注：表中 H 为支架高度，L 为横梁长度。

8.6 防腐和保温工程

8.6.1 保护层

计算管道总散热损失时，由支座、补偿器和其他附件产生的附加热损失可按表 8-56 给出的热损失附加系数计算。

表 8-56　管道散热损失附加系数

管道敷设方式	散热损失附加系数
地上敷设	0.15～0.20
管沟敷设	0.15～0.20
直埋敷设	0.10～0.15

注：当附件保温较好、管径较大时，取较小值；当附件保温较差、管径较小时，取较大值。

保护层表面不平度允许偏差及检验方法应符合表 8-57 的规定。

表 8-57　保护层表面不平度允许偏差及检验方法

项　　目	允许偏差/mm	检验频率	检验方法
涂抹保护层	＜10	每隔 20m 取一点	外观
缠绕式保护层	＜10	每隔 20m 取一点	
金属保护层	＜5	每隔 20m 取一点	2m 靠尺和塞尺检查
复合材料保护层	＜5	每隔 20m 取一点	外观

8.6.2　防腐工程

钢管除锈、涂料质量标准应符合表 8-58 的规定。

表 8-58　钢管除锈、涂料质量标准

项　　目	质量标准	检查频率		检验方法
		范围/m	点数	
△除锈	铁锈全部清除，颜色均匀，露金属本色	50	50	外观检查每 10m，计 1 点
涂料	颜色光泽、厚度均匀一致，无起褶、起泡、漏刷	50	50	

注：△为主控项目，其余为一般项目。

8.6.3　保温工程

保温层施工允许偏差及检验方法应符合表 8-59 的规定。

表 8-59 保温层允许偏差及检验方法

<table>
<tr><th colspan="2">项 目</th><th>允许偏差</th><th>检验频率</th><th>检验方法</th></tr>
<tr><td rowspan="2">△厚度</td><td>硬质保温材料</td><td>+5%</td><td rowspan="2">每隔 20m 测一点</td><td rowspan="2">钢针刺入保温层测厚</td></tr>
<tr><td>柔性保温材料</td><td>+8%</td></tr>
<tr><td colspan="2">伸缩缝宽度</td><td>±5mm</td><td>抽查 10%</td><td>尺量检查</td></tr>
</table>

注：△为主控项目，其余为一般项目。

8.7 水压试验

水压试验的检验内容及检验方法应符合表 8-60 的规定。

表 8-60 水压试验的检验内容及检验方法

<table>
<tr><th>项 目</th><th colspan="2">试验方法及质量标准</th><th>检验范围</th></tr>
<tr><td>△强度试验</td><td colspan="2">升压到试验压力稳压 10min 无渗漏、无压降后降至设计压力，稳压 30min 无渗漏、无压降为合格</td><td>每个试验阶段</td></tr>
<tr><td rowspan="3">△严密性试验</td><td colspan="2">升压至试验压力，并趋于稳定后，应详细检查管道、焊缝、管路附件及设备等无渗漏，固定支架无明显的变形等</td><td rowspan="3">全段</td></tr>
<tr><td>一级管网及站内</td><td>稳压在 1h 内压降不大于 0.05MPa，为合格</td></tr>
<tr><td>二级管网</td><td>稳压在 30min 内压降不大于 0.05MPa，为合格</td></tr>
</table>

注：△为主控项目，其余为一般项目。

第9章 防洪工程

9.1 防洪标准

9.1.1 防洪标准

9.1.1.1 乡村

以乡村为主的防护区（简称乡村防护区），应根据其人口或耕地面积分为四个等级，各等级的防洪标准按表9-1的规定确定。

表9-1 乡村防护区的等级和防洪标准

等级	防护区人口/万人	防护区耕地面积/万亩	防洪标准(重现期)/年
Ⅰ	≥150	≥300	100～50
Ⅱ	150～50	300～100	50～30
Ⅲ	50～20	100～30	30～20
Ⅳ	≤20	≤30	20～10

9.1.1.2 城市

城市应根据其社会经济地位的重要性或非农业人口的数量分为四个等级。各等级的防洪标准按表9-2的规定确定。

表9-2 城市的等级和防洪标准

等级	重要性	非农业人口/万人	防洪标准(重现期)/年
Ⅰ	特别重要的城市	≥150	≥200
Ⅱ	重要的城市	150～50	200～100
Ⅲ	中等城市	50～20	100～50
Ⅳ	一般城镇	≤20	50～20

9.1.1.3 工矿企业

冶金、煤炭、石油、化工、林业、建材、机械、轻工、纺织、商业等工矿企业，应根据其规模分为四个等级，各等级的防洪标准按表9-3的规定确定。

表9-3 工矿企业的等级和防洪标准

等级	工矿企业规模	防洪标准(重现期)/年
Ⅰ	特大型	200～100
Ⅱ	大型	100～50
Ⅲ	中型	50～20
Ⅳ	小型	20～10

注：1. 各类工矿企业的规模，按国家现行规定划分。

2. 如辅助厂区（或车间）和生活区单独进行防护的，其防洪标准可适当降低。

工矿企业的尾矿坝或尾矿库，应根据库容或坝高的规模分为五个等级，各等级的防洪标准按表9-4的规定确定。

表9-4 尾矿坝或尾矿库的等级和防洪标准

等级	工程规模		防洪标准(重现期)/年	
	库容/($\times 10^8 m^3$)	坝高/m	设计	校核
Ⅰ	具备提高等级条件的Ⅱ、Ⅲ等工程		—	2000～1000
Ⅱ	≥1	≥100	200～100	1000～500
Ⅲ	1～0.10	100～60	100～50	500～200
Ⅳ	0.10～0.01	60～30	50～30	200～100
Ⅴ	≤0.01	≤30	30～20	100～50

9.1.1.4 水利水电工程

（1）水利水电枢纽工程的等别和级别

水利水电枢纽工程，应根据其工程规模、效益和在国民经济中的重要性分为五等，其等别按表9-5的规定确定。

表 9-5 水利水电枢纽工程的等别

工程类别	水库		防洪		治涝	灌溉	供水	水电站
	工程规模	总库容/($\times10^8m^3$)	城镇及工矿企业的重要性	保护农田/万亩	治涝面积/万亩	灌溉面积/万亩	城镇及工矿企业的重要性	装机容量/($\times10^4$kW)
Ⅰ	大(1)型	≥10	特别重要	≥500	≥200	≥150	特别重要	≥120
Ⅱ	大(2)型	10～1.0	重要	500～100	200～60	150～50	重要	120～30
Ⅲ	中型	1.0～0.10	中等	100～30	60～15	50～5	中等	30～5
Ⅳ	小(1)型	0.10～0.01	一般	30～5	15～3	5～0.5	一般	5～1
Ⅴ	小(2)型	0.01～0.001	—	≤5	≤3	≤0.5	—	≤1

注：1亩=666.7m^2。

水利水电枢纽工程的水工建筑物，应根据其所属枢纽工程的等别、作用和重要性分为五级，其级别按表 9-6 的规定确定。

表 9-6 水工建筑物的级别

工程等别	永久性水工建筑物级别		临时性水工建筑物级别
	主要建筑物	次要建筑物	
Ⅰ	1	3	4
Ⅱ	2	3	4
Ⅲ	3	4	5
Ⅳ	4	5	5
Ⅴ	5	5	

（2）水库和水电站工程

水库工程水工建筑物的防洪标准，应根据其级别按表 9-7 的规定确定。

水电站厂房的防洪标准，应根据其级别按表 9-8 的规定确定。河床式水电站厂房作为挡水建筑物时，其防洪标准应与挡水建筑物的防洪标准相一致。

（3）灌溉、治涝和供水工程

灌溉、治涝和供水工程主要建筑物的防洪标准，应根据其级别分别按表 9-9 和表 9-10 的规定确定。

表 9-7　水库工程水工建筑物的防洪标准

<table>
<tr><th rowspan="4">水工建筑物级别</th><th colspan="5">防洪标准(重现期)/年</th></tr>
<tr><th colspan="3">山区、丘陵区</th><th colspan="2">平原区、滨海区</th></tr>
<tr><th rowspan="2">设计</th><th colspan="2">校核</th><th rowspan="2">设计</th><th rowspan="2">校核</th></tr>
<tr><th>混凝土坝、浆砌石坝及其他水工建筑物</th><th>土坝、堆石坝</th></tr>
<tr><td>1</td><td>1000～500</td><td>5000～2000</td><td>可能最大洪水(PMF)或 10000～5000</td><td>300～100</td><td>2000～1000</td></tr>
<tr><td>2</td><td>500～100</td><td>2000～1000</td><td>5000～2000</td><td>100～50</td><td>1000～300</td></tr>
<tr><td>3</td><td>100～50</td><td>1000～500</td><td>2000～1000</td><td>50～20</td><td>300～100</td></tr>
<tr><td>4</td><td>50～30</td><td>500～200</td><td>1000～300</td><td>20～10</td><td>100～50</td></tr>
<tr><td>5</td><td>30～20</td><td>200～100</td><td>300～200</td><td>10</td><td>50～20</td></tr>
</table>

注：当山区、丘陵区的水库枢纽工程挡水建筑物的挡水高度低于 15m，上下游水头差小 10m 时，其防洪标准可按平原区、滨海区栏的规定确定；当平原区、滨海区的水库枢纽工程挡水建筑物的挡水高度高于 15m，上下游水头差大于 10m 时，其防洪标准可按山区、丘陵区栏的规定确定。

表 9-8　水电站厂房的防洪标准

水工建筑物级别	防洪标准(重现期)/年	
	设计	校核
1	＞200	1000
2	200～100	500
3	100	200
4	50	100
5	30	50

表 9-9　灌溉和治涝工程主要建筑物的防洪标准

水工建筑物级别	防洪标准(重现期)/年
1	100～50
2	50～30
3	30～20
4	20～10
5	10

注：灌溉和治涝工程主要建筑物的校核防洪标准，可视具体情况和需要研究确定。

表 9-10　供水工程主要建筑物的防洪标准

水工建筑物级别	防洪标准(重现期)/年	
	设计	校核
1	100～50	300～200
2	50～30	200～100
3	30～20	100～50
4	20～10	50～30

(4) 堤防工程

潮汐河口挡潮枢纽工程主要建筑物的防洪标准，应根据水工建筑物的级别按表 9-11 的规定确定。

表 9-11　潮汐河口挡潮枢纽工程主要建筑物的防洪标准

水工建筑物级别	1	2	3	4、5
防洪标准(重现期)/年	≥100	100～50	50～20	20～10

注：潮汐河口挡潮枢纽工程的安全主要是防潮水，为统一起见，《防洪标准》(GB 50201—1994) 将防潮标准统称防洪标准。

9.1.1.5　交通运输设施

(1) 铁路

国家标准轨距铁路的各类建筑物、构筑物，应根据其重要程度或运输能力分为三个等级，各等级的防洪标准按表 9-12 的规定，并结合所在河段、地区的行洪和蓄、滞洪的要求确定。

表 9-12　国家标准轨距铁路各类建筑物、构筑物的等级和防洪标准

等级	重要程度	运输能力/(×10^4t/年)	防洪标准(重现期)/年			
			设计			校核
			路基	涵洞	桥梁	技术复杂、修复困难或重要的大桥和特大桥
Ⅰ	骨干铁路和准高速铁路	≥1500	100	50	100	300
Ⅱ	次要骨干铁路和联络铁路	1500～750	100	50	100	300
Ⅲ	地区(包括地方)铁路	≤750	50	50	50	100

注：1. 运输能力为重车方向的运量。

2. 每对旅客列车上下行各按每年 70×10^4t 折算。

3. 经过蓄、滞洪区的铁路，不得影响蓄、滞洪区的正常运用。

(2) 公路

汽车专用公路的各类建筑物、构筑物，应根据其重要性和交通量分为高速、Ⅰ、Ⅱ三个等级，各等级的防洪标准按表9-13的规定确定。

表9-13 汽车专用公路各类建筑物、构筑物的等级和防洪标准

等级	重要性	防洪标准(重现期)/年				
		路基	特大桥	大、中桥	小桥	涵洞及小型排水构筑物
高速	政治、经济意义特别重要的，专供汽车分道高速行驶，并全部控制出入的公路	100	300	100	100	100
Ⅰ	连接重要的政治、经济中心，通往重点工矿区、港口、机场等地，专供汽车分道行驶，并部分控制出入的公路	100	300	100	100	100
Ⅱ	连接重要的政治、经济中心或大工矿区、港口、机场等地，专供汽车行驶的公路	50	100	50	50	50

注：经过蓄、滞洪区的公路，不得影响蓄、滞洪区的正常运用。

一般公路的各类建筑物、构筑物，应根据其重要性和交通量分为Ⅱ～Ⅳ三个等级，各等级的防洪标准按表9-14的规定确定。

表9-14 一般公路各类建筑物、构筑物的等级和防洪标准

等级	重要性	防洪标准(重现期)/年				
		路基	特大桥	大、中桥	小桥	涵洞及小型排水构筑物
Ⅱ	连接重要的政治、经济中心或大工矿区、港口、机场等地的公路	50	100	100	50	50
Ⅲ	沟通县城以上等地的公路	25	100	50	25	25
Ⅳ	沟通县、乡(镇)、村等地的公路	—	100	50	25	—

注：1. Ⅳ级公路的路基、涵洞及小型排水构筑物的防洪标准，可视具体情况确定。
2. 经过蓄、滞洪区的公路，不得影响蓄、滞洪区的正常运用。

(3) 航运

江河港口主要港区的陆域，应根据所在城镇的重要性和受淹损

失程度分为三个等级，各等级主要港区陆域的防洪标准按表 9-15 的规定确定。

表 9-15　江河港口主要港区陆域的等级和防洪标准

等级	重要性和受淹损失程度	防洪标准(重现期)/年	
		河网、平原河流	山区河流
Ⅰ	直辖市、省会、首府和重要的城市的主要港区陆域,受淹后损失巨大	100～50	50～20
Ⅱ	中等城市的主要港区陆域,受淹后损失较大	50～20	20～10
Ⅲ	一般城镇的主要港区陆域,受淹后损失较小	20～10	10～5

天然、渠化河流和人工运河上的船闸的防洪标准，应根据其等级和所在河流以及船闸在枢纽建筑物中的地位，按表 9-16 的规定确定。

表 9-16　船闸的等级和防洪标准

等级	Ⅰ	Ⅱ	Ⅲ、Ⅳ	Ⅴ、Ⅵ、Ⅶ
防洪标准(重现期)/年	100～50	50～20	20～10	10～5

海港主要港区的陆域，应根据港口的重要性和受淹损失程度分为三个等级，各等级主要港区陆域的防洪标准按表 9-17 的规定确定。

表 9-17　海港主要港区陆域的等级和防洪标准

等级	重要性和受淹损失程度	防洪标准(重现期)/年
Ⅰ	重要的港区陆域,受淹后损失巨大	200～100
Ⅱ	中等港区陆域,受淹后损失较大	100～50
Ⅲ	一般港区陆域,受淹后损失较小	50～20

注：海港的安全主要是防潮水，为统一起见，《防洪标准》(GB 50201—1994) 将防潮标准统称防洪标准。

(4) 民用机场

民用机场应根据其重要程度分为三个等级，各等级的防洪标准按表 9-18 的规定确定。

表 9-18 民用机场的等级和防洪标准

等级	重要程度	防洪标准(重现期)/年
Ⅰ	特别重要的国际机场	200～100
Ⅱ	重要的国内干线机场及一般的国际机场	100～50
Ⅲ	一般的国内支线机场	50～20

(5) 管道工程

跨越水域（江河、湖泊）的输水、输油、输气等管道工程，应根据其工程规模分为三个等级，各等级的防洪标准按表 9-19 的规定和所跨越水域的防洪要求确定。

表 9-19 输水、输油、输气等管道工程的等级和防洪标准

等级	工程规模	防洪标准(重现期)/年
Ⅰ	大型	100
Ⅱ	中型	50
Ⅲ	小型	20

注：经过蓄、滞洪区的管道工程，不得影响蓄、滞洪区的正常运用。

(6) 木材水运工程

木材水运工程各类建筑物、构筑物，应根据其工程类别和工程规模分为二个或三个等级，各等级的防洪标准按表 9-20 的规定确定。

表 9-20 木材水运工程各类建筑物、构筑物的等级和防洪标准

工程类别	等级	工程规模		防洪标准(重现期)/年	
				设计	校核
收漂工程	Ⅰ	设计容材量/($\times10^4 m^3$)	>7	50	100
	Ⅱ		7～2	20	50
	Ⅲ		<2	10	20
木材流送闸坝	Ⅰ	坝高/m	>15	50	100
	Ⅱ		15～5	20	50
	Ⅲ		<5	10	20

续表

工程类别	等级	工程规模		防洪标准(重现期)/年	
				设计	校核
水上作业场	Ⅰ	年作业量/($\times 10^4 m^3$)	≥20	50	100
	Ⅱ		20～10	20	50
	Ⅲ		<10	10	20
木材出河码头	Ⅰ	年出河量/($\times 10^4 m^3$)	>20	50	100
	Ⅱ		20～10	20	50
	Ⅲ		<10	10	20
推河场	Ⅰ	年推河量/($\times 10^4 m^3$)	>5	20	
	Ⅱ		≤5	10	

9.1.1.6 通信设施

公用长途通信线路，应根据其重要程度和设施内容分为三个等级，各等级的防洪标准按表 9-21 的规定确定。

表 9-21 公用长途通信线路的等级和防洪标准

等级	重要程度和设施内容	防洪标准(重现期)/年
Ⅰ	国际干线，首都至各省会(首府、直辖市)的线路，省会(首府，直辖市)之间的线路	100
Ⅱ	省会(首府、直辖市)至各地(市)的线路，各地(市)之间的重要线路	50
Ⅲ	各地(市)之间的一般线路，地(市)至各县的线路，各县之间的线路	30

公用通信局、所，应根据其重要程度和设施内容分为二个等级，各等级的防洪标准按表 9-22 的规定确定。

表 9-22 公用通信局、所的等级和防洪标准

等级	重要程度和设施内容	防洪标准(重现期)/年
Ⅰ	省会(首府、直辖市)及省会以上城市的电信枢纽楼，重要市内电话局，长途干线郊外站，海缆登陆局	100
Ⅱ	省会(首府、直辖市)以下城市的电信枢纽楼，一般市内电话局	50

公用无线电通信台、站，应根据其重要程度和设施内容分为二个等级，各等级的防洪标准按表 9-23 的规定确定。

表 9-23　公用无线电通信台、站的等级和防洪标准

等级	重要程度和设施内容	防洪标准(重现期)/年
Ⅰ	国际通信短波无线电台，大型和中型卫星通信地球站，1 级和 2 级微波通信干线链路接力站(包括终端站、中继站、郊外站等)	100
Ⅱ	国内通信短波无线电台、小型卫星通信地球站、微波通信支线链路接力站	50

9.1.1.7　动力设施

火电厂应根据其装机容量分为四个等级，各等级的防洪标准按表 9-24 的规定确定。

表 9-24　火电厂的等级和防洪标准

等级	电厂规模	装机容量/($\times10^4$kW)	防洪标准(重现期)/年
Ⅰ	特大型	≥300	≥100
Ⅱ	大型	300～120	100
Ⅲ	中型	120～25	100～50
Ⅳ	小型	≤25	50

35kW 及以上的高压和超高压输配电设施，应根据其电压分为四个等级，各等级的防洪标准按表 9-25 的规定确定。

表 9-25　高压和超高压输配电设施的等级和防洪标准

等级	电压/kV	防洪标准(重现期)/年
Ⅰ	≥500	≥100
Ⅱ	500～110	100
Ⅲ	110～35	100～50
Ⅳ	35	50

注：±500kV 及以上的直流输电设施的防洪标准按Ⅰ等采用。

9.1.1.8　文物古迹和旅游设施

不耐淹的文物古迹，应根据其文物保护的级别分为三个等级，各等级的防洪标准按表 9-26 的规定确定。对于特别重要的文物古迹，其防洪标准可适当提高。

表 9-26　文物古迹的等级和防洪标准

等级	文物保护的级别	防洪标准(重现期)/年
Ⅰ	国家级	≥100
Ⅱ	省(自治区、直辖市)级	100～50
Ⅲ	县(市)级	50～20

受洪灾威胁的旅游设施，应根据其旅游价值、知名度和受淹损失程度分为三个等级，各等级的防洪标准按表 9-27 的规定确定。

表 9-27　旅游设施的等级和防洪标准

等级	旅游价值、知名度和受淹损失程度	防洪标准(重现期)/年
Ⅰ	国线景点，知名度高，受淹后损失巨大	100～50
Ⅱ	国线相关景点，知名度较高，受淹后损失较大	50～30
Ⅲ	一般旅游设施，知名度较低，受淹后损失较小	30～10

9.1.2　防洪设计标准

9.1.2.1　城市等别和防洪标准

城市等别应根据所保护城市的重要程度和人口数量划分为四等，见表 9-28。

表 9-28　城市等别

城市等别	分等指标	
	重要程度	城市人口/万人
一	特别重要城市	≥150
二	重要城市	150～50
三	中等城市	50～20
四	小城市	≤20

注：城市人口是指市区和近郊区非农业人口；城市是指国家按行政建制设立的直辖市、市、镇。

城市防洪设计标准应根据城市等别、洪灾类型可按表 9-29 分析确定。

表 9-29　防洪标准

城市等别	防洪标准(重现期)/年		
	河(江)洪、海潮	山洪	泥石流
一	≥200	100～50	>100
二	200～100	50～20	100～50
三	100～50	20～10	50～20
四	50～20	10～5	20

注：标准上下限的选用应考虑受灾后造成的影响，经济损失、抢险难易以及投资的可能性等因素；海潮系指设计高潮位；当城市地势平坦排泄洪水有困难时，山洪和泥石流防洪标准可适当降低。

9.1.2.2　防洪建筑物级别

防洪建筑物级别根据城市等别及其在工程中的作用和重要性划分为四级，可按表 9-30 确定。

表 9-30　防洪建筑物级别

城市等别	永久性建筑物级别		临时性建筑物级别
	主要建筑物	次要建筑物	
一	1	3	4
二	2	3	4
三	3	4	4
四	4	4	—

注：1. 主要建筑物系指失事后使城市遭受严重灾害并造成重大经济损失的建筑物，例如堤防、防洪闸等。

2. 次要建筑物系指失事后不致造成城市灾害或者造成经济损失不大的建筑物，例如丁坝、护坡、谷坊。

3. 临时性建筑物系指防洪工程施工期间使用的建筑物，例如施工围堰等。

9.1.2.3　防洪建筑物稳定安全系数

堤（岸）坡抗滑稳定安全系数应符合表 9-31 的规定。

表 9-31 堤（岸）坡抗滑稳定安全系数

荷载组合	建筑物级别			
	1	2	3	4
基本荷载组合	1.25	1.20	1.15	1.10
特殊荷载组合	1.20	1.15	1.10	1.05

建于非岩基上的混凝土或圬工砌体防洪建筑物与非岩基接触面的水平抗滑时稳定安全系数，应符合表 9-32 的规定。

表 9-32 非岩基抗滑稳定安全系数

荷载组合	建筑物级别			
	1	2	3	4
基本荷载组合	1.30	1.25	1.20	1.15
特殊荷载组合	1.15	1.10	1.05	1.05

建于岩基上的混凝土或圬工砌体防洪建筑物与岩基接触的抗滑稳定安全系数，应符合表 9-33 的规定。

表 9-33 岩基抗滑稳定安全系数

荷载组合	建筑物级别			
	1	2	3	4
基本荷载组合	1.10	1.10	1.05	1.05
特殊荷载组合	1.05	1.05	1.00	1.00

防洪建筑物抗倾覆稳定安全系数应符合表 9-34 的规定。

表 9-34 抗倾覆稳定安全系数

荷载组合	建筑物级别			
	1	2	3	4
基本荷载组合	1.5	1.5	1.3	1.3
特殊荷载组合	1.3	1.3	1.2	1.2

9.1.2.4 防洪建筑物安全超高

防洪建筑物的安全超高应符合表 9-35 的规定。

表 9-35 安全超高 单位：m

建筑物名称	建筑物级别			
	1	2	3	4
土堤、防洪墙、防洪闸	1.0	0.8	0.6	0.5
护岸、排洪渠道、渡槽	0.8	0.6	0.5	0.4

注：1. 安全超高不包括波浪爬高。

2. 越浪后不造成危害时安全超高可适当降低。

9.2 市政防洪工程设计

9.2.1 堤防工程

9.2.1.1 堤防工程的级别及设计标准

堤防工程的级别应符合表 9-36 的规定。

表 9-36 堤防工程的级别

防洪标准(重现期)/年	≥100	＜100,且≥50	＜50,且≥30	＜30,且≥20	＜20,且≥10
堤防工程的级别	1	2	3	4	5

9.2.1.2 安全加高值及稳定安全系数

堤防工程的安全加高值应根据堤防工程的级别和防浪要求，按表 9-37 的规定确定。1 级堤防重要堤段的安全加高值，经过论证可适当加大，但不得大于 1.5m。

表 9-37 堤防工程的安全加高值

堤防工程的级别		1	2	3	4	5
安全加高值/m	不允许越浪的堤防工程	1.0	0.8	0.7	0.6	0.5
	允许越浪的堤防工程	0.5	0.4	0.4	0.3	0.3

无黏性土防止渗透变形的允许坡降应以土的临界坡降除以安全系数确定，安全系数宜取 1.5～2.0。无试验资料时，无黏性土的允许坡降可按表 9-38 选用，有滤层时可适当提高。特别重要的堤段，其允许坡降应根据试验的临界坡降确定。

表 9-38 无黏性土允许坡降

渗透变形型式	流土型			过渡型	管涌型	
	$C_u<3$	$3\leqslant C_u\leqslant 5$	$C_u>5$		级配连续	级配不连续
允许坡降	0.25～0.35	0.35～0.50	0.50～0.80	0.25～0.40	0.15～0.25	0.10～0.15

注：1. C_u 为土的不均匀系数。

2. 表中的数值适用于渗流出口无滩层的情况。

9.2.1.3 标高设计

堤顶和防洪墙顶标高按下式计算确定：

$$Z=Z_p+h_e+\Delta=Z_p+\Delta H$$

式中 Z——堤顶或防洪墙顶标高，m；

Z_p——设计洪（潮）水位，m；

h_e——波浪爬高，m；

Δ——安全超高，m；

ΔH——设计（洪）潮水位以上超高，m。

当堤顶设置防浪墙时，堤顶标高应不低于设计洪（潮）水位加 0.5m。

9.2.1.4 施工要求

堤防工程跨汛期施工时，其度汛、导流的洪水标准，应根据不同的挡水体类别和堤防工程级别，按表 9-39 采用。

表 9-39 度汛、导流的洪水标准

挡水体类别	堤坝工程级别	
	1、2 级	3 级及以下
堤防	10～20 年一遇	5～10 年一遇
围堰	5～10 年一遇	3～5 年一遇

采集或选购的石料，除应满足岩性、强度等性能指标外，砌筑用石料的形状、尺寸和块重，还应符合表 9-40 的质量标准。

表 9-40　石料形状尺寸质量标准表

项　　目	质量标准		
	粗料石	块石	毛石
形状	棱角分明，六面基本平整，同一面上高差小于 1cm	上下两面平行，大致平整，无尖角、薄边	不规则（块重大于 25kg）
尺寸	块长大于 50cm，块高大于 25cm 块长：块高小于 3	块厚大于 20cm	中厚大于 15cm

铺料厚度和土块直径的限制尺寸，宜通过碾压试验确定。在缺乏试验资料时，可参照表 9-41 的规定取值。

表 9-41　铺料厚度和土块直径限制尺寸

压实功能类型	压实机具种类	铺料厚度/cm	土块限制直径/cm
轻型	人工夯、机械夯	15～20	≤5
	5～10t 平碾	20～25	≤8
中型	12～15t 平碾 斗容 2.5m³ 铲运机 5～8t 振动碾	25～30	≤10
重型	斗容大于 7m³ 铲运机 10～16t 振动碾 加载气胎碾	30～50	≤15

挡水堤身或围堰顶部高程，应按照度汛洪水标准的静水位加波浪爬高与安全加高确定。当度汛洪水位的水面吹程小于 500m、风速在 5 级（10m/s）以下时，堤（堰）顶高程可仅考虑安全加高。安全加高按表 9-42 的规定取值。

表 9-42　堤防及围堰施工度汛、导流安全加高值

堤防工程级别		1	2	3
安全加高/m	堤防	1.0	0.8	0.7
	围堰	0.7	0.5	0.5

碾压土堤单元工程的压实质量总体评价合格标准，应按表9-43的规定执行。

表9-43 碾压土堤单元工程压实质量合格标准

堤型		筑堤材料	干密度值合格率/%	
			1、2级土堤	3级土堤
均质堤	新筑堤	黏性土	≥85	≥80
		少黏性土	≥90	≥85
	老堤加高培厚	黏性土	≥85	≥80
		少黏性土	≥85	≥80
非均质堤	防渗体	黏性土	≥90	≥85
	非防渗体	少黏性土	≥85	≥80

注：必须同时满足下列条件：不合格样干密度值不得低于设计干密度值的96%；不合格样不得集中在局部范围内。

土堤竣工后的外观质量合格标准应按表9-44规定执行。

表9-44 碾压土堤外观质量合格标准

检查项目		允许偏差/cm(或规定要求)	检查频率	检查方法
堤轴线偏差		±15	每200延米测4点	用经纬仪测
高程	堤顶	0～+15	每200延米测4点	用水准仪测
	平台顶	−10～+15		
宽度	堤顶	−5～+15	每200延米测4处	用皮尺量
	平台顶	−10～+15		
边坡	坡度	不陡于设计值	每200延米测4处	用水准仪测和用皮尺量
	平顺度	目测平顺		

注：质量可疑处必测。

砌石墙（堤）外观质量合格标准应按表9-45规定执行。

9.2.2 防洪堤、防洪墙

土堤的抗滑稳定安全系数不应小于表9-46的规定。

防洪墙抗滑稳定安全系数不应小于表9-47的规定。

表 9-45 砌筑堵（堤）外观质量合格标准

检查项目		允许偏差/mm(或规定要求)	检查频率	检查方法
堤轴线偏差		±40	每 20 延米测不少于 2 点	用经纬仪测
墙顶高程	干砌石墙(堤)	0～+50	每 20 延米测不少于 2 点	用水准仪测
	浆砌石墙(堤)	0～+40		
	混凝土墙(堤)	0～+30		
墙面垂直度	干砌石墙(堤)	0.5%	每 20 延米测不少于 2 点	用吊垂线和皮尺量
	浆砌石墙(堤)	0.5%		
	混凝土墙(堤)	0.5%		
墙顶厚度	各类砌筑墙(堤)	−10～+20	每 20 延米测不少于 2 处	用钢卷尺量
表面平整度	干砌石墙(堤)	50	每 20 延米测不少于 2 处	用 2m 靠尺和钢卷尺量
	浆砌石墙(堤)	25		
	混凝土墙(堤)	10		

注：质量可疑处必测。

表 9-46 土堤的抗滑稳定安全系数

堤防工程的级别		1	2	3	4	5
安全系数	正常运用条件	1.30	1.25	1.20	1.15	1.10
	非正常运用条件	1.20	1.15	1.10	1.05	1.05

表 9-47 防洪墙抗滑稳定安全系数

地基性质		岩基					土基				
堤防工程的级别		1	2	3	4	5	1	2	3	4	5
安全系数	正常运用条件	1.15	1.10	1.05	1.05	1.00	1.35	1.30	1.25	1.20	1.15
	非正常运用条件	1.05	1.05	1.00	1.00	1.00	1.20	1.15	1.10	1.05	1.05

防洪墙抗倾稳定安全系数不应小于表 9-48 的规定。

表 9-48 防洪墙抗倾稳定安全系数

堤防工程的级别		1	2	3	4	5
安全系数	正常运用条件	1.60	1.55	1.50	1.45	1.40
	非正常运用条件	1.50	1.45	1.40	1.35	1.30

防洪堤、防洪墙工程设计常用数据见表 9-49。

表 9-49 防洪堤、防洪墙工程设计常用数据

工程	设计数据
防洪堤	黏性土压实度应不低于 0.93～0.96；无黏性土压实后的相对密度应不低于 0.70～0.75 土堤和土石混合堤，堤顶宽度应满足堤身稳定和防洪抢险的要求，但不宜小于 4m。如堤顶兼作城市道路，其宽度应按城市公路标准确定 当堤身高度大于 6m 时，宜在背水坡设置戗道（马道），其宽度不小于 2m 当堤顶设置防浪墙时，防浪墙高度不宜大于 1.2m，并应设置变形缝。缝距可采用：浆砌石结构为 15～20m；混凝土和钢筋混凝土结构为 10～15m
防洪墙	防洪墙基础砌置深度，应根据地基土质和冲刷计算确定，要求在冲刷线以下 0.5～1.0m。在季节性冻土地区，还应满足冻结深度的要求 防洪墙必须设置变形缝，缝距可采用：浆砌石墙体 15～20m，钢筋混凝土墙体 10～15m；在地面标高、土质、外部荷载、结构断面变化处，应增设变形缝

9.2.3 护岸工程

护岸工程设计常用数据见表 9-50。

表 9-50 护岸工程设计常用数据

工程	设计数据
坡式护岸	浆砌石、混凝土和钢筋混凝土板护坡应在纵横方向设变形缝，缝距不宜大于 5m 坡式护岸应设置护脚。基础埋深宜在冲刷线以下 0.5～1.0m
重力式护岸	重力式护岸基础埋深，不应小于 1.0m 抛石基床的厚度应根据计算确定。对于岩石和砂卵石地基不宜小于 0.5m，对于一般土基不宜小于 1.0m 重力式护岸沿长度方向必须设变形缝，缝距可采用：浆砌石结构为 15～20m，混凝土和钢筋混凝土结构为 10～15m 重力式护岸后土压力按主动土压力计算，护岸前土压力可按 1/2 被动土压力取值 回填土与护岸背之间的摩擦 δ 应根据回填土内摩擦角 ϕ、护岸背形和粗糙度确定，可按如下规定采用： 仰斜的混凝土或砌体护岸采用（1/2～2/3）ϕ 俯斜的混凝土或砌体护岸采用 1/3ϕ 垂直的混凝土或砌体护岸采用（1/3～1/2）ϕ 卸荷平台（板）以下的护岸采用 1/3ϕ 重力式护岸壁后地面无特殊使用要求时，地面荷载可取 5～10kN/m^2 重力式护岸壁前正向行进波高小于 0.5m 时，可不考虑波吸力

续表

工程	设计数据
板桩式及桩基承台式护岸	钢筋混凝土板桩可采用矩形断面，厚度经计算确定，但不宜小于 0.15m。宽度由打桩设备和起重设备能力确定，可采用 0.5～1.0m

9.2.4 山洪防治

山洪防治工程设计常用数据见表 9-51。

表 9-51 山洪防治工程设计常用数据

工程	设计数据
谷　　坊	谷坊高度应根据山洪沟自然纵坡、稳定坡降、谷坊间距等条件确定。谷坊高度以 1.5～4.0m 为宜，如大于 5m，应按塘坝要求进行设计 谷坊间距，在山洪沟坡降不变的情况下，与谷坊高度接近正比，可按下式计算： $$L=\frac{h}{J-J_0}$$ 式中 L——谷坊间距，m； h——谷坊高度，m； J——沟床天然坡降； J_0——沟床稳定坡降。 谷坊应建在坚实的地基上，岩基要清除表层风化岩，土基埋深不得小于 1m，并应验算地基承载力 浆砌石和混凝土谷坊，应隔 15～20m 设一道变形缝，谷坊下部应设排水孔排除上游积水
跌水和陡坡	跌水和陡坡是调整山洪沟或排洪渠道底纵坡的主要构筑物，当纵坡大于1∶4时，应采用跌水；当纵坡为 1∶4～1∶20 时，应采用陡坡 进口导流翼墙的单侧平面收缩角可由进口段长度控制，但不宜大于 15°，其长度 L 由沟渠底宽 B 与水深 H 比值确定： 当 $B/H<2.0$ 时，$L=2.5H$ 当 $2\leqslant B/H<3.5$ 时，$L=3.0H$ 当 $B/H=3.5$ 时，$L=3.5H$ 出口导流翼墙的单侧平面扩散角，可取 10°～15° 跌水高差在 3m 以内，宜采用单级跌水，跌水高差超过 3m 宜采用多级跌水 陡坡段平面布置应力求顺直，陡坡底宽与水深的比值，宜控制在 10～20 之间

续表

工程	设计数据
排洪渠道	排洪明渠设计纵坡，应根据渠线、地形、地质以及与山洪沟连接条件等因素确定。当自然纵坡大于 1∶20 或局部高差较大时，可设置陡坡或跌水 排洪明渠断面变化对，应采用渐变段衔接，其长度可取水面宽度之差的5～20倍 排洪明渠进出口平面布置，宜采用喇叭口或八字形导流翼墙。导流翼墙长度可取设计水深的3～4倍 排洪明渠弯曲段的弯曲半径，不得小于最小容许半径及渠底宽度的5倍。最小容许半径可按下式计算： $R_{\min}=1.1v^2\sqrt{A}+12$ 式中 $R_{\min}$——最小容许半径，m； v——渠道中的水流流速，m/s； A——渠通过水断面面积，m^2。 排洪暗渠检查井的间距，可取 50～100m。暗渠走向变化处应加设检查井； 排洪暗渠为无压流时，设计水位以上的净空面积不应小于过水断面面积的15%
泥石流防治	泥流、泥石流、水石流均指流动体重度大于 $14kN/m^3$ 的山洪； 泥石流作用强度分级，应根据形成条件、作用性质和对建筑物的破坏程度等因素按表 9-52 确定
拦挡坝	拦挡坝下游应设消能设施，宜采用消力槛，其高度一般高出沟床 0.5～1.0m，消力池长度应大于泥石流过坝射流长度，一般可取坝高的2～4倍 为拦挡泥石流中的大石块宜修建格栅坝，其栅条间距可按下式计算： $D=(1.4\sim2.0)d$ 式中 D——最小容许半径，m； d——计划拦截的大石块直径，m。
停淤场	停淤场应有较大的场地，使一次泥石流的淤积量不小于总量的50%，设计年限内的总淤积高度不超过 5～10m 拦坝的高度应为 1～3m

续表

工程	设计数据
排导沟、改沟、渡槽	排导沟进口应与天然沟岸直接连接，也可设置八字形导流堤，其单侧平面收缩角宜为10°～15° 排导沟是城市排导泥石流的必要建筑物，根据各地的经验，排导沟宜选择顺直、坡降大、长度短和出口处有堆积场地的地方，其最小坡度不宜小于表9-53所列的数值。 排导沟设计深度应为设计泥石流流深加淤积高和安全超高，排导沟口还应计算扇形地的堆高及对排导沟的影响。排导沟设计深度可按下式计算： $H=H_c+H_i+\Delta H$ 式中 H——排导沟设计深度，m； H_c——泥石流设计流深，m，其值不得小于泥石流波峰高度和可能通过最大石块尺寸的1.2倍； H_i——泥石流淤积高度，m； ΔH——安全超高，m。 槽底设置5～10cm的磨损层，侧壁亦应加厚 渡槽的荷载，应按黏性泥石流满槽过流时的总重乘1.3的动载系数

表 9-52 泥石流作用强度分级

级别	规模	形成区特征	泥石流性质	可能出现最大流量/(m^3/s)	年平均单位面积物质冲出量/(m^3/km^2)	破坏作用
Ⅰ	大型（严重）	大型滑坡、坍塌堵塞沟道，坡陡、沟道比降大	黏性，重度γ_c大于18kN/m³	>200	>5	以冲击和淤埋为主，危害严重，破坏强烈，可淤埋整个村镇或部分区域，治理困难
Ⅱ	中型（中等）	沟坡上中小型滑坡坍塌较多，局部淤塞沟底堆积物厚	稀性或黏性，重度$\gamma_c=16\sim18$kN/m³	200～50	5～1	有冲有淤，以淤为主，破坏作用大，可冲毁淤埋部分平房及桥涵，治理比较容易
Ⅲ	小型（轻微）	沟岸有零星滑坍，有部分沟床质	稀性或黏性，重度$\gamma_c=14\sim16$kN/m³	<50	<1	以冲刷和淹没为主，破坏作用较小，治理容易

表 9-53 排导沟沟底设计纵坡参考值

泥石流性质	重度/(kN/m³)	类别	纵坡/%
稀性	14～16	泥流	3～5
		泥石流	5～7
	16～18	泥流	5～7
		泥石流	7～10
		水石流	7～15
黏性	18～22	泥流	8～12
		泥石流	10～18

9.2.5 交叉构筑物

交叉构筑物工程设计常用数据见表 9-54。

表 9-54 交叉构筑物工程设计常用数据

工程	设计数据
桥梁	无通航河道桥下净空不得小于表 9-55 的规定。同时梁底缘不应低于堤顶
涵洞与涵闸	涵洞(闸)单孔孔径不得大于 5m,多孔跨径总净宽不得大于 8m 涵洞(闸)纵坡在地形较平坦地段,洞底纵坡不应小于 0.4%,在地形较陡地段,洞底纵坡应根据地形确定。当纵坡大于 5%时,洞底基础应设齿墙嵌入地基 无压涵洞内顶底面至设计洪水位净空值可按表 9-56 的规定采用 当涵洞长度为 15～30m 时,其内径(或净高)不宜小于 1.0m,当大于 30m 时,其内径不宜小于 1.25m 涵洞进口段应采取防护措施。护底始端设防冲齿墙嵌入地基,其深度不宜小于 0.5m。进口导流翼墙的单侧平面收缩角一般为 15°～20° 涵洞出口段应根据水流流速确定护砌长度,护砌至导流翼墙末端,并设防冲齿墙嵌入地基,其深度不应小于 0.5m,出口导流翼墙单侧平面扩散角可取 10°～15°
交通闸	闸底板上、下游两端应设齿墙嵌入地基,其深度不宜小于 0.5m。闸侧墙应设竖直刺墙伸入堤防,长度不宜小于 1.5m
渡槽	渡槽进出口渐变段长度应符合以下规定 渡槽进口渐变段长度,一般为渐变段水面宽度差的 1.5～2.0 倍 渡槽出口渐变段长度,一般为渐变段水面宽度差的 2.5～3.0 倍 渡槽出口护砌形式和长度,应根据水流流速确定。护底防冲齿墙嵌入地基,深度不应小于 0.5m

表 9-55 桥下净空

桥梁部分	高处计算水位/m	高出最高流水量/m
梁底	0.50	0.75
支承垫石顶面	0.25	0.50
拱脚	0.25	0.25
桥闸全开时的闸门底缘	0.50	0.75

注：1. 无铰拱的拱脚可被设计洪水淹没，但不宜超过拱圈高度的 2/3，且拱顶底面至计算水位的净高不得小于 1.0m。

2. 计算水位系指设计洪水位加壅水高、波浪高和安全超高。

表 9-56 无压涵洞净空值 单位：m

进口净高或内径/m	涵洞类型		
	圆管型	拱型	箱型
$h\leqslant 3$	$>h/4$	$>h/4$	$\geqslant h/6$
$h\leqslant 3$	>0.75	$\geqslant 0.75$	$\geqslant 0.5$

附录　城市分区对照表

城市分区对照表见表1。

表1　城市分区对照表

省(市)	分区	省(市)	分区	省(市)	分区	省(市)	分区
北京	Ⅱ区	泊头	Ⅱ区	介休	Ⅳ区	鄂尔多斯	Ⅲ区
天津	Ⅱ区	任丘	Ⅱ区	临汾	Ⅳ区	临河	Ⅲ区
河北		黄骅	Ⅱ区	侯马	Ⅳ区	辽宁	
石家庄	Ⅱ区	河间	Ⅱ区	霍州	Ⅳ区	沈阳	Ⅰ区
辛集	Ⅱ区	廊坊	Ⅱ区	运城	Ⅳ区	大连	Ⅰ区
藁州	Ⅱ区	霸州	Ⅱ区	永济	Ⅳ区	新民	Ⅰ区
晋州	Ⅱ区	三河	Ⅱ区	河津	Ⅳ区	瓦房店	Ⅰ区
新乐	Ⅱ区	衡水	Ⅱ区	内蒙古		普兰店	Ⅰ区
鹿泉	Ⅱ区	冀州	Ⅱ区	呼和浩特	Ⅲ区	庄河	Ⅰ区
唐山	Ⅱ区	深州	Ⅱ区	包头	Ⅲ区	鞍山	Ⅰ区
遵化	Ⅱ区	山西		乌海	Ⅲ区	海城	Ⅰ区
迁安	Ⅱ区	太原	Ⅳ区	赤峰	Ⅰ区	抚顺	Ⅰ区
秦皇岛	Ⅱ区	古交	Ⅳ区	呼伦贝尔	Ⅰ区	本溪	Ⅰ区
邯郸	Ⅱ区	大同	Ⅱ区	满洲里	Ⅰ区	丹东	Ⅰ区
武安	Ⅱ区	阳泉	Ⅱ区	扎兰屯	Ⅰ区	东港	Ⅰ区
邢台	Ⅱ区	长治	Ⅱ区	牙克石	Ⅰ区	凤城	Ⅰ区
南宫	Ⅱ区	潞城	Ⅱ区	根河	Ⅰ区	锦州	Ⅰ区
沙河	Ⅱ区	晋城	Ⅳ区	额尔古纳	Ⅰ区	凌海	Ⅰ区
保定	Ⅱ区	高平	Ⅳ区	乌兰浩特	Ⅻ区	北宁	Ⅰ区
涿州	Ⅱ区	朔州	Ⅱ区	阿尔山	Ⅻ区	营口	Ⅰ区
定州	Ⅱ区	忻州	Ⅱ区	通辽	Ⅰ区	盖州	Ⅰ区

续表

省(市)	分区	省(市)	分区	省(市)	分区	省(市)	分区
安国	Ⅱ区	原平	Ⅱ区	霍林郭勒	Ⅰ区	大石桥	Ⅰ区
高碑店	Ⅱ区	孝义	Ⅳ区	二连浩特	Ⅻ区	阜新	Ⅰ区
张家口	Ⅱ区	吕梁	Ⅳ区	锡林浩特	Ⅻ区	辽阳	Ⅰ区
承德	Ⅱ区	汾阳	Ⅲ区	集宁	Ⅻ区	灯塔	Ⅰ区
沧州	Ⅱ区	晋中	Ⅳ区	丰镇	Ⅻ区	盘锦	Ⅰ区
铁岭	Ⅰ区	敦化	Ⅰ区	安达	Ⅰ区	高邮	Ⅷ区
调兵山	Ⅰ区	珲春	Ⅰ区	肇东	Ⅰ区	江都	Ⅷ区
开原	Ⅰ区	龙井	Ⅰ区	海伦	Ⅰ区	镇江	Ⅷ区
朝阳	Ⅰ区	和龙	Ⅰ区	上海	Ⅷ区	丹阳	Ⅷ区
北票	Ⅰ区	黑龙江		江苏		扬中	Ⅷ区
凌源	Ⅰ区	哈尔滨	Ⅰ区	南京	Ⅷ区	句容	Ⅷ区
葫芦岛	Ⅰ区	阿城	Ⅰ区	无锡	Ⅷ区	宿迁	Ⅴ区
兴城	Ⅰ区	双城	Ⅰ区	江阴	Ⅷ区	泰州	Ⅴ区
吉林		尚志	Ⅰ区	宜兴	Ⅷ区	靖江	Ⅴ区
长春	Ⅰ区	五常	Ⅰ区	徐州	Ⅴ区	兴化	Ⅴ区
九台	Ⅰ区	齐齐哈尔	Ⅰ区	新沂	Ⅴ区	泰兴	Ⅷ区
榆树	Ⅰ区	讷河	Ⅰ区	邳州	Ⅴ区	姜堰	Ⅴ区
德惠	Ⅰ区	鸡西	Ⅰ区	常州	Ⅷ区	浙江	
吉林	Ⅰ区	虎林	Ⅰ区	溧阳	Ⅷ区	杭州	Ⅷ区
蛟河	Ⅰ区	密山	Ⅰ区	金坛	Ⅷ区	建德	Ⅸ区
桦甸	Ⅰ区	鹤岗	Ⅰ区	苏州	Ⅷ区	富阳	Ⅸ区
舒兰	Ⅰ区	双鸭山	Ⅰ区	常熟	Ⅷ区	临安	Ⅷ区
磐石	Ⅰ区	大庆	Ⅰ区	张家港	Ⅷ区	宁波	Ⅸ区
四平	Ⅰ区	伊春	Ⅰ区	昆山	Ⅷ区	余姚	Ⅸ区
公主岭	Ⅰ区	铁力	Ⅰ区	吴江	Ⅷ区	慈溪	Ⅸ区
双辽	Ⅰ区	佳木斯	Ⅰ区	太仓	Ⅷ区	奉化	Ⅸ区
辽源	Ⅰ区	同江	Ⅰ区	南通	Ⅷ区	温州	Ⅸ区

续表

省(市)	分区	省(市)	分区	省(市)	分区	省(市)	分区
通化	Ⅰ区	富锦	Ⅰ区	启东	Ⅷ区	瑞安	Ⅸ区
梅河口	Ⅰ区	七台河	Ⅰ区	如皋	Ⅷ区	乐清	Ⅸ区
集安	Ⅰ区	牡丹江	Ⅰ区	通州	Ⅷ区	嘉兴	Ⅷ区
白山	Ⅰ区	绥芬河	Ⅰ区	海门	Ⅷ区	海宁	Ⅷ区
临江	Ⅰ区	海林	Ⅰ区	连云港	Ⅴ区	平湖	Ⅷ区
松原	Ⅰ区	宁安	Ⅰ区	淮安	Ⅴ区	桐乡	Ⅷ区
白城	Ⅰ区	穆棱	Ⅰ区	盐城	Ⅴ区	湖州	Ⅷ区
洮南	Ⅰ区	黑河	Ⅰ区	东台	Ⅴ区	绍兴	Ⅸ区
大安	Ⅰ区	北安	Ⅰ区	大丰	Ⅴ区	诸暨	Ⅸ区
延吉	Ⅰ区	五大连池	Ⅰ区	扬州	Ⅷ区	上虞	Ⅸ区
图们	Ⅰ区	绥化	Ⅰ区	仪征	Ⅷ区	嵊州	Ⅸ区
金华	Ⅸ区	宁国	Ⅷ区	瑞昌	Ⅶ区	蓬莱	Ⅴ区
兰溪	Ⅸ区	巢湖	Ⅷ区	新余	Ⅶ区	招远	Ⅴ区
义乌	Ⅸ区	池州	Ⅷ区	鹰潭	Ⅶ区	栖霞	Ⅴ区
东阳	Ⅸ区	福建		贵溪	Ⅶ区	海阳	Ⅴ区
永康	Ⅸ区	福州	Ⅸ区	赣州	Ⅶ区	潍坊	Ⅴ区
衢州	Ⅸ区	福清	Ⅸ区	瑞金	Ⅶ区	青州	Ⅴ区
江山	Ⅸ区	长乐	Ⅸ区	南康	Ⅶ区	诸城	Ⅴ区
舟山	Ⅸ区	厦门	Ⅸ区	宜春	Ⅶ区	寿光	Ⅴ区
台州	Ⅸ区	莆田	Ⅸ区	丰城	Ⅶ区	安丘	Ⅴ区
温岭	Ⅸ区	三明	Ⅸ区	樟树	Ⅶ区	高密	Ⅴ区
临海	Ⅸ区	永安	Ⅸ区	高安	Ⅶ区	昌邑	Ⅴ区
丽水	Ⅸ区	泉州	Ⅸ区	上饶	Ⅶ区	济宁	Ⅴ区
龙泉	Ⅸ区	石狮	Ⅸ区	德兴	Ⅶ区	曲阜	Ⅴ区
安徽		晋江	Ⅸ区	吉安	Ⅶ区	兖州	Ⅴ区
合肥	Ⅴ区	南安	Ⅸ区	井冈山	Ⅶ区	邹城	Ⅴ区
芜湖	Ⅷ区	漳州	Ⅸ区	抚州	Ⅶ区	泰安	Ⅳ区

续表

省(市)	分区	省(市)	分区	省(市)	分区	省(市)	分区
蚌埠	Ⅴ区	龙海	Ⅸ区	山东		新泰	Ⅳ区
淮南	Ⅴ区	南平	Ⅸ区	济南	Ⅴ区	肥城	Ⅳ区
马鞍山	Ⅷ区	邵武	Ⅸ区	章丘	Ⅴ区	威海	Ⅴ区
淮北	Ⅴ区	武夷山	Ⅸ区	青岛	Ⅴ区	文登	Ⅴ区
铜陵	Ⅷ区	建瓯	Ⅸ区	胶州	Ⅴ区	荣城	Ⅴ区
安庆	Ⅷ区	建阳	Ⅸ区	即墨	Ⅴ区	乳山	Ⅴ区
桐城	Ⅷ区	宁德	Ⅸ区	平度	Ⅴ区	日照	Ⅴ区
黄山	Ⅸ区	福安	Ⅸ区	胶南	Ⅴ区	莱芜	Ⅳ区
滁州	Ⅴ区	福鼎	Ⅸ区	莱西	Ⅴ区	临沂	Ⅴ区
天长	Ⅴ区	龙岩	Ⅹ区	淄博	Ⅴ区	德州	Ⅱ区
明光	Ⅴ区	漳平	Ⅹ区	枣庄	Ⅴ区	乐陵	Ⅱ区
阜阳	Ⅴ区	江西		腾州	Ⅴ区	禹城	Ⅱ区
界首	Ⅴ区	南昌	Ⅶ区	东营	Ⅴ区	滨州	Ⅴ区
宿州	Ⅴ区	景德镇	Ⅶ区	烟台	Ⅴ区	聊城	Ⅱ区
亳州	Ⅴ区	乐平	Ⅶ区	龙口	Ⅴ区	临清	Ⅱ区
六安	Ⅴ区	萍乡	Ⅶ区	莱阳	Ⅴ区	菏泽	Ⅴ区
宣城	Ⅷ区	九江	Ⅶ区	莱州	Ⅴ区	河南	
郑州	Ⅴ区	周口	Ⅴ区	咸宁	Ⅶ区	娄底	Ⅶ区
巩义	Ⅴ区	项城	Ⅴ区	赤壁	Ⅶ区	冷水江	Ⅶ区
新密	Ⅴ区	驻马店	Ⅴ区	随州	Ⅶ区	涟源	Ⅶ区
荥阳	Ⅴ区	信阳	Ⅴ区	广水	Ⅶ区	怀化	Ⅶ区
新郑	Ⅴ区	济源	Ⅳ区	恩施	Ⅵ区	洪江	Ⅶ区
登封	Ⅴ区	湖北		利川	Ⅵ区	吉首	Ⅶ区
开封	Ⅴ区	武汉	Ⅶ区	仙桃	Ⅶ区	广东	
洛阳	Ⅳ区	黄石	Ⅶ区	潜江	Ⅶ区	广州	Ⅹ区
堰师	Ⅳ区	大冶	Ⅶ区	天门	Ⅶ区	增城	Ⅹ区
平顶山	Ⅴ区	十堰	Ⅶ区	湖南		从化	Ⅹ区

续表

省(市)	分区	省(市)	分区	省(市)	分区	省(市)	分区
舞钢	Ⅴ区	丹江口	Ⅶ区	长沙	Ⅶ区	韶关	Ⅹ区
汝州	Ⅴ区	宜昌	Ⅵ区	浏阳	Ⅶ区	南雄	Ⅹ区
安阳	Ⅱ区	宜都	Ⅶ区	株洲	Ⅶ区	深圳	Ⅹ区
林州	Ⅱ区	当阳	Ⅶ区	醴陵	Ⅶ区	珠海	Ⅹ区
鹤壁	Ⅱ区	枝江	Ⅶ区	湘潭	Ⅶ区	汕头	Ⅹ区
新乡	Ⅱ区	襄樊	Ⅶ区	湘乡	Ⅶ区	佛山	Ⅹ区
卫辉	Ⅱ区	老河口	Ⅶ区	韶山	Ⅶ区	江门	Ⅹ区
辉县	Ⅱ区	枣阳	Ⅶ区	衡阳	Ⅶ区	台山	Ⅹ区
焦作	Ⅳ区	宜城	Ⅶ区	耒阳	Ⅶ区	开平	Ⅹ区
沁阳	Ⅳ区	鄂州	Ⅶ区	常宁	Ⅶ区	鹤山	Ⅹ区
孟州	Ⅳ区	荆门	Ⅶ区	邵阳	Ⅶ区	恩平	Ⅹ区
濮阳	Ⅳ区	钟祥	Ⅶ区	武冈	Ⅶ区	湛江	Ⅹ区
许昌	Ⅴ区	孝感	Ⅶ区	岳阳	Ⅶ区	廉江	Ⅹ区
禹州	Ⅴ区	应城	Ⅶ区	汨罗	Ⅶ区	雷州	Ⅹ区
长葛	Ⅴ区	安陆	Ⅶ区	临湘	Ⅶ区	吴川	Ⅹ区
漯河	Ⅴ区	汉川	Ⅶ区	常德	Ⅶ区	茂名	Ⅹ区
三门峡	Ⅳ区	荆州	Ⅶ区	津市	Ⅶ区	高州	Ⅹ区
义马	Ⅳ区	石首	Ⅶ区	张家界	Ⅶ区	化州	Ⅹ区
灵宝	Ⅳ区	洪湖	Ⅶ区	益阳	Ⅶ区	信宜	Ⅹ区
南阳	Ⅶ区	松滋	Ⅶ区	沅江	Ⅶ区	肇庆	Ⅹ区
邓州	Ⅶ区	黄冈	Ⅶ区	郴州	Ⅶ区	高要	Ⅹ区
商丘	Ⅴ区	麻城	Ⅶ区	资兴	Ⅶ区	四会	Ⅹ区
永城	Ⅴ区	武穴	Ⅶ区	永州	Ⅶ区	惠州	Ⅹ区
惠阳	Ⅹ区	合山	Ⅹ区	什邡	Ⅵ区	都匀	Ⅹ区
梅州	Ⅹ区	贺州	Ⅹ区	绵竹	Ⅵ区	福泉	Ⅶ区
兴宁	Ⅹ区	玉林	Ⅹ区	江油	Ⅵ区	云南	
汕头	Ⅹ区	北流	Ⅹ区	广宁	Ⅵ区	昆明	Ⅵ区

续表

省(市)	分区	省(市)	分区	省(市)	分区	省(市)	分区
陆丰	Ⅹ区	百色	Ⅹ区	遂宁	Ⅵ区	安宁	Ⅵ区
河源	Ⅹ区	河池	Ⅹ区	内江	Ⅵ区	昭通	Ⅵ区
阳江	Ⅹ区	宜州	Ⅹ区	乐山	Ⅵ区	曲靖	Ⅹ区
阳春	Ⅹ区	海南		峨眉山	Ⅵ区	宣威	Ⅹ区
清远	Ⅹ区	海口	Ⅹ区	南充	Ⅵ区	楚雄	Ⅵ区
英德	Ⅹ区	三亚	Ⅹ区	阆中	Ⅵ区	玉溪	Ⅹ区
连州	Ⅹ区	五指山	Ⅹ区	眉山	Ⅵ区	个旧	Ⅺ区
东莞	Ⅹ区	琼海	Ⅹ区	宜宾	Ⅵ区	开远	Ⅹ区
中山	Ⅹ区	儋州	Ⅹ区	广安	Ⅵ区	思茅	Ⅺ区
潮州	Ⅹ区	文昌	Ⅹ区	华蓥	Ⅵ区	景洪	Ⅺ区
揭阳	Ⅹ区	万宁	Ⅹ区	达州	Ⅵ区	大理	Ⅺ区
普宁	Ⅹ区	东方	Ⅹ区	万源	Ⅵ区	保山	Ⅺ区
云浮	Ⅹ区	重庆		雅安	Ⅵ区	瑞丽	Ⅺ区
罗定	Ⅹ区	重庆	Ⅵ区	巴中	Ⅵ区	潞西	Ⅺ区
广西		永川	Ⅵ区	资阳	Ⅵ区	西藏	
南宁	Ⅹ区	江津	Ⅵ区	简阳	Ⅵ区	拉萨	Ⅺ区
柳州	Ⅹ区	合川	Ⅵ区	西昌	Ⅵ区	日喀则	Ⅺ区
桂林	Ⅹ区	南川	Ⅵ区	贵州		陕西	
梧州	Ⅹ区	四川		贵阳	Ⅵ区	西安	Ⅳ区
岑溪	Ⅹ区	成都	Ⅵ区	清镇	Ⅵ区	铜川	Ⅳ区
北海	Ⅹ区	都江堰	Ⅵ区	六盘水	Ⅹ区	宝鸡	Ⅳ区
防城港	Ⅹ区	彭州	Ⅵ区	遵义	Ⅵ区	咸阳	Ⅳ区
东兴	Ⅹ区	邛崃	Ⅵ区	赤水	Ⅵ区	兴平	Ⅳ区
钦州	Ⅹ区	崇州	Ⅵ区	仁怀	Ⅵ区	渭南	Ⅳ区
贵港	Ⅹ区	自贡	Ⅵ区	铜仁	Ⅵ区	韩城	Ⅳ区
桂平	Ⅹ区	攀枝花	Ⅵ区	兴义	Ⅵ区	华阴	Ⅳ区
崇左	Ⅹ区	泸州	Ⅵ区	毕节	Ⅵ区	汉中	Ⅶ区

续表

省(市)	分区	省(市)	分区	省(市)	分区	省(市)	分区
凭祥	Ⅹ区	德阳	Ⅵ区	安顺	Ⅹ区	安康	Ⅶ区
来宾	Ⅹ区	广汉	Ⅵ区	凯里	Ⅹ区	商洛	Ⅶ区
延安	Ⅲ区	平凉	Ⅳ区	灵武	Ⅲ区	阿图什	Ⅻ区
榆林	Ⅲ区	庆阳	Ⅳ区	固原	Ⅲ区	喀什	Ⅻ区
甘肃		临夏	Ⅲ区	新疆		和田	Ⅻ区
兰州	Ⅲ区	合作	Ⅲ区	乌鲁木齐	Ⅻ区	奎屯	Ⅻ区
嘉峪关	Ⅻ区	青海		克拉玛依	Ⅻ区	伊宁	Ⅻ区
金昌	Ⅻ区	西宁	Ⅲ区	吐鲁番	Ⅻ区	塔城	Ⅻ区
白银	Ⅲ区	格尔木	Ⅻ区	哈密	Ⅻ区	乌苏	Ⅻ区
天水	Ⅳ区	德令哈	Ⅻ区	昌吉	Ⅻ区	阿勒泰	Ⅻ区
玉门	Ⅻ区	宁夏		阜康	Ⅻ区	石河子	Ⅻ区
酒泉	Ⅻ区	银川	Ⅲ区	米泉	Ⅻ区	五家渠	Ⅻ区
敦煌	Ⅻ区	石嘴山	Ⅲ区	博乐	Ⅻ区	阿拉尔	Ⅻ区
张掖	Ⅻ区	吴忠	Ⅲ区	库尔勒	Ⅻ区	图木舒克	Ⅻ区
武威	Ⅻ区	青铜峡	Ⅲ区	阿克苏	Ⅻ区		

参考文献

[1] GB/T 15180—2010 重交通道路石油沥青 [S]. 北京：中国标准出版社，2011.
[2] GB 13788—2008 冷轧带肋钢筋 [S]. 北京：中国标准出版社，2009.
[3] GB 1499.1—2008 钢筋混凝土用钢 第1部分：热轧光圆钢筋 [S]. 北京：中国标准出版社，2008.
[4] GB 1499.2—2007/XG1—2009 钢筋混凝土用钢 第2部分：热轧带肋钢筋 国家标准第1号修改单 [S]. 北京：中国标准出版社，2009.
[5] GB/T 25826—2010 钢筋混凝土用环氧涂层钢筋 [S]. 北京：中国标准出版社，2011.
[6] GB 50164—2011 混凝土质量控制标准 [S]. 北京：中国建筑工业出版社，2012.
[7] GB 25029—2010 钢渣道路水泥 [S]. 北京：中国标准出版社，2011.
[8] CJJ 28—2004 城镇供热管网工程施工及验收规范 [S]. 北京：中国建筑工业出版社，2005.
[9] CJJ 169—2012 城镇道路路面设计规范 [S]. 北京：中国建筑工业出版社，2012.
[10] GB 175—2007/XG1—2009 通用硅酸盐水泥 国家标准第1号修改单 [S]. 北京：中国标准出版社，2008.
[11] GB 24188—2009 城镇污水处理厂污泥泥质 [S]. 北京：中国标准出版社，2010.
[12] GB/T 50107—2010 混凝土强度检验评定标准 [S]. 北京：中国建筑工业出版社，2010.
[13] JC/T 452—2009 通用水泥质量等级 [S]. 北京：建材工业出版社，2010.
[14] JC/T 600—2010 石灰石硅酸盐水泥 [S]. 北京：建材工业出版社，2011.
[15] NB/SH/T 0522—2010 道路石油沥青 [S]. 北京：建材工业出版社，2011.
[16] CJJ 11—2011 城市桥梁设计规范 [S]. 北京：中国建筑工业出版社，2012.
[17] CJJ 166—2011 城市桥梁抗震设计规范 [S]. 北京：中国建筑工业出版社，2012.
[18] CJJ 1—2008 城镇道路工程施工与质量验收规范 [S]. 北京：中国建筑工业出版社，2008.
[19] CJJ 2—2008 城市桥梁工程施工与质量验收规范 [S]. 北京：中国建筑工业出版社，2009.
[20] JTG D40—2011 公路水泥混凝土路面设计规范 [S]. 北京：人民交通出版社，2011.